Terra plana,
Galileu na prisão e
outros mitos sobre
ciência e religião

RONALD L. NUMBERS
COLEÇÃO FÉ, CIÊNCIA & CULTURA

TERRA PLANA, GALILEU NA PRISÃO E OUTROS MITOS SOBRE CIÊNCIA E RELIGIÃO

Título original: *Galileo Goes to Jail and Other Myths About Science and Religion* Copyright © 2009 por President and Fellows of Harvard College Edição original por Harvard University Press. Todos os direitos reservados. Copyright de tradução © Vida Melhor Editora S.A., 2020.

Os pontos de vista desta obra são de responsabilidade de seus autores e colaboradores diretos, não refletindo necessariamente a posição da Thomas Nelson Brasil, da HarperCollins Christian Publishing ou de sua equipe editorial.

PUBLISHER	*Samuel Coto*
EDITORES	*André Lodos Tangerino e Bruna Gomes*
TRADUÇÃO	*Aline Marques Kaehler*
PRODUÇÃO EDITORIAL	*Marcelo Cabral*
PREPARAÇÃO	*Tiago Garros*
REVISÃO	*Marcelo Cabral e Gisele Múfalo*
DIAGRAMAÇÃO	*Julio Fado*
CAPA	*Rafael Brum*

Dados Internacionais de Catalogação na Publicação (CIP)

N915t   Numbers, Ronald L.
        1.ed. Terra plana, Galileu na prisão e outros mitos sobre ciência e religião /
        Ronald L. Numbers; tradução de Aline Kaehler. – 1.ed. – Rio de Janeiro:
        Thomas Nelson Brasil, 2020.
        336 p.; 15,5 x 23 cm.

        ISBN: 978-85-71671-63-8

        1. Ciência. 2. Religião. 3. Mitos. 4. Fé. 5. Cultura. 6. Cristianismo. I. Kaehler,
        Aline. II. Título.

                          CDD 215

Bibliotecária responsável: Aline Graziele Benitez CRB-1/3129

Thomas Nelson Brasil é uma marca licenciada à Vida Melhor Editora LTDA.
Todos os direitos reservados à Vida Melhor Editora LTDA.
Rua da Quitanda, 86, sala 218 — Centro
Rio de Janeiro, RJ — CEP 20091-005
Tel.: (21) 3175-1030
www.thomasnelson.com.br

Para

Keith R. Benson e Carter, anfitriões perfeitos – com nosso apreço

Sumário

Agradecimentos 11
Apresentação da coleção 13
Apresentação da obra 15
Introdução (Ronald L. Numbers) 17

Mito 1 25
Que a ascensão do cristianismo foi responsável pelo
fim da ciência antiga
David C. Lindberg

Mito 2 37
Que a igreja cristã medieval impediu o avanço da ciência
Michael H. Shank

Mito 3 47
Que os cristãos medievais ensinavam que a Terra era plana
Lesley B. Cormack

Mito 4 57
Que a cultura medieval islâmica era hostil à ciência
Syed Nomanul Haq

Mito 5 69
Que a igreja medieval proibia a dissecação humana
Katharine Park

Mito 6 79
Que as ideias de Copérnico removeram os seres humanos
do centro do cosmos
Dennis R. Danielson

Mito 7 89

Que Giordano Bruno foi o primeiro mártir da ciência moderna
JOLE SHACKELFORD

Mito 8 101

Que Galileu foi preso e torturado por defender
o copernicanismo
MAURICE A. FINOCCHIARO

Mito 9 115

Que o cristianismo deu à luz a ciência moderna
NOAH J. EFRON

Mito 10 129

Que a revolução científica libertou a ciência da religião
MARGARET J. OSLER

Mito 11 139

Que os católicos não contribuíram com a revolução científica
LAWRENCE M. PRINCIPE

Mito 12 149

Que René Descartes foi o criador da distinção entre
mente e corpo
PETER HARRISON

Mito 13 159

Que a cosmologia mecanicista de Isaac Newton eliminou a
necessidade por Deus
EDWARD B. DAVIS

Mito 14 169

Que a igreja condenou a anestesia usando a Bíblia
RENNIE B. SCHOEPFLIN

Mito 15 179
Que a teoria da evolução orgânica é baseada em um
raciocínio circular
NICOLAAS A. RUPKE

Mito 16 193
Que a evolução destruiu a fé de Darwin – até que ele se converteu
novamente em seu leito de morte
JAMES MOORE

Mito 17 205
Que Huxley derrotou Wilberforce no debate sobre
evolução e religião
DAVID N. LIVINGSTONE

Mito 18 217
Que Darwin destruiu a teologia natural
JON H. ROBERTS

Mito 19 229
Que Darwin e Haeckel foram cúmplices da biologia nazista
ROBERT J. RICHARDS

Mito 20 239
Que o julgamento de Scopes terminou em derrota para o
antievolucionismo
EDWARD J. LARSON

Mito 21 251
Que Einstein acreditava em um Deus pessoal
MATTHEW STANLEY

Mito 22 263
Que a física quântica provou a doutrina do livre-arbítrio
DANIEL PATRICK THURS

Mito 23 275
Que o "design inteligente" representa um desafio
científico à evolução
MICHAEL RUSE

Mito 24 287
Que o criacionismo é um fenômeno unicamente
norte-americano
RONALD L. NUMBERS

Mito 25 301
Que a ciência moderna secularizou a cultura Ocidental
JOHN HEDLEY BROOKE

Notas 313
Contribuintes 319
Índice 325

AGRADECIMENTOS

Este livro não seria possível sem o apoio de diversos indivíduos e instituições. Na Fundação John Templeton, Charles L. Harper Jr. e Paul K. Watson providenciaram suporte moral e financeiro, e nos deixaram livres para seguirmos a evidência onde quer que ela nos levasse. Com a generosa assistência da fundação tivemos a oportunidade de unir os autores no verão de 2007 para uma conferência de trabalho no Green College, Universidade de British Columbia, com vista para o Oceano Pacífico. Nosso anfitrião, Keith R. Benson, tem sido um colaborador deste projeto quase desde o seu início. Durante a conferência, diversos colegas na Universidade de British Columbia – John Beatty, Keith Benson, Robert Brain, Alexei Kojevnikov, Adam Shapiro e Jessica Wang – ofereceram comentários valiosos. Ocasionalmente recebemos encorajamento e sugestões úteis do nosso comitê consultivo: Francisco J. Ayala, John Hedley Brooke, Noah Efron, Ekmeleddin İhsanoğlu, Peter Harrison, David C. Lindberg, Margaret J. Osler e Nicolaas A. Rupke. Kate Schmit forneceu indispensável assistência editorial. Ann Downer-Hazell da Harvard University Press foi, como sempre, uma excelente editora. Meus sinceros agradecimentos a todos.

Coleção fé, ciência e cultura

Há pouco mais de 60 anos, o cientista e romancista britânico C. P. Snow pronunciava na *Senate House*, em Cambridge, sua célebre conferência sobre "As Duas Culturas" – mais tarde publicada como "As Duas Culturas e a Revolução Científica" –, em que, não só apresentava uma severa crítica ao sistema educacional britânico, mas ia muito além. Na sua visão, a vida intelectual de toda a sociedade ocidental estava dividida em *duas culturas*, a das ciências naturais e a das humanidades[1], separadas por "um abismo de incompreensão mútua" para enorme prejuízo de toda a sociedade. Por um lado, os cientistas eram tidos como néscios no trato com a literatura e a cultura clássica, enquanto os literatos e humanistas – que furtivamente haviam passado a se autodenominar *intelectuais* – revelavam-se completos desconhecedores dos mais basilares princípios científicos. Este conceito de *duas culturas* ganhou ampla notoriedade, tendo desencadeado intensa controvérsia nas décadas seguintes.

O próprio Snow retornou ao assunto alguns anos mais tarde no opúsculo traduzido para o português como "As Duas Culturas: Uma Segunda Leitura", em que buscou responder às críticas e questionamentos dirigidos à obra original. Nesta segunda abordagem, Snow amplia o escopo de sua análise ao reconhecer a emergência de uma *terceira cultura*, na qual envolveu um apanhado de disciplinas – história social, sociologia, demografia, ciência política, economia, governança, psicologia, medicina e arquitetura –, que, à exceção de uma ou outra, incluiríamos hoje nas chamadas ciências humanas.

---

[1] Entenda-se humanidades aqui como o campo dos estudos clássicos, literários e filosóficos.

O debate quanto ao distanciamento entre estas diferentes culturas e formas de saber é certamente relevante, mas nota-se nesta discussão a "presença de uma ausência". Em nenhum momento são mencionadas áreas tais como teologia ou ciências da religião. É bem verdade que a discussão passa ao largo desses assuntos sobretudo por se dar em ambiente em que laicidade é dado de partida. Por outro lado, se a ideia de fundo é diminuir distâncias entre diferentes formas de cultivar o saber e conhecer a realidade, faz sentido ignorar algo tão presente na história da humanidade – por arraigado no coração humano – quanto a busca por Deus e pelo transcendente?

Ao longo da história, testemunhamos a existência quase inacreditável de polímatas, pessoas com capacidade de dominar em profundidade várias ciências e saberes. Leonardo da Vinci talvez tenha sido o mais célebre deles. Como esta não é a norma entre nós, a especialização do conhecimento tornou-se uma estratégia indispensável para o seu avanço. Se, por um lado, isto é positivo do ponto de vista da eficácia na busca por conhecimento novo, é também algo que destoa profundamente da unicidade da realidade em que existimos.

Disciplinas, áreas de conhecimento e as *culturas* aqui referidas são especializações necessárias em uma era em que já não é mais possível – nem necessário – deter um repertório enciclopédico de todo o saber. Mas, como a realidade não é formada de compartimentos estanques, precisamos de autores com capacidade de traduzir e sintetizar diferentes áreas de conhecimento especializado, sobretudo nas regiões de interface em que estas se sobrepõem. Um exemplo disso é o que têm feito respeitados historiadores da ciência ao resgatar a influência da teologia cristã da criação no surgimento da ciência moderna. Há muitos outros.

Assim, é com grande satisfação que apresentamos a coleção *Fé, Ciência e Cultura*, através da qual a editora Thomas Nelson Brasil disponibilizará ao público leitor brasileiro um rico acervo de obras que cruzam os abismos entre as diferentes culturas e modos de saber, e que certamente permitirão um debate informado sobre grandes temas da atualidade, examinados a partir da perspectiva cristã.

Marcelo Cabral e Roberto Covolan
Editores

PREFÁCIO À EDIÇÃO BRASILEIRA

Um dos temas que têm dominado as discussões públicas nos últimos anos é o fenômeno das *fake news* (termo inglês para "notícias falsas"). Seja por grupos de aplicativos, jornais consolidados ou até mesmo em publicações acadêmicas, há uma crescente percepção popular de que os veículos de informação carecem de confiabilidade e de que, portanto, precisamos checar múltiplas fontes antes de aceitar uma notícia ou informação como verdadeira.

Mas, como sabemos, não é de hoje que *fake news* pautam os rumos da transmissão e recepção de informação. Ao longo do século 20, diversos cientistas eminentes, e mesmo filósofos da ciência, creram e passaram adiante a notícia de que ciência e religião sempre estiveram em conflito, de que Galileu foi torturado pela instituição eclesiástica – sempre inimiga da ciência –, de que os cristãos medievais ensinavam que a Terra era plana, de que Calvino era contra o sistema heliocêntrico, dentre muitas outras *fake news* que, exatamente como o termo denota, são inverdades, distorções dos eventos históricos e, em alguns casos, pura invenção sem qualquer conexão com os registros disponíveis.

Há um agravante, contudo, nas notícias falsas discutidas nesse livro: elas se tornaram *mitos*. Mito, como é aqui entendido, não é apenas uma inverdade. É um tipo específico de inverdade que ganha contornos fictícios e força retórica para desempenhar um papel social e ideológico. No caso, em propagar uma visão que busca deslegitimar as religiões – particularmente o cristianismo – do seu importante papel na constituição da cultura científica moderna. Tendo como primeiros proponentes John William Draper, Thomas Huxley e Andrew Dickson White, todos na segunda metade do século 19, o "mito do conflito entre ciência e religião" avançou como um tornado, ganhando o imaginário popular, convencendo acadêmicos e se consolidando como fato incólume.

Mas *fake news* não escolhem lado e mitos provocam reações. Não é à toa que assistimos nas últimas décadas crescentes tendências anticientíficas e negacionistas, acompanhadas de tentativas por parte de alguns grupos religiosos de ganhar espaço público com uma agenda de "ciência alternativa". Em uma era de incertezas e desconfiança, *fake news* se transformaram na moeda comum, e é mais do que desafiador encontrar um caminho epistemologicamente seguro.

No final da década de 1980, historiadores acadêmicos como John Hedley Brooke, David C. Lindberg, Peter Harrison e o editor deste livro, Ronald L. Numbers (entre muitos outros), começaram um profícuo movimento para "destruir mitos". Reunindo conhecimento científico e religioso com pesquisa histórica, esses autores deram origem a diversas publicações acadêmicas apresentando uma leitura mais coerente e – podemos dizer – *realista* dos fatos e eventos envolvendo desenvolvimentos científicos e sua relação com as religiões. Em um grande esforço para tornar tais conhecimentos acessíveis ao público amplo, Ron Numbers (como gosta de ser chamado) editou *Terra Plana, Galileu na Prisão e outros mitos sobre ciência e religião*, um livro sem precedentes para todos que, cansados de *fake news*, querem caminhar rumo à verdade. Cada capítulo nos brinda com uma verdadeira aula sobre um período ou tema específicos, não só desmentindo mitos, mas caracterizando a forma como sentimentos religiosos e atitudes científicas se entrelaçaram ao longo da história do pensamento.

De fato, precisamos checar múltiplas fontes antes de aceitar uma notícia ou informação como verdadeira: este livro é um excelente ponto de partida e, assim nos parece, de chegada.

Marcelo Cabral e Roberto Covolan

Introdução

Ronald L. Numbers

Proponho, então, apresentar nesta noite um esboço da grande luta sagrada pela liberdade da ciência – uma luta que acontece há muitos séculos. Esta tem sido uma disputa difícil! Uma guerra mais longa – e com batalhas mais ferozes, cercos mais persistentes e estratégias mais vigorosas que qualquer das comparativamente triviais guerras de Alexandre, ou César ou Napoleão... em toda história moderna, a interferência na ciência com suposto interesse religioso – não importa quão conscienciosa tal interferência tenha sido – resultou nos piores males para a religião e para a ciência, *invariavelmente*.

– Andrew Dickson White, "The Battle-Fields of Science"
[Os campos de batalha da ciência] (1869)

O antagonismo que observamos entre Religião e Ciência é a continuação de uma luta que teve início quando o cristianismo começou a ter poder político... A história da ciência não é um mero registro de descobertas isoladas; é uma narrativa do conflito entre dois poderes rivais, a força expansiva do intelecto humano de um lado, e a compressão advinda da fé tradicional e de interesses humanos do outro.

– John William Draper, *History of the Conflict between Religion and Science* [A história do conflito entre religião e ciência] (1874)

O maior mito na história da ciência e religião é de que elas estão em constante conflito. Ninguém tem mais responsabilidade pela promoção dessa ideia do que dois polemistas norte-americanos do século 19: Andrew Dickson White (1832-1918) e John William Draper (1811-1882). White, jovem presidente da Universidade de Cornell, passou a acreditar no conflito entre religião e ciência após críticos religiosos o taxarem de infiel por, como ele dizia, tentar criar em Ithaca "um refúgio para a *Ciência* – onde a verdade deve ser buscada pela verdade, não esticada ou decepada precisamente para se moldar à religião revelada". Em uma noite de inverno em dezembro de 1869 ele caminhou para o púlpito de um salão em Cooper Union na cidade de Nova York, pronto para ferir seus inimigos com a história, dar a eles "uma lição que jamais esqueceriam". Em palestra melodramática com título "The Battle-Fields of Science" [Os campos de batalha da ciência], o historiador levantou "alguns dos campos de batalha mais difíceis" da "grande guerra" entre ciência e religião. Ele contou sobre Giordano Bruno sendo "queimado vivo como monstro de impiedade", e Galileu sendo "torturado e humilhado como o pior dos descrentes" e muito mais, terminando com os mais recentes mártires científicos, a Universidade de Cornell e seu presidente sitiado. Como White deve ter antecipado, sua palestra levantou ainda mais controvérsia, iniciando, de acordo com um observador, "instantâneo protesto e oposição". Ao longo dos 25 anos seguintes, White expandiu sua palestra em um enorme trabalho de dois volumes, *A History of the Warfare of Science with Theology in Christendom* [A história do conflito entre a ciência e teologia na cristandade] (1896), traduzido para muitas línguas e frequentemente reimpresso até os dias de hoje. Nele, como foi notado por Elizabeth Cady Stanton, ele mostrou que "a Bíblia tem sido a maior pedra no caminho do progresso".[1]

Draper foi igualmente influente quando escreveu *History of the Conflict Between Religion and Science* [A história do conflito entre religião e ciência] (1874). Como físico, químico e historiador de renome, Draper de modo geral isentou o protestantismo e a Igreja Ortodoxa Oriental de crimes contra a ciência, ao passo que escoriava o catolicismo romano. Ele assim fazia, como escreveu, "em parte porque seus adeptos compõem a maioria da cristandade, em parte porque suas demandas são as mais pretensiosas, e em parte porque habitualmente buscou impor estas demandas pelo poder civil". Além de relatar a antiga oposição da igreja ao progresso científico, ele ridicularizou a então recentemente promulgada doutrina da infalibilidade papal, que ele atribuía a homens de "pecado e vergonha". Porém, ele nunca mencionou o que provavelmente foi o fator que mais o incomodou: sua antipatia com relação à própria irmã, Elizabeth, que se converteu ao catolicismo e, por um tempo, morou com os Drapers. Quando uma das crianças Draper, William, de oito anos, estava próxima da morte, tia Elizabeth escondeu seu livro preferido, um devocional protestante – e

---

[1] White, "Battle-Fields of Science", 4; Charles Kendall Adams, "Mr. White's 'Warfare of Science with Theology'", *Forum* (setembro 1896): 65-78, em 67 (protesto); Elizabeth Cady Stanton, "Reading the Bible in the Public Schools," *The Arena* 17 (1897): 1033-37, em 1034. De tempos em tempos White escrevia "novos capítulos" para à *Popular Science Monthly*, e em 1876 ele lançou um pequeno livro, *The Warfare of Science* (Nova York: D. Appleton, 1876). Duas décadas depois ele publicou *A History of the Warfare of Science with Theology in Christendom*, 2 vols. (New York: D. Appleton, 1896). White foi convencido a substituir "teologia dogmática" por "religião" por seu pesquisador associado; veja Henry Guerlac, "George Lincoln Burr," *Isis* 34 (1944): 147-52. A melhor história da tese do conflito permanece sendo a de James R. Moore, *The Post-Darwinian Controversies: A Study of the Protestant Struggle to Come to Terms with Darwin in Great Britain and America, 1870-1900* (Cambridge: Cambridge University Press, 1979), parte 1, 17-122; consultar também David C. Lindberg e Ronald L. Numbers, "Beyond War and Peace: A Reappraisal of the Encounter between Science and Religion," *Church History* 55 (1986): 338-54.

não o devolveu até após a morte do menino. O pai em luto a expulsou da casa, sem dúvida culpando o Vaticano pelo seu comportamento não cristão e dogmático. A história de Draper de "teólogos ferozes" perseguindo os pioneiros da ciência "com a Bíblia em uma mão e uma tocha na outra", como um crítico caracterizou sua história, provocou, com razão, diversos contra-ataques. O norte-americano convertido ao catolicismo Orestes Brownson, que descreveu o livro como "um pano de mentiras do início ao fim", mal conseguia conter sua fúria. "Mil roubos a mão armada ou mil assassinatos a sangue frio", disse enfurecido, "seriam uma leve ofensa social comparado com a publicação de um livro como este".[2]

Discussões sobre a relação entre "ciência" e "religião" começaram no início do século 19, quando estudantes da natureza começaram a se referir ao seu trabalho como ciência ao invés de filosofia natural (ou história natural). Antes deste tempo havia apenas ocasionais expressões de preocupação sobre a tensão entre fé e razão, mas ninguém opunha religião contra a ciência e vice-versa.[3] Um dos primeiros, se não o primeiro livro na língua inglesa com as palavras "ciência" e "religião" no título foi publicado em 1823: o popular livro de Thomas Dick, *The Christian Philosopher* [O filósofo cristão]; ou *The Connection of Science and Philosophy with Religion* [A ligação da ciência e filosofia com a religião]. Em meados do século "ciência e religião" se tornavam tropo literário, e durante as décadas de 1850 e 1860 diversas faculdades e seminários norte-americanos estabeleceram cadeiras universitárias dedicadas à demonstração (e preservação) da harmonia entre a ciência e a religião revelada.[4]

---

[2] Draper, *History of the Conflict*, x-xi (catolicismo), 225-26 (infalibilidade); Donald Fleming, *John William Draper and the Religion of Science* (Filadélfia: University of Pennsylvania Press, 1950), 31 (Elizabeth), 129 (conjunto); revisão do *History of the Conflict between Religion and Science*, por John William Draper, em *Brownson's Quarterly Review*, último ser. 3 (1875): 145 (mentiras); revisão do *History of the Conflict between Religion and Science*, de John William Draper, em *Brownson's Quarterly Review*, último ser. 3 (1875): 153-73, em 169 (assassinatos).

[3] Veja Ronald L. Numbers, "Aggressors, Victims, and Peacemakers: Historical Actors in the Drama of Science and Religion", em *The Science and Religion Debate: Why Does It Continue?* (New Haven, Conn.: Yale University Press).

[4] Peter Harrison, "'Science' and 'Religion': Constructing the Boundaries", *Journal of Religion 86* (2006): 81-106. Consultar também James Moore, "Religion and Science", em *The Cambridge*

Apesar de alguns pensadores liberais, particularmente Thomas Cooper do South Carolina College, denunciarem a religião como "a grande inimiga da ciência", norte-americanos na época da guerra civil, especialmente a liderança eclesiástica, se preocupavam mais com a ameaça da ciência ao cristianismo ortodoxo do que com barreiras religiosas à ciência. No segundo terço do século 19 alguns observadores começaram a suspeitar que "toda nova conquista alcançada pela ciência envolvia a perda de um domínio da religião". Desafios científicos aos primeiros capítulos da Bíblia eram especialmente perturbadores. Durante as três décadas entre 1810 e 1840, homens da ciência obtiveram sucesso ao promover a substituição da visão de criação sobrenatural do sistema solar pela hipótese nebular, expandindo a história da Terra de 6 mil anos apenas para milhões de anos, e reduzindo o dilúvio de Noé a um evento regional no Oriente Próximo. Muitos cristãos prontamente ajustaram sua leitura da Bíblia para acomodar tais descobertas, mas alguns literalistas bíblicos acreditaram que os geólogos da época eram excessivamente liberais em relação à palavra de Deus. O Reverendo Gardiner Spring, por exemplo, se ofendia com os esforços científicos para explicar a criação, que ele via como "o grande *milagre*", incapaz de ser explicado cientificamente. "A colisão não é entre a Bíblia e a *natureza*", declarou, "mas entre a Bíblia e *filósofos naturais*".[5]

Naquele tempo não era incomum que homens da ciência se engajassem em exegese bíblica enquanto impediam que teólogos e clérigos monitorassem a ciência. Esta prática, juntamente com a crescente marginalização de teólogos no empreendimento científico, revoltou Charles Hodge, o mais eminente teólogo calvinista em meados do século 19 na América

---

History of Science, vol. 6, ed. Peter Bowler e John Pickstone (Cambridge: Cambridge University Press, em impressão); e Jon H. Roberts, "Science and Religion", in *Wrestling with Nature: From Omens to Science*, ed. Peter Harrison, Ronald L. Numbers e Michael H. Shank (Chicago: University of Chicago Press).

[5] Thomas Cooper para Benjamin Silliman, 17 de dezembro de 1833, citado em Nathan Reingold, ed., *The Papers of Joseph Henry*, vol. 2 (Washington, D.C.: Smithsonian Institution Press, 1975), 136; "Science and Religion", *Boston Cultivator* 7 (1845): 344 (nova conquista); Gardiner Spring para Benjamin Silliman, n.d., citado em Francis C. Haber, *The Age of the World: Moses to Darwin* (Baltimore: Johns Hopkins Press, 1959), 260-63.

do Norte. Apesar de continuar venerando homens da ciência que revelavam "as maravilhosas obras de Deus", no fim da década de 1850 ele estava cada vez mais frustrado com a tendência de tratarem teólogos que se expressavam em assuntos científicos como "invasores" que não deveriam se intrometer. Ele atribuía a crescente "alienação" entre homens da ciência e homens religiosos em parte à "pretensão de superioridade" dos homens da ciência, e sua prática de estigmatizar os críticos religiosos como "mesquinhos, fanáticos, mulheres velhas, adoradores da Bíblia etc". Ele lamentava a falta de respeito frequentemente mostrada a homens religiosos, que foram instruídos pelos seus colegas cientistas a pararem de se intrometer na ciência, enquanto eles menosprezavam crenças e valores religiosos. Hodge tinha a preocupação de que a ciência, sem a religião, estivesse se tornando "satânica". Ele não tinha dúvida que a religião estava em uma "luta pela própria vida contra um grande grupo de homens da ciência".[6]

O crescimento da ciência "infiel" – da geologia e cosmologia à biologia e antropologia – fez com que muitos cristãos, tanto conservadores quanto liberais, se sentissem sob ataque. De acordo com o intelectual sulista George Frederick Holmes, "A luta entre a ciência e a religião, entre a filosofia e a fé, se prolonga há séculos; mas é apenas nos anos recentes que a divisão tem se tornado tão aberta e reconhecida a ponto de ser declarada por muitos como irreconciliável". Pior do que isso, até as classes trabalhadores se uniam à luta. Como um escritor britânico notou em 1852, "A ciência não é mais uma abstração sem vida voando acima das mentes da multidão. Ela desceu à Terra. Ela se mistura com os homens. Ela penetra nossas mentes. Ela entra em nossos espaços de trabalho. Ela corre adiante com o ferro cursor dos trilhos".[7]

---

[6] Ronald L. Numbers, *"Charles Hodge and the Beauties and Deformities of Science"*, em *Charles Hodge Revisited: A Criticai Appraisal of His Life and Work*, ed. John W. Stewart e James H. Moorhead (Grand Rapids, Mich.: Eerdmans, 2002), 77-101, de onde este relato é extraído. Este artigo é publicado novamente no capítulo 5 em Ronald L. Numbers, *Science and Christianity in Pulpit and Pew* (New York: Oxford University Press, 2007).

[7] [George Frederick Holmes], "Philosophy and Faith", *Methodist Quarterly Review 3* (1851): 185-218, na 186; James A. Secord, *Victorian Sensation: The Extraordinary Publication, Reception, and Secret Authorship of Vestiges of the Natural History of Creation* (Chicago: University of Chicago Press, 2000), 522.

Os debates sobre *A Origem das Espécies* (1859) de Charles Darwin, onde o naturalista britânico tentou "derrubar o dogma de criações separadas" e estender o domínio da lei natural ao mundo orgânico, sinalizou uma mudança de ênfase. Cada vez mais os cientistas, como estavam sendo chamados, expressavam ressentimento em agir como serviçais da religião. Um após o outro pediram por liberdade científica, mas também pela subordinação da religião – e a reescrita da história com a religião como vilã. O discurso mais inflamado veio do físico Irlandês John Tyndall (1820-1893), que em sua fala em Belfast, 1874, como presidente da Associação Britânica pelo Avanço da Ciência, exclamou:

> A inexpugnável posição da ciência pode ser descrita em poucas palavras. Nós reivindicamos da teologia, e arrancar-lhe-emos, o domínio completo da teoria cosmológica. Todos os esquemas e sistemas que infringem no domínio da ciência devem, *contanto que assim o façam*, submeter-se ao seu controle, e abrir mão de todo pensamento de controlá-la. Agir de outra forma provou ser desastroso no passado, e é simplesmente insensato nos dias de hoje.

Dois anos depois Tyndall escreveu um laudatório prefácio para uma edição britânica do *The Warfare of Science* [O conflito da ciência] de White. Com tal endosso, a tese do conflito estava no caminho para se tornar o dogma histórico de seu tempo, pelo menos entre intelectuais buscando liberdade da religião.[8]

Historiadores da ciência sabem há anos que os relatos de White e Draper eram mais propaganda do que história.[9] (Um mito oposto, que o cristianis-

---

[8] Charles Darwin, *The Descent of Man, and Selection in Relation to Sex*, 2 vols. (New York: D. Appleton, 1871), 1:147 (derrota), 2:372 (quadrúpede); Ronald L. Numbers, *Darwinism Comes to America* (Cambridge, Mass.: Harvard University Press, 1998), 31 (terremoto); John Tyndall, "The Belfast Address", em *Fragments of Science*, 6th ed. (New York: D. Appleton, 1889), 472-534, na 530; Andrew Dickson White, *The Warfare of Science*, com prefácio do professor Tyndall (Londres: H. S. King, 1876). Para contexto, ver Frank M. Turner, "The Victorian Conflict between Science and Religion: A Professional Dimension", *Isis* 69 (1978): 356-76.

[9] Veja Moore, *The Post-Darwinian Controversies*; David C. Lindberg e Ronald L. Numbers, eds., *God and Nature: A History of the Encounter between Christianity and Science* (Berkeley: University of California Press, 1986); John Hedley Brooke, *Science and Religion: Some Historical Perspectives*

mo sozinho deu à luz a ciência moderna, é descartado no Mito 9.) Porém, esta mensagem raramente escapa da torre de marfim. O público secular, se é que pensa nessas questões, "*sabe*" que a religião organizada sempre se opôs ao progresso científico (prova são os ataques a Galileu, Darwin e Scopes). O público religioso "*sabe*" que a ciência liderou a corrosão da fé (através do naturalismo e antibiblicismo). Para dar o primeiro passo na direção da correção destas falsas percepções devemos dissipar os velhos mitos que continuam se passando por verdades históricas. Nenhum cientista, até onde sabemos, perdeu a vida por suas visões científicas, apesar de que, como veremos no Mito 7, a Inquisição Italiana incinerou o copernicano Giordano Bruno no século 16 por suas noções *teológicas* heréticas.

Diferente dos mestres criadores de mitos White e Draper, os autores desse livro não têm nenhum interesse em desonrar a ciência ou a teologia. Quase metade (doze dos 25) se identifica como agnóstico ou ateu (ou seja, não creem em religião). Entre os outros treze estão cinco protestantes históricos, dois evangélicos protestantes, um católico romano, um judeu, um muçulmano, um budista – e dois cujas crenças não se encaixam em nenhuma categoria convencional (incluindo um piedoso spinozano[10]). Mais da metade dos que não creem, inclusive eu, foram criados em lares cristãos devotos – alguns fundamentalistas ou evangélicos – mas posteriormente perderam sua fé. Não sei o que concluir deste fato, mas suspeito que nos diz algo sobre por que nos importamos tanto com o esclarecimento dos fatos.

Uma palavra final sobre o uso do termo *mito*: Apesar de alguns dos mitos que buscamos desconstruir terem ajudado a dar sentido à vida de quem os abraçou, não usamos o termo em seu sentido acadêmico sofisticado, mas como se usa em uma conversa cotidiana – para designar uma falsa afirmação.

(Cambridge: Cambridge University Press, 1991); David C. Lindberg e Ronald L. Numbers, eds., *When Science and Christianity Meet* (Chicago: University of Chicago Press, 2003).

[10] Alguém simpático às visões teológicas do filósofo holandês Baruch Spinoza (1632-1677). [**N. R.**]

MITO 1

Que a ascensão do cristianismo foi responsável pelo fim da ciência antiga

David C. Lindberg

Há uma combinação de fatores por trás do "fechamento da mente ocidental": o ataque à filosofia grega pelo [apóstolo] Paulo, a adoção do platonismo por teólogos cristãos e a aplicação da ortodoxia por imperadores desesperados por manter a boa ordem. A imposição da ortodoxia caminhou de mãos dadas com o sufocamento de qualquer forma de exercício racional independente. No quinto século, não somente o pensamento racional havia sido suprimido, mas houve a substituição deste por "mistério, magia e autoridade".

– Charles Freeman, *The Closing of the Western Mind: The Rise of Faith and the Fall of Reason (2003)* [O fechamento da mente ocidental: a ascensão da fé e a queda da razão]

Em um dia de primavera em 415, como se conta a história, um grupo enraivecido de zelotes cristãos em Alexandria, no Egito, movidos pelo recentemente nomeado bispo Cirilo, brutalmente assassinou a bela jovem filósofa e matemática Hipátia. Inicialmente tutoreada por seu pai, Hipátia era uma matemática e astrônoma bem-sucedida, que chegou a escrever importantes comentários sobre matemática e filosofia. Sua popularidade e influência – especialmente sua defesa da ciência contra o cristianismo – enraiveceu tanto o bispo que ele ordenou sua morte. Versões dessa história são um marco da polêmica anticristã desde o início do Iluminismo, quando o *livre pensador*[1] Irlandês John Toland escreveu um panfleto exagerado, com um título que diz tudo: *Hypatia; or, The History of a Most Beautiful, Most Virtuous, Most Learned and in Every Way Accomplished Lady; Who Was Torn to Pieces by the Clergy of Alexandria, to Gratify the Pride, Emulation, and Cruelty of the Archbishop, Commonly but Undeservedly Titled St. Cyril* [Hipátia; ou a história da mais bela, mais virtuosa, mais erudita e em todos os aspectos a mais bem-sucedida dama; que foi cortada em pedaços pelo clero de Alexandria para estimular o orgulho, a emulação,

---

[1] *"Freethinker"* é uma expressão que se refere a pensadores que não se consideram religiosos ou ligados a algum compromisso confessional. [**N. E.**]

e a crueldade do arcebispo, comumente, mas sem merecimento, intitulado santo Cirilo] (1720). De acordo com Edward Gibbon, autor do livro *Declínio e queda do império romano* (1776-88), "Hipátia foi arrancada de sua carruagem, deixada nua, arrastada até a igreja e desumanamente mutilada por Pedro, o Leitor, e um grupo de fanáticos selvagens e sem misericórdia: sua pele foi arrancada de seus ossos com afiadas conchas de ostras, e seus membros estremecidos foram entregues ao fogo". Em alguns relatos o assassinato de Hipátia marcou o "golpe de morte" para a ciência e filosofia antiga. O distinto historiador de ciência antiga B. L. Van der Waerden afirma que "após Hipátia, ocorreu o fim dos matemáticos alexandrinos"; em seu estudo em ciência antiga, Martin Bernal usa a morte de Hipátia para marcar "o início da Idade das Trevas cristã".[2]

A história do assassinato de Hipátia é uma das mais cativantes em toda a história da ciência e religião. Porém, a interpretação tradicional é pura mitologia. Como a historiadora tcheca Maria Dzielska documenta em uma biografia recente, Hipátia ficou presa em uma luta política entre Cirilo, um implacável membro da igreja, que queria aumentar sua autoridade, e Orestes, amigo de Hipátia e chefe de departamento imperial que representava o Império Romano. Apesar do fato de Orestes ser cristão, Cirilo usou sua amizade com a pagã Hipátia contra ele, e a acusou de praticar magia e bruxaria. Mesmo tendo sido assassinada em grande parte da maneira horrenda descrita acima – já uma mulher madura de sessenta anos – sua morte foi totalmente devida à política local, e não teve virtualmente nenhuma conexão com a ciência. A cruzada de Cirilo contra os pagãos veio depois. A ciência e matemática em Alexandria prosperaram durante décadas por vir.[3]

Os relatos enganosos da morte de Hipátia e o *Closing of the Western Mind* [Fechamento da mente ocidental] de Freeman, citado acima, são tentativas de manter vivo um mito antigo: a descrição do cristianismo primitivo como um refúgio de anti-intelectualismo, fonte de sentimento anticientífico,

---

[2] Maria Dzielska, *Hypatia of Alexandria*, trad. F. Lyra (Cambridge, Mass.: Harvard University Press, 1995), 2 (Toland), 11 (golpe da morte), 19 (Gibbon), 25 (Van der Waerden), 26 (Bernal). Sou grato a Ron Numbers por sua ajuda com o material sobre Hipátia.

[3] Dzielska, *Hypatia*, passim.

28   COLEÇÃO FÉ, CIÊNCIA & CULTURA

e um dos primeiros agentes responsáveis pela entrada da Europa no que popularmente é chamada de "Idade das Trevas". Evidências que endossam essa ideia estão disponíveis, se não abundantes. O apóstolo Paulo (cuja influência na formação de atitudes cristãs foi, obviamente, imensa) alertou os Colossenses: "Tenham cuidado para que ninguém os escravize a filosofias vãs e enganosas, que se fundamentam nas tradições humanas e nos princípios elementares deste mundo, e não em Cristo". E em sua primeira carta aos Coríntios, ele avisa: "Não se enganem. Se algum de vocês pensa que é sábio segundo os padrões desta era, deve tornar-se 'louco' para que se torne sábio. Porque a sabedoria deste mundo é loucura aos olhos de Deus".[4]

Sentimentos similares foram expressos por diversos pais da igreja primitiva com relação ao combate à heresia e proteção da doutrina cristã da influência da filosofia pagã. O norte-africano Tertuliano de Cartago (160-240 d.C.), extraordinariamente educado e altamente influente defensor da doutrina cristã ortodoxa foi, sem dúvida, o mais franco destes defensores da ortodoxia cristã. Em sua mais famosa fala, ele questionou:

> Que relação há de Atenas [significando a representação da filosofia pagã] com Jerusalém [representando a religião cristã]? Que acordo existe entre a Academia [presumidamente de Platão] e a Igreja? O que há entre heréticos e cristãos?... Fora com todas as tentativas de produzir um cristianismo de composição mista estoica, platônica e dialética! Não queremos disputa curiosa após termos Jesus Cristo, nenhuma inquisição após desfrutarmos do evangelho! Com nossa fé, desejamos mais fé. Pois quando cremos nisso, não há nada mais no que precisamos acreditar.[5]

Taciano (fl.[6] c. 172), um mesopotâmio de fala grega, contemporâneo de Tertuliano que foi até Roma, perguntou aos filósofos:

---

[4]   Colossenses 2:8, *Nova Versão Internacional*, com substituição de uma tradução alternativa; 1Coríntios 3:18-19, *Nova Versão Internacional*.

[5]   Tertuliano, em *The Ante-Nicene Fathers*, ed. Alexander Roberts e James Donaldson; rev. A. Cleveland Coxe (Grand Rapids, Mich.: Eerdmans, 1986), 2466.

[6]   Abreviação do latim *floruit*, que significa "floresceu", ou seja, o período em que ele esteve mais ativo, produzindo, escrevendo. [N. E.]

O que de nobre vocês produziram em sua busca pela filosofia? Quem de seus mais eminentes homens foi livre de se vangloriar em vão?... Eu poderia rir dos que atualmente aderem aos ensinos de Aristóteles – pessoas que dizem que coisas sublunares não estão sob os cuidados da Providência... Cuidem para não serem levados pelas assembleias solenes de filósofos que não são filósofos, que dogmatizam as rudes vontades do momento.[7]

Reclamações similares foram feitas por outros críticos do aprendizado pagão (ou seja, não cristão).

Mas parar aqui seria uma representação seriamente incompleta e largamente enganosa. Os próprios autores que denunciaram a filosofia grega também empregaram sua metodologia e incorporaram grandes porções de seu conteúdo em seus sistemas de pensamento. De Justino Mártir (100-165 d.C.) a Santo Agostinho (354-430 d.C.), assim como outros pensadores cristãos, se aliavam a filosofias gregas tradicionais consideradas simpáticas ao pensamento cristão. Central entre estas filosofias estava o Platonismo (ou Neoplatonismo), mas emprestar da filosofia estoica, de Aristóteles e da neo-pitágorica também era comum. Mesmo as denúncias advindas de escritos cristãos, seja por posições filosóficas específicas ou da filosofia em geral, muitas vezes refletiam um conhecimento impressionante das tradições filosóficas gregas e romanas.

Mas como estas tradições religiosas e filosóficas se relacionavam com a *ciência*? Havia alguma atividade ou grupo de conhecimento naquele tempo que poderia ser identificado como "ciência"? Se não, o mito, como declarado, é obviamente falso. Mas não nos deixemos escapar tão facilmente. No período que estamos discutindo *havia* crenças herdadas sobre a natureza – sobre as origens e estrutura do cosmos, o movimento dos corpos celestiais, a natureza dos elementos, doença e saúde, a explicação de fenômenos naturais dramáticos (trovões, raios, eclipses, o arco-íris, e outros) – e sua relação com os deuses. Essas crenças são os ingredientes do que se desenvolveria séculos depois como ciência moderna (algumas já

---

[7] Tertuliano, em The Ante-Nicene Fathers, 133a.

eram idênticas à sua contraparte moderna); e se estamos interessados nas origens da ciência ocidental, é isto que precisamos investigar. Para nomear esses empreendimentos, historiadores da ciência usam diversas expressões – "filosofia natural" e "ciência matemática" sendo as mais comuns. Para deixar claro, escolho me referir a estas apenas como "ciências clássicas" – ou seja, as ciências que vieram da tradição grega e romana clássica – e a seus praticantes como "cientistas" ou "filósofos/cientistas."

Como vimos, autores cristãos às vezes expressam profunda hostilidade com relação às ciências clássicas. Tertuliano, que já conhecemos, atacou filósofos pagãos por considerarem divinos os elementos e os corpos celestes como o Sol, a Lua os planetes e as estrelas. No curso de seu argumento, ele expressou sua raiva sobre a vaidade dos antigos cientistas/filósofos gregos:

> Agora por favor me digam, que sabedoria há nesta busca por especulação de conjectura? Que prova é nos dada... pela artificialidade inútil de curiosidade minuciosa, que é persuadida com uma mostra de linguagem artística? Isto serviu bem a Tales de Mileto (filósofo do sexto séc. a.C.) quando, olhando para as estrelas enquanto andava..., teve a mortificação de cair em um poço... Sua queda, portanto, é uma imagem figurativa dos filósofos; digo, daqueles que persistem em aplicar seus estudos a um propósito vão, visto que desfrutam de uma curiosidade estúpida sobre objetos naturais.[8]

Entretanto, o que Tertuliano apresentou foi um *argumento*, que foi significativamente construído com materiais e métodos tomados da tradição filosófica greco-romana. Ele argumentou, por exemplo, que a regularidade precisa dos movimentos em órbita dos corpos celestiais (uma referência clara às descobertas de astrônomos gregos) evidencia um "poder governante" que reina sobre eles; e se são sujeitos a um reinado, não podem ser deuses. Ele também introduziu a "visão iluminada de Platão" apoiando a alegação de que o universo deve ter tido um início, e portanto, não pode

---

[8] Timothy David Barnes, *Tertullian: A Historical and Literary Study*, rev. ed. (Oxford: Clarendon Press, 1985), 196.

em si ser parte da divindade; e neste e noutros trabalhos ele "triunfante-mente desfila" seu conhecimento (como descreve um de seus biógrafos) ao nomear uma longa lista de outras autoridades antigas.[9]

Basílio de Cesareia (330-379 d.C.), representando um século e uma região diferente do mundo cristão, revelou atitudes similares com relação aos cientistas clássicos. Ele bruscamente atacou filósofos e astrônomos que "intencionalmente e voluntariamente se cegaram para o conhecimento da verdade". Esses homens, continua, "descobriram tudo, exceto uma coisa: não descobriram o fato de que Deus é o criador do universo".[10] Em outras instâncias ele pergunta por que devemos "nos atormentar refutando os erros ou as mentiras dos filósofos gregos, quando é suficiente a apresentação e comparação de seus livros mutuamente contraditórios".[11]

Enquanto atacava os erros da ciência e filosofia grega – e o que ele não achava errôneo, geralmente julgava como inútil – Basílio também revelou forte maestria de seu conteúdo. Ele argumentou contra o quinto elemento de Aristóteles, a quintessência; ele recontou a teoria estoica da conflagra-ção e regeneração cosmológica cíclica; ele aplaudiu os que aplicavam as leis da geometria para refutar a possibilidade de mundos múltiplos (um endosso claro do argumento de Aristóteles pela singularidade do cosmos); ele ridicularizou a noção de Pitágoras sobre música nas esferas planetárias; e proclamou a vaidade da astronomia matemática.

Tertuliano, Taciano e Basílio são representados como fora da tradição clássica, tentando difamar e destruir o que viam como ameaça ao cris-tianismo ortodoxo. Certamente uma parcela de suas retóricas suportam tal interpretação, como quando apelavam pela fé simples como alternativa para o raciocínio filosófico. Mas é preciso olhar além da retórica para a

---

[9] Emmanuel Amand de Mendieta, "The Official Attitude of Basil of Caesarea as a Christian Bishop towards Greek Philosophy and Science", em *The Orthodox Churches and the West*, ed. Derek Baker (Oxford: Blackwell, 1976), 38, 31 e 37.

[10] Basil, *Homilies on the Hexameron*, em *A Select Library of Nicene and Post-Nicene Fathers of the Christian Church*, ser. 2, ed. Philip Schaff e Henry Wace, 14 vols. (New York: Christian Literature Co., 1890-1900), 8:54.

[11] Ibid., 8:70.

prática; ridicularizar as ciências clássicas e sistemas filosóficos que as suportam, ou declará-las como inúteis, é diferente de abandoná-las. Apesar de seu desdém, Tertuliano, Basílio e outros como eles continuamente engajavam em argumentação filosófica séria, emprestando da tradição que desprezavam. Não é distorção de evidência enxergá-los como parte desta tradição, tentando formular uma filosofia alternativa baseada em princípios cristãos – opostos não ao empreendimento da filosofia, mas a princípios filosóficos específicos que eles consideravam errados e perigosos.

O mais influente dos pais da igreja, e um dos que mais poderosamente moldou as atitudes cristãs em relação à natureza, foi Agostinho de Hipona (354-430 d.C.). Como seus antecessores, Agostinho tinha sérias reservas com relação ao valor da filosofia e ciência clássicas e a legitimidade de sua busca. Porém, sua crítica foi moderada e qualificada pelo reconhecimento, em palavra e ações, de usos legítimos nos quais o conhecimento do cosmos poderia ser aplicado, inclusive com utilidade religiosa. Em resumo, apesar de Agostinho não se aplicar à promoção das ciências, tampouco ele as temia em suas versões pagãs no grau em que muitos de seus antecessores haviam temido.

Espalhadas nos volumosos escritos de Agostinho estão preocupações sobre a filosofia pagã e sua parceira científica, e admoestações a cristãos para não darem excessivo valor a essas coisas:

> Em sua *Enchiridion* ele assegura seus leitores que não há necessidade de ficar desanimado se cristãos são ignorantes sobre as propriedades e o número de elementos básicos na natureza, ou o movimento, ordem e desvios das estrelas, o mapa dos céus, os tipos e natureza dos animais, plantas, pedras, nascentes, rios e montanhas... Para o cristão, é suficiente crer que a causa de todas as coisas criadas ... está ... na bondade do Criador.[12]

Em *Sobre a doutrina cristã*, Agostinho comentou sobre a inutilidade e vaidade do conhecimento astronômico:

---

[12] Agostinho, *Confessions and Enchiridion,* trad. Albert C. Outler (Filadélfia: Westminster, 1955), 341-42.

Apesar do caminho da Lua... ser conhecido por muitos, apenas poucos sabem bem, sem erro, o nascer ou pôr ou outros movimentos do restante das estrelas. Conhecimento deste tipo, apesar de não estar alinhado com nenhuma superstição, é de pouco uso no tratamento das Escrituras Divinas e até mesmo o impede através de estudo sem frutos; e como está associado com o prejudicial erro de vã previsão [astrológica] é mais apropriado e virtuoso condená-lo.[13]

Finalmente, nas *Confissões* ele argumentou que "por causa desta doença da curiosidade ... homens passam a investigar o fenômeno da natureza, ... apesar deste conhecimento não ser de nenhum valor para eles: pois desejam conhecer simplesmente pelo conhecimento".[14] O conhecimento pelo conhecimento não tem valor e, portanto, deve ser repudiado.

Mas, mais uma vez, essa não é a história completa. Filósofos cristãos do período patrístico podem não ter valorizado a filosofia ou ciências por seu valor *intrínseco*, mas isto não nos permite concluir que negavam às ciências todo o seu valor *extrínseco*. Para Agostinho, o conhecimento do fenômeno natural tinha valor e legitimidade na medida em que servia outros propósitos mais altos. O mais importante destes propósitos é a exegese bíblica, visto que a ignorância da matemática e da história natural (zoologia e botânica) nos torna incapazes de entender o senso literal da Escritura. Por exemplo, somente se conhecermos serpentes entenderemos a admoestação bíblica "sejam prudentes como as serpentes e simples como as pombas" (Mateus 10:16). Agostinho também concedeu que partes do conhecimento pagão, como história, dialética, matemática, as artes mecânicas e "ensinamentos que tratam dos sentidos corporais" contribuem com as necessidades da vida.[15]

Em seu *Comentário literal ao Gênesis*, onde ele aplica seu conhecimento excepcional sobre a cosmologia grega e filosofia natural, Agostinho expressou desgosto pela ignorância de alguns cristãos:

---

[13] Agostinho, *On Christian Doctrine*, trad. D. W. Robertson, Jr. (Indianápolis: Bobbs-Merrill, 1958), 65-66.

[14] Agostinho, Confissões [*Confessions*], trad. F. J. Sheed (Nova York: Sheed and Ward, 1942), 201, ligeiramente editado.

[15] Agostinho, *Da Doutrina Cristã* [*On Christian Doctrine*], 74.

Até mesmo um não cristão sabe algo sobre a Terra, os céus, e outros elementos deste mundo, sobre o movimento e órbita das estrelas e até seu tamanho e posições relativas, sobre a previsibilidade de eclipse do Sol e da Lua, os ciclos dos anos e das estações, sobre os tipos de animais, arbustos, pedras e assim por diante, e ele se firma neste conhecimento, com certeza da razão e experiência. É uma desgraça e um perigo que um infiel [ou não cristão] ouça um cristão ... falando absurdos sobre estes tópicos; e devemos fazer todo o possível para prevenir tal embaraço, onde as pessoas veem vasta ignorância em um cristão e riem com desdém.[16]

Na medida em que requeremos conhecimento filosófico ou científico do fenômeno natural – e Agostinho tinha certeza que é preciso – devemos tomá-los daqueles que o possuem: "se os chamados filósofos, especialmente os platonistas, disseram coisas que são de fato verdadeiras e bem acomodadas a nossa fé, não devem ser temidos; pelo contrário, o que dizem deve ser tomado deles como se por possuidores injustos e convertidos ao nosso uso".[17] Toda verdade, no fim, é a verdade de Deus, mesmo se encontrada em livros de autores pagãos; e devemos tomá-la e usar sem hesitação.

Na influente visão de Agostinho, então, conhecimento das coisas deste mundo não é um fim legítimo em si, mas, como um meio para outros fins, é indispensável. As ciências clássicas devem aceitar a posição subordinada como serva da teologia e religião – o temporário servindo ao eterno. O conhecimento contido nas ciências clássicas não deve ser amado, mas pode ser usado de forma legítima. Esta atitude com relação ao conhecimento científico veio a prevalecer na Idade Média e sobreviveu até o período moderno. A ciência serva de Agostinho foi defendida explicitamente e em detalhe, por exemplo, por Roger Bacon no século 13, cuja defesa do conhecimento útil contribuiu para sua notoriedade como um dos fundadores da ciência experimental.[18]

---

[16] Agostinho, *Literal Meaning of Genesis,* trad. John Hammond Taylor, S.J., em *Ancient Christian Writers: The Works of the Fathers in Translation,* ed. Johannes Quasten, W. J. Burghardt e T. C. Lawler, vols. 41-42 (Nova York: Newman, 1982), 42-43.

[17] Agostinho, *Da Doutrina Cristã [On Christian Doctrine],* 75.

[18] Sobre Bacon, consultar David C. Lindberg, "Science as Handmaiden: Roger Bacon and the Patristic Tradition", *Isis* 78 (1987): 518-36.

Conceder ao conhecimento científico o *status* de servo é um golpe ao progresso científico? Os críticos da igreja primitiva estão corretos na visão de que ela era inimiga da ciência genuína? Eu gostaria de responder com três pontos.

(1) Certamente é verdade que os pais da igreja primitiva não viam o apoio às ciências clássicas como uma obrigação. Essas ciências tinham baixa prioridade para os pais da igreja, para quem as grandes questões eram (corretamente) o estabelecimento da doutrina cristã, a defesa da fé e a edificação dos que criam. Mas (2), prioridade baixa ou média estava longe de ser prioridade zero. Ao longo da Idade Média e até o período moderno, a fórmula de serva foi empregada diversas vezes para justificar a investigação da natureza. Na realidade, alguns dos mais celebrados avanços da tradição científica ocidental foram feitos por estudiosos religiosos que justificaram seu trabalho (pelo menos em parte) apelando para a fórmula da filosofia natural como serva da teologia. (3) Nenhuma instituição ou força cultural do período patrístico ofereceu mais encorajamento para a investigação da natureza que a igreja cristã. A cultura contemporânea pagã não era mais favorável à especulação desinteressada do cosmos que a cultura cristã. Vale dizer que a presença da igreja cristã aprimorou, ao invés de prejudicar, o desenvolvimento das ciências naturais.

Mas não devemos esquecer Tertuliano e sua oposição feroz às ciências clássicas. Ele não representava um grupo substancial de oponentes francos às ciências clássicas? Não de acordo com o que revelam os registros históricos. É preciso muito esforço para encontrar passagens nos trabalhos de Taciano, Basílio e outros desonrando a filosofia clássica. E mesmo essas suas retóricas são muitos decibéis abaixo da de Tertuliano; além disso, sua oposição era com relação a aspectos da tradição clássica que tinham pouca relação com as ciências clássicas. Inúmeros pais da igreja e seus sucessores em séculos posteriores engajaram com aspectos da filosofia clássica, tentando reconciliá-la com ensinos bíblicos e com a teologia cristã ortodoxa; mas quando se tratava das ciências clássicas, a maioria se unia a Agostinho: aborde as ciências clássicas com cautela; tema se preciso for, mas as ponha para trabalhar como serviçais da filosofia e teologia cristã sempre que puder. Então, para dizer de forma franca, os estudiosos que desejavam demonstrar a hostilidade cristã contra as ciências clássicas basearam seu argumento em Tertuliano porque ele era a única prova relevante e suficientemente hostil. Foi a voz simpática de Agostinho que prevaleceu na prática das ciências a partir do período patrístico, durante a Idade Média, e além.

Agostinho praticou o que pregava? O fato de que o fez é mais bem ilustrado em sua obra *Comentário literal ao Gênesis*, onde ele produz uma interpretação versículo por versículo da descrição bíblica da criação como aparece nos primeiros três capítulos de Gênesis. No curso desse trabalho em seus anos maduros, Agostinho fez uso copioso das ciências naturais contidas na tradição clássica para explicar a história da criação. Aqui encontramos ideias greco-romanas sobre raios, trovões, nuvens, vento, chuva, orvalho, neve, geada, tempestades, marés, plantas e animais, matéria e forma, os quatro elementos, a doutrina do lugar natural, estações, tempo, o calendário, planetas, movimento planetário, as fases da Lua, influência astrológica, a alma, sensação, som, luz e sombra, e a teoria dos números. Apesar de toda a sua preocupação com a supervalorização da tradição científica/ filosófica grega, Agostinho e outros como ele aplicaram a ciência natural greco-romana intensamente na interpretação bíblica. As ciências não devem ser amadas, mas usadas. Esta atitude com relação ao conhecimento científico cresceria na Idade Média até o período moderno. Se não fosse por esta perspectiva, europeus medievais certamente teriam tido menos conhecimento científico, não mais.

MITO 2

Que a igreja cristã medieval impediu o avanço da ciência

Michael H. Shank

O partido cristão [no início da Idade Média] declarou que todo o conhecimento deve ser encontrado nas Escrituras e nas tradições da Igreja... A Igreja, então, se colocou como depositária e árbitra do conhecimento; estava sempre pronta para usar o poder civil para forçar a obediência às suas decisões. Assim, ela traçou o curso que determinou toda a sua futura carreira: ela se tornou pedra de tropeço do avanço intelectual na Europa por mais de mil anos.

– John William Draper, *History of the Conflict Between Religion and Science* [A história do conflito entre religião e ciência] (1874)

O mito de que a igreja medieval se opunha à ciência é um que provavelmente não irá embora – em parte porque se encaixa tão perfeitamente com outros estimados mitos sobre a Idade Média, e em parte porque é muito fácil de manufaturar. Qualquer um que já ouviu sobre o desafio de Tertuliano – "Que relação Atenas tem com Jerusalém?" – e do comparecimento de Galileu frente à Inquisição pode simplesmente unir estes pontos em linha reta. É necessário somente a suposição, também mítica, de que Galileu foi condenado pela igreja medieval por fazer o que ele fazia melhor. (Na realidade, como veremos no Mito 8, foi a Igreja Católica do início do período moderno que censurou Galileu, usando uma nova visão literalista da Escritura que teria surpreendido Agostinho e Tomás de Aquino).

O imaturo conceito da Idade Média como um milênio de estagnação trazida pelo cristianismo praticamente desapareceu entre estudiosos familiarizados com o período, mas se mantém vigoroso entre popularizadores de história da ciência, talvez porque, ao invés de consultar estudiosos sobre o assunto, os mais recentes popularizadores se baseiam acriticamente em seus antecessores.

Considere a seguinte afirmação de um livro por Robert Wilson, recentemente publicado pela Princeton University Press. Ele cita Tertuliano

(155-220 d.C.) para ilustrar o ponto de que a religião cristã se desenvolveu baseada na visão de que o Evangelho era a fonte primária de direção e verdade e de que ele era inviolável. Este compromisso com a Escritura santa era, e ainda é, a base fundamental do cristianismo, mas não há dúvida de que foi um desencorajamento ao empreendimento científico que permaneceu por mil anos após a queda militar de Roma. Durante este tempo, possivelmente porque o Evangelho foi baseado em escritos antigos, outros trabalhos antigos de caráter não religioso, incluindo os escritos sobre ciência pelos gregos antigos, também foram vistos como invioláveis. Estes fatores levaram a um dos eventos mais lamentáveis da história do cristianismo e da ciência – o julgamento de Galileu.[1]

O livro de Wilson não apresenta notas de rodapé: teria ele consultado o trabalho do astrônomo Carl Sagan, *Cosmos* (1980), um popular antecessor ao livro de Wilson? Esse livro que acompanhava a série *Cosmos*, que foi exibida pela PBS,[2] termina com uma linha do tempo de diversos indivíduos com associações astronômicas. É famoso entre medievalistas por cobrir a antiguidade grega (de Tales a Hipátia) e, deixando mil anos em branco, começando novamente com Leonardo e Copérnico. A legenda se refere ao espaço em branco como "uma comovente oportunidade perdida para a humanidade".[3] O poder do mito é tanto que Sagan não precisa dizer de quem é a culpa. Sagan, por sua vez, pode ter se inspirado no *Great Astronomers* [Grandes astrônomos] (Simon e Schuster, 1930), de Henry Smith Williams, cujo capítulo medieval consiste em duas epígrafes bíblicas atribuídas a uma "antologia oriental" seguidas de diversas páginas em branco. Essa forma passiva do mito simplesmente assume que a resposta medieval à pergunta de Tertuliano foi que Atenas não tinha nenhuma relação com Jerusalém (veja o Mito 1). Como apenas Jerusalém era importante, ninguém se importava com Atenas (ou Alexandria).

---

[1] Robert Wilson, *Astronomy through the Ages: The Story of the Human Attempt to Understand the Universe* (Princeton, N.J.: Princeton University Press, 1997), 45.
[2] No Brasil, foi exibida pela primeira vez pela Rede Globo aos domingos à noite em 1982. [**N. R.**]
[3] Carl Sagan, *Cosmos* (Nova York: Random House, 1980), 335.

Na forma mais ativa do mito, a igreja medieval toma atitudes específicas para restringir perguntas científicas: aprisiona Roger Bacon (c. 1214-1294), descrito como o mais criativo cientista dessa era, por dois, dez, quatorze ou quinze anos, dependendo da sua fonte na web. A afirmação de que Bacon foi aprisionado (supostamente pelo chefe de sua própria ordem franciscana) primeiro aparece cerca de oitenta anos após a sua morte e este motivo é suficiente para já levantar um certo ceticismo. Estudiosos que acreditam na plausibilidade desta afirmação a conectam com a atração de Bacon a profecias contemporâneas que não têm relação com seus escritos científicos, matemáticos ou filosóficos.[4]

Entretanto, historiadores da ciência apresentam muitas evidências contra esse mito. John Heilbron, que não é nenhum apologista do Vaticano, acertou quando abriu seu livro *The Sun in the Church* [*O Sol na igreja*] com as seguintes palavras: "A Igreja Católica Romana deu mais suporte financeiro e social ao estudo da astronomia ao longo de seis séculos, da recuperação do aprendizado antigo durante o fim da Idade Média até o Iluminismo, do que qualquer outra, se não todas as outras, instituições".[5] O argumento de Heilbron pode ser generalizado para muito além da astronomia. De forma sucinta, o período medieval deu origem à universidade, que se desenvolveu com o apoio ativo do papado. Essa instituição, nada usual, cresceu de forma espontânea ao redor de mestres famosos em cidades como Bolonha, Paris e Oxford antes de 1200. Em 1500, cerca de sessenta universidades estavam espalhadas pela Europa. Qual o significado desse desenvolvimento impressionante para o nosso mito? Cerca de 30% do currículo das universidades medievais tratava de assuntos e textos ligados ao mundo natural.[6] Esse não era um desenvolvimento trivial. A proliferação das universidades entre 1200 e 1500 significava que centenas de milhares

---

[4] Roger Bacon, *Compendium of the Study of Theology*, ed. Thomas Maloney (Leiden: Brill, 1988), 8, que se refere à literatura.

[5] John Heilbron, *The Sun in the Church: Cathedrals as Solar Observatories* (Cambridge, Mass.: Harvard University Press, 1999), 3.

[6] Edward Grant, "Science in the Medieval University", em *Rebirth, Reform, and Resilience: Universities in Transition, 1300-1700*, ed. James M. Kittelson e Pamela J. Transue (Columbus: Ohio State University Press, 1984), 68-102.

de estudantes – 250 mil apenas nas universidades alemãs a partir de 1350 – foram expostos à ciência na tradição greco-arábica. À medida que as universidades amadureceram, o currículo passou a incluir mais trabalhos de mestres latinos que desenvolveram essa tradição de formas originais.

Se a igreja medieval pretendia desencorajar ou suprimir a ciência, certamente cometeu um erro colossal ao tolerar – para não se dizer apoiar – a universidade. Nesta nova instituição, a ciência e medicina greco-arábicas encontraram, pela primeira vez, um lugar permanente, um que – com diversos altos e baixos – a ciência retém até os dias de hoje. Dezenas de universidades introduziram um grande número de estudantes à geometria de Euclides, óptica, problemas de geração e reprodução, princípios rudimentares de astronomia e argumentos pela esfericidade da Terra. Até mesmo estudantes que não completavam seus diplomas ganharam familiaridade básica com a filosofia natural e as ciências matemáticas, e assimilaram o naturalismo destas disciplinas. Esse foi um fenômeno cultural de primeira ordem, pois afetou uma elite culta de milhares e milhares de estudantes: no meio do século 15, matrículas em universidades em territórios germânicos que sobrevivem até o dia de hoje (lugares como Viena, Heidelberg e Colônia) chegaram a níveis nunca vistos até o final do século 19 e início do século 20.[7]

Porém, argumentariam alguns, a maioria dos estudantes não era monges ou padres que passavam a maior parte do tempo estudando teologia, a rainha das ciências? Se todos os estudiosos eram teólogos, isso já não diz tudo? Essa é outra coleção de mitos. A maioria dos estudantes nunca chegou próxima aos requisitos para o estudo da teologia (geralmente um diploma de mestre em artes).[8] Eles permaneciam nas faculdades de artes

---

[7] Rainer Schwinges, *Deutsche Universitatsbesucher im 14. Und 15. Jahrhundert: Studien zur Sozialgeschichte des alten Reiches* (Stuttgart: Steiner Verlag, 1986), 487-88.

[8] A formação em "artes" ou "artes liberais" na Idade Média e boa parte da Idade Moderna não se resumia ao estudado nos departamentos de arte das universidades de hoje, mas compreendia gramática, lógica e retórica (o que era chamado de "trivium", o currículo básico), e aritmética, geometria, música e astronomia (o "quadrivium"). Nos EUA atual, por exemplo, a nomenclatura ainda é usada e os "colleges" de Liberal Arts são numerosos, com seus currículos compreendendo as áreas de ciências naturais, ciências sociais, artes e humanidades. [N. E.]

liberais, onde estudavam apenas assuntos não religiosos, como lógica, filosofia natural e as ciências matemáticas. Na realidade, como resultado de discussões entre faculdades, aos estudantes das faculdades de artes liberais não era permitido tratar de assuntos teológicos. Em resumo, a maioria dos estudantes não tinha nenhum estudo bíblico ou teológico.

Ademais, nem todas as universidades possuíam faculdade de teologia. Poucas a tinham no século 13, e às novas inicialmente não era permitido tê-la. No fim da Idade Média o papado passou a permitir mais faculdades de teologia. Durante o Grande Cisma, quando dois papas que haviam se excomungado mutuamente competiam pela lealdade de diversos líderes políticos, faculdades de teologia foram permitidas em algumas universidades, como Viena, que antes não as possuíam. Mesmo assim, apenas uma pequena minoria de estudantes estudava teologia, que era a menor das três grandes faculdades nas universidades do Norte. Sem dúvida o assunto avançado mais popular era o direito, que prometia carreiras nas crescentes burocracias tanto da igreja quanto dos governos seculares.

Quanto à teologia ser a rainha das ciências, essa noção começou com Aristóteles – que não era teólogo cristão – que queria dizer que a metafísica ou teologia (como a "ciência do ser") era um ramo da filosofia mais fundamental que a matemática ou filosofia natural (suas duas outras "ciências" teóricas). Enquanto muitos estudiosos medievais concederam grande dignidade à teologia, seu *status* científico foi contestado, inclusive por teólogos. Robert Grosseteste (1175-1253 d.C.), reitor de Oxford e bispo de Lincoln, afirmava que para um intelecto livre de um corpo físico, a teologia oferecia maior grau de certeza que a matemática e filosofia natural, mas para nós mortais aqui embaixo, a matemática oferece maior certeza.[9] Usando o critério de Aristóteles, o grande teólogo e filósofo italiano Tomás de Aquino (1225-1274 d.C.) posteriormente argumentou que a teologia era uma ciência,[10] mas nem todos concordavam com ele. Guilherme de Ockham

---

[9] W. R. Laird, "Robert Grosseteste on the Subalternate Sciences", *Traditio* 43 (1987): 147-69, esp. 150.

[10] Jan Aertsen, "Mittelalterliche Philosophie: ein unmogliches Projekt? Zur Wende des Philosophieverstandnisses im 13. Jahrhundert", em *Geistesleben im 13. Jahrhundert*, ed. Jan A. Aertsen e Andreas Speer (Berlin: Walter De Gruyter, 2000), 12-28, esp. 20-21.

(1287-1347 d.C.), um influente franciscano britânico, *negou* que a teologia era uma ciência, também com base em Aristóteles. Ele notou que os princípios da ciência devem ser mais conhecidos que suas conclusões. Porém, os princípios da teologia são os artigos da fé, que, como Ockham gostava de ressaltar, muitas vezes parecem ser "falsos para todos, ou para a maioria, ou para os mais sábios".[11] A teologia, portanto, não se qualificava como ciência.

Finalmente, a maioria dos estudantes e mestres não era padre ou monge, a quem votos especiais eram requeridos. Entretanto, eles obtinham o *status* clerical, pelo menos em universidades do Norte, como Paris. Essa era uma categoria legal difícil de ser obtida, que implicava praticamente nenhuma obrigação, religiosa ou não (estudantes podiam se casar, por exemplo), enquanto oferecia um importante privilégio: o direito, ressentido pela população urbana, de ser julgado em tribunal universitário ou eclesiástico mais leniente, ao invés de um secular. Este *status* revelou-se útil quando um estudante matou um cidadão em uma briga em uma taverna. (Em Paris, estudantes obtiveram este direito seguido de uma greve após tal incidente). Apesar de não serem a maioria dos estudantes, muitos dos mais bem conhecidos escritores sobre filosofia natural e praticantes das ciências matemáticas da época eram clérigos ou frades.

O mito ganha nova força se eu revelar que aulas sobre a filosofia natural de Aristóteles foram proibidas em Paris em 1210 (sob penalidade de excomunhão) e em 1215 (sob penalidade não especificada)? Na verdade, não. Enquanto homens do clero agindo dentro de suas competências estabeleceram essas condenações, é enganoso dizer que "a Igreja" o fez, pois isso parece insinuar que eram válidas para toda a cristandade. Em cada caso, porém, a condenação foi local, ordenada por bispos em uma província ou por um cardeal legado relativo a Paris.[12] Minúcia e preciosismo medieval, talvez? Não: o motivo desta qualificação é absolutamente crucial. Fazer da "Igreja" o agente em casos onde a condenação é local é tecnicamente correto, mas

---

[11] Ernest A. Moody, *The Logic of William of Ockham* (1935; New York: Russell and Russell, 1965), 211.

[12] Lynn Thorndike, *University Records and Life in the Middle Ages* (Nova York: Columbia University Press, 1944), 26-28.

altamente enganoso, pois tais interdições afetavam apenas uma fração minúscula da população, e geralmente por pouco tempo. Essas condenações não se aplicavam a estudantes e mestres em outros locais. Oxford no início do século 13, por exemplo, não teve proibições desta natureza (de fato, a recepção de Aristóteles em Oxford foi muito tranquila).

Não é claro se as condenações foram importantes, ou se duraram bastante para as pessoas afetadas pela diocese (principalmente a de Paris). Apesar da condenação de 1215, sabemos que Roger Bacon ensinava a *Física* de Aristóteles em Paris na década de 1240. Além disso, em 1255 os tratados naturais-filosóficos previamente condenados de Aristóteles passaram a ser *requisitos* para os diplomas de graduação e mestrado em artes em Paris, como já eram ou seriam para a maioria das universidades medievais. Lembre-se, porém, de que Paris não era típica: ela passou por mais condenações episcopais que a maioria das universidades, e por motivos locais perfeitamente razoáveis. A maioria das universidades não era sujeita a este tipo de interferência.

Qual foi o impacto de tais condenações no empreendimento da ciência na Europa medieval? Foi mínimo, por um motivo simples: condenações estavam geralmente ligadas a um local particular, enquanto estudantes e mestres, não. Esses poderiam fazer as malas e ir a outro lugar, como faziam. De fato, quando entre 1229-1231 a universidade de Paris entrou em greve devido a um conflito com autoridades locais, a universidade de Toulouse convidou os estudantes parisienses a viajarem ao Sul ("a segunda terra prometida, onde emana leite e mel... Baco reina nos vinhedos") e os lembrava que em Toulouse não havia proibição a Aristóteles ("aqueles que desejam examinar profundamente o seio da natureza podem ouvir aqui os livros de Aristóteles que foram proibidos em Paris").[13] Paris, a "nova Atenas", logo reabriu graças à bula papal *Parens scientiarum* ("mãe das ciências"), que majoritariamente mantinha os privilégios dos mestres contra o bispo.[14]

---

[13] Ibid., 34.

[14] Jacques Verger, "A propos de la naissance de l'université de Paris: contexte social, enjeu politique, portée intellectuelle", in *Schulen und Studium im sozialen Wandel des hohen und spaten Mittelalter*, ed. Johannes Fried (Sigmaringen: Jan Thorbeke Verlag, 1986), 69-96, esp. 83, 94-95.

Ah, você pergunta, mas e em 1277, quando "a Igreja" condenou 219 proposições acadêmicas, também em Paris? A mais famosa condenação medieval atacou o determinismo astrológico, diversas teses de Aristóteles (incluindo a impossibilidade do vácuo), e teses humoradas e egoístas como "Os únicos homens sábios no mundo são filósofos" e "Nada se conhece melhor devido ao conhecimento teológico".[15] Mais uma vez, essa condenação foi feita pelo bispo de Paris, auxiliado por alguns teólogos conservadores da universidade; eles usaram a ocasião para combater filósofos arrogantes e atacar seu colega aristotélico, Tomás de Aquino. Ironicamente, um século atrás o historiador Pierre Duhem creditou esta condenação com um efeito muito positivo sobre a ciência. Ele argumentou que ela forçou filósofos a se livrarem de sua afeição pelas teses de Aristóteles e considerarem novas alternativas. Para ele, a data de 1277 marcou o início da ciência moderna (i.e., ciência não- ou antiaristotélica). Atualmente, porém, historiadores concordam que a atribuição de Duhem concede um peso demasiadamente grande para as condenações parisienses de 1277.

Uma lista curta de realizações do período sugere que a investigação da natureza não estagnou durante a Europa medieval. No final do século 13, William de Saint-Cloud foi pioneiro no uso da câmara obscura para visualizar eclipses solares. No início do século 14 Dietrich von Greiberg (dominicano) solucionou o problema dos arco-íris primário e secundário: ele apelou, respectivamente, para um e dois reflexos internos em uma gota de chuva, que ele modelou usando um frasco de vidro cheio de água. Enquanto isso, em Oxford, filósofos naturais aplicavam análise matemática ao movimento, encontrando formas teóricas de medir quantidades que variavam uniformemente. Em meados do século 14 em Paris, Jean Buridan usou a teoria do impulso para explicar o movimento parabólico, a aceleração em queda livre e até mesmo a contínua rotação da esfera estelar (na ausência de resistência, o ímpeto inicial de Deus na criação é preservado e não requer futura intervenção.) Seu contemporâneo mais jovem,

---

[15] Edward Grant, ed., *A Source Book in Medieval Science* (Cambridge, Mass.: Harvard University Press, 1974), 50.

Nicolas Oresme (posteriormente bispo) ofereceu uma lista de argumentos para a possível rotação da Terra: ele concluiu que nenhuma evidência disponível empírica ou racional poderia determinar se ela se movia ou não. Muitos outros exemplos podem ser citados. Como a maioria dos mestres, tais indivíduos se beneficiaram da considerável liberdade de pensamento permitida pela disputa universitária, que requeria que argumentos a favor e contra diversas posições fossem colocados e defendidos apenas com base racional. Geralmente, eram os colegas oponentes dos estudiosos que tentavam criar problemas, e não "a Igreja".

Entre 1150 e 1500 mais europeus haviam tido acesso a materiais científicos que qualquer de seus predecessores em culturas anteriores, em grande medida graças ao surgimento, rápido crescimento e ao currículo naturalista dos cursos de artes liberais das universidades medievais. Se a igreja medieval pretendia inibir a investigação sobre a natureza, deve ter sido completamente impotente, pois falhou completamente no alcance de tal objetivo.

MITO 3

Que os cristãos medievais ensinavam que a Terra era plana

Lesley B. Cormack

Na cristandade, a maior parte deste longo período [Ptolomeu a Copérnico] foi consumida por disputas em relação à natureza de Deus e lutas por poder eclesiástico. A autoridade dos pais da Igreja e a crença prevalente de que as Escrituras contêm a soma de todo o conhecimento desencorajou a investigação da Natureza... Esta indiferença continua até o fechar do século 15. Mesmo ali não houve incentivo científico. Os motivos da fomentação foram outros, eles se originaram de rivalidades comerciais, e a questão do formato da Terra foi finalmente resolvida por três navegadores, Colombo, Da Gama e, acima de todos, Fernão de Magalhães.

– John William Draper, *History of the Conflict Between Religion and Science* [A história do conflito entre religião e ciência] (1874)

Com o declínio de Roma e o advento da Idade das Trevas, a geografia como ciência entrou em hibernação, sem esforços da igreja primitiva para acordá-la... Interpretações bíblicas rigorosas, além do fanatismo patrístico rígido resultou na teoria de uma Terra plana com

Jerusalém no centro, e o Jardim do Éden em algum lugar no alto do país, de onde fluíam os quatro rios do Paraíso.

– Boise Penrose, *Travel and Discovery in the Renaissance*
[Viagem e descoberta na Renascença] (1955)

O fenômeno europeu de amnésia acadêmica... afetou o continente de 300 d.C. até pelo menos 1300. Durante estes séculos, a fé e dogma cristãos suprimiram a imagem útil do mundo que havia sido desenhada de maneira lenta, trabalhosa, e cuidadosamente por geógrafos antigos.

– Daniel J. Boorstin, *Os Descobridores* (1983)

A s pessoas na Idade Média acreditavam que a Terra era plana? Os autores citados anteriormente sem dúvidas nos fariam pensar que sim. Como nos conta a história, pessoas vivendo na "Idade das Trevas" eram tão ignorantes (ou enganadas por padres católicos) que acreditavam que a Terra era plana. Por mil anos eles permaneceram em ignorante obscuridade e, se não fosse pela bravura heroica de Cristóvão Colombo e outros navegadores, talvez esta ignorância teria permanecido por mais tempo. Portanto, foi a inovação e a coragem dos investidores e exploradores, motivados por objetivos econômicos e curiosidade moderna, que finalmente nos permitiram sermos livres das algemas forjadas pela Igreja Católica medieval.[1]

De onde vem esta história? No século 19, acadêmicos interessados na promoção de uma nova visão científica e racional do mundo declararam que os antigos gregos e romanos entendiam que a Terra era redonda, mas que esse conhecimento foi suprimido por religiosos medievais. Estudiosos

---

[1] Para uma discussão anterior sobre este mito, consultar Lesley B. Cormack, "Flat Earth or Round Sphere: Misconceptions of the Shape of the Earth and the Fifteenth-Century Transformation of the World", *Ecumene* 1 (1994): 363-85.

pró-católicos responderam com o argumento de que os pensadores medievais sabiam que a Terra era redonda.[2] Os críticos, porém, dispensaram essas opiniões como se fossem apologética, e não trabalho acadêmico. Por que a batalha aconteceu sobre esta questão específica? Porque a crença em uma Terra plana era igualada a ignorância obstinada, enquanto o entendimento da Terra esférica era visto como uma medida de modernidade; o lado que se defendia passou a ser uma forma de condenar ou elogiar os religiosos medievais. Para acadêmicos como William Whewell ou John Draper, portanto, o catolicismo era ruim (visto que promovia a visão da Terra plana), enquanto para os católicos romanos, o catolicismo era bom (visto que promovia a modernidade). Como veremos, nenhum destes extremos descreve a situação real.[3]

Esta equiparação da rotundidade com a modernidade também explica por que historiados norte-americanos do século 19 afirmavam que foram Colombo e os primeiros mercantilistas que provaram que a Terra era redonda, e assim abriram as portas para a modernidade – e para a América. Na realidade, foi uma biografia de Colombo por um autor norte-americano, Washington Irvin, criador de "Rip Van Winkle",[4] que introduziu esta ideia ao mundo.[5]

Porém, a realidade é mais complexa do que estas histórias contam. Poucas pessoas ao longo da Idade Média acreditavam que a Terra era plana. Pensadores de ambos os lados da questão eram católicos e, para eles, o formato da Terra não se equiparava com visões progressivas ou tradi-

---

[2] Christine Garwood, *Flat Earth: The History of an Infamous Idea* (Londres: Macmillan, 2007), discute algumas dessas controvérsias, focando nos "terraplanistas" do século 19.

[3] Infelizmente isto continua sendo repetido por alguns autores de livro-texto até o dia de hoje, por exemplo, Mounir A. Farah e Andrea Berens Karls, *World History: The Human Experience* (Lake Forest, Ili.: Glencoe/McGraw-Hill, 1999), e Charles R. Coble et al., *Earth Science* (Englewood Cliffs, N.J.: Prentice Hall, 1992), ambos escritos para leitores do Ensino Médio.

[4] Rip van Winkle é um conhecido conto norte-americano publicado em 1819 que conta a história de um morador na América colonial chamado Rip Van Winkle que adormece ao descansar nas montanhas e acorda 20 anos depois, tendo perdido a Revolução Americana. O nome da personagem passou a designar uma pessoa que vive situação de mudança social, mas que "congela no tempo", tendo dificuldade para se adaptar às mudanças. [N. E.]

[5] Washington Irving, *The Life and Voyages of Christopher Columbus: Together with the Voyages of His Companions* (Londres: John Murray, 1828), esp. 88.

cionalistas. É verdade que a maioria dos clérigos estava mais preocupada com a salvação do que com o formato da Terra – era, afinal, o seu trabalho. Mas os trabalhos de Deus na natureza também eram importantes para eles. Colombo não poderia ter provado que a Terra era redonda, pois já o sabia. Tampouco era um moderno rebelde – ele era um bom católico e fez a viagem acreditando estar fazendo o trabalho de Deus. Uma transformação nas visões em relação à Terra estava em andamento no século 15, mas tinha mais a ver com uma nova forma de mapeamento do que com uma mudança de visão de uma Terra plana para uma esférica.

Estudiosos na antiguidade desenvolveram um modelo esférico muito claro da Terra e dos céus. Todo grande pensador e geógrafo grego, incluindo Aristóteles (384-322 a.c.), Erastóstenes (terceiro século a.c.) e Ptolomeu (segundo século d.C.), baseou seu trabalho geográfico e astronômico na teoria de que a Terra era uma esfera. Da mesma forma, todos os grandes comentaristas romanos, incluindo Plínio, o Velho (23-79 d.C.), Pompônio Mela (primeiro século d.C.) e Macróbio (quarto século d.C.) concordavam que a Terra devia ser redonda. Suas conclusões eram parcialmente filosóficas – um universo esférico requeria uma esfera no centro – mas também eram baseadas em raciocínio matemático e astronômico.[6] A mais famosa prova da esfericidade da Terra foi a de Aristóteles, um argumento usado por muitos pensadores na Idade Média e na Renascença.

Se examinarmos o trabalho de escritores até do início da Idade Média, vemos que com poucas exceções eles acreditavam na teoria de uma Terra esférica. Entre os primeiros pais da Igreja, Agostinho (354-430), Jerônimo (m. 420) e Ambrósio (m. 420) concordavam que a Terra era uma esfera. Apenas Lactâncio (início do século 4) tinha opinião discordante, mas ele rejeitou todo o aprendizado pagão visto que o distraía do trabalho real de alcançar a salvação.[7]

---

[6]   Jeffrey Burton Russell, *Inventing the Flat Earth: Columbus and Modern Historians* (Nova York: Praeger, 1991), 24; Penrose, *Travel and Discovery in the Renaissance*, 7.

[7]   Charles W. Jones, "The Flat Earth", *Thought* 9 (1934): 296- 307, que discute Agostinho, Jerônimo, Ambrósio e Lactâncio.

Entre os séculos 7 e 14, todo pensador medieval de importância que se interessava pelo mundo natural declarou de forma mais ou menos explícita que o mundo era um globo redondo, muitos incorporando a astronomia de Ptolomeu e a física de Aristóteles em seu trabalho. Tomás de Aquino (m. 1274), por exemplo, seguiu a prova de Aristóteles na demonstração de que a mudança da posição das constelações ao se mover na superfície da Terra indicava o formato esférico da Terra. Roger Bacon (m. 1294), em seu *Opus Maius* (c. 1270), declarou que o mundo era redondo, que as antípodas do sul eram habitadas, e que a passagem da Terra ao longo da linha eclíptica afetava o clima de diferentes partes do mundo. Alberto Magno (m. 1280) concordou com os achados de Bacon, e Michael Scot (m. 1234) "comparou a Terra, cercada por água, com a gema de um ovo e as esferas do universo com as camadas de uma cebola".[8] Talvez o mais influente tenha sido João de Sacrobosco, cujo *De Sphera* (c. 1230) demonstrou que a Terra era um globo, e Pierre d'Ailly (1350-1410), arcebispo de Cambraia, cujo *Imago mundi* (escrito em 1410) discutiu a esfericidade da Terra.[9] Ambos livros gozaram de grande popularidade; o livro de Sacrobosco foi usado como livro-texto básico ao longo da Idade Média, enquanto o livro de d'Ailly era lido pelos primeiros exploradores, como Colombo.

O único autor medieval cujo trabalho às vezes é interpretado para demonstrar a crença em um formato de disco ao invés de esférico é Isidoro de Sevilha (570-636), um enciclopedista prolífico e filósofo natural. Apesar de ser explícito sobre o formato esférico do universo, historiadores continuam divididos quanto à sua descrição do formato da Terra em si.[10] Ele afirmava que todos experimentam o tamanho e calor do Sol da mesma forma,

---

[8] Tomás de Aquino, *Summa theologica*, par. I, qu. 47, art. 3, 1.3; Albertus Magnus, *Liber cosmographicus de natura locoum* (1260). Consultar também John Scottus, *De divisione naturae*, 3.32-33.

[9] Walter Oakeshott, "Some Classical and Medieval Ideas in Renaissance Cosmography", em *Fritz Saxl, 1890-1948: A Volume of Memorial Essays from His Friends in England*, ed. D. J. Gordon (Londres: Thomas Nelson, 1957), 245-60, at 251. Para d'Ailly, veja Arthur Percival Newton, ed., *Travel and Travellers in the Middle Ages* (Londres: Routledge and Kegan Paul, 1949), 14.

[10] Isidoro de Sevilha, *De natura rerum* 10, *Etymologiae* III 47.

TERRA PLANA, GALILEU NA PRISÃO E OUTROS MITOS SOBRE CIÊNCIA E RELIGIÃO 53

que pode ser interpretado como o nascer do sol sendo visto no mesmo momento por todos os habitantes da Terra e, portanto, a Terra era plana; mas sua declaração mais provavelmente significa que o formato do Sol não altera seu progresso ao redor da Terra. Muito de sua física e astronomia só pode ser entendida com o pressuposto de uma Terra esférica, assim como sua interpretação de eclipses lunares. Enquanto não é necessário insistir em consistência absoluta, parece que a cosmologia de Isidoro é consistente apenas com uma Terra esférica.[11]

Muitos autores populares de vernáculo na Idade Média também apoiavam a ideia de uma Terra redonda. O livro de Jean de Mandeville, *Viagens à terra prometida e ao paraíso terreno além*, escrito em cerca de 1370, foi um dos livros mais lidos na Europa dos séculos 14 a 16. Mandeville foi explícito ao declarar que a Terra era redonda e navegável:

> Portanto, digo seguramente que um homem pode ir por todo o mundo, acima e abaixo, e voltar a seu país... E sempre achará homens, terras, ilhas, cidades e vilas, assim como em seus países.[12]

Da mesma forma, Dante (1265-1321) na *Divina Comédia*, descreveu muitas vezes o mundo como uma esfera, afirmando que o hemisfério sul era coberto por um vasto oceano. E em "The Franklin's Tale" [O conto de Franklin] Chaucer (c. 1340-1400) falou "deste mundo vasto, que homens dizem ser redondo".[13]

---

[11] Wesley M. Stevens, "The Figure of the Earth in Isidore's 'De natura rerum,'" *Isis* 71 (1980): 273. Charles W. Jones, *Bedae opera de temporibus* (Cambridge, Mass.: Medieval Academy of America, 1943), 367. Consultar também David Woodward, "Medieval *mappaemundi*", no *The History of Cartography*, ed. J. B. Harley e David Woodward, vol. 1: *Cartography in Prehistoric, Ancient, and Medieval Europe and the Mediterranean* (Chicago: University of Chicago Press, 1987), 320-21.

[12] Jean de Mandeville, *Mandeville's Traveis*, trad. Malcolm Letts, 2 vols. (Londres: Hakluyt Society, 1953), 1:129.

[13] Dante, *Paradiso*, Canto 9, 84; *Inferno*, Canto 26; Geoffrey Chaucer, "The Canterbury Tales", em *The Works of Geoffrey Chaucer*, ed. F. N. Robinson (Boston: Houghton Mifflin Co., 1961), 140, linha 1228.

O único escritor medieval que explicitamente nega a esfericidade da Terra foi Cosme Indicopleustes, um monge bizantino do sexto século que pode ter sido influenciado por tradições judaicas e orientais de uma Terra plana. Cosme desenvolveu uma cosmologia baseada nas Escrituras, com a Terra como planalto, ou platô, colocada na base do universo. É difícil saber o quão influente ele foi durante sua vida. Apenas duas cópias de seus tratados ainda existem, uma que pode ter sido a cópia pessoal de Cosme, e conhece-se apenas um homem na Idade Média que leu seu trabalho, Fócio de Constantinopla (m. 891), amplamente reconhecido como o homem mais culto de seu tempo.[14] Na ausência de evidencia positiva, não podemos usar Cosme para argumentar que a igreja cristã suprimiu o conhecimento da esferacidade da Terra. O trabalho de Cosme meramente indica que o clima acadêmico no início da era medieval estava aberto para debates sobre o assunto.

Com exceção de Lactâncio e Cosme, todos os grandes estudiosos e muitos autores de vernáculo interessados pelo formato físico da Terra, desde a queda de Roma até o tempo de Colombo, articularam a teoria de que a Terra era redonda. Os estudiosos podem ter se interessado mais pela salvação do que pela geografia, e os escritores de vernáculo podem ter exibido pouco interesse em questões filosóficas. Porém, com exceção de Cosme, nenhum escritor medieval negou que a Terra era esférica, e a Igreja Católica nunca se posicionou a respeito.

Dado este contexto, seria tolo argumentar que Colombo provou que a Terra era redonda – ou até mesmo que defendeu tal posição. No entanto, relatos populares continuam circulando a história errônea de que Colombo lutou contra preconceituosos e ignorantes estudiosos e clérigos em

---

[14] A maioria das pesquisas em ciência medieval não menciona a geografia. David C. Lindberg, *The Beginnings of Western Science* (Chicago: Chicago University Press, 1992), 58, dedica um parágrafo à Terra esférica. J. L. E. Dreyer, *History of the Planetary Systems* (Cambridge: Cambridge University Press, 1906), 214-19, salienta a importância de Cosmas, assim como fazem John H. Randall, Jr., *The Making of the Modern Mind: A Survey of the Intellectual Background of the Present Age* (Boston: Houghton Mifflin, 1926), 23, e Penrose, *Travel*, que adiciona a observação que "é justo dizer que nem todos os escritores da Idade das Trevas eram tão cegos quanto Cosmas" 7. "Flat Earth" de Jones demonstra a marginalidade de Cosmas, 305.

Salamanca, local da principal universidade da Espanha, antes de convencer a Rainha Isabel a permitir que ele provasse sua posição. A proposta de Colombo – de que a distância do oeste da Espanha até a China não era proibitivamente grande e que era menor e mais seguro que o caminho ao redor da África – foi recebida com incredulidade pelo grupo de estudiosos reunido para orientar o rei e a rainha da Espanha. Como não existem registros da reunião, devemos depender de relatos escritos por Fernando, filho de Colombo, e por Bartolomeu de las Casas, um padre espanhol que escreveu uma história do Novo Mundo. Ambos contam que os homens cultos de Salamanca estavam cientes dos atuais debates sobre o tamanho da Terra, a possibilidade de habitantes em outras partes do mundo, e a possibilidade de se navegar pela zona tórrida no equador. Eles desafiaram Colombo em sua afirmação de ter conhecimento superior ao dos antigos e em sua habilidade de fazer o que propunha. Porém, eles não negaram que a Terra era esférica, mas usaram sua esfericidade em argumentos contra Colombo, argumentando que a Terra redonda era maior que Colombo afirmava ser, e que a circum-navegação levaria muito tempo para ser completada.[15]

Quando Pietro Martire elogiou as realizações de Colombo em seu laudatório prefácio em *Decades of the New World* [Décadas do Novo Mundo] (1511), ele foi rápido ao pontuar que Colombo provou que o equador era navegável, e que havia, de fato, pessoas e terras nestas partes do globo que anteriormente se acreditava serem cobertas de água. Porém, em nenhum lugar ele menciona a prova da esfericidade da Terra.[16] Se Colombo tivesse de fato provado o ponto para os estudiosos céticos, Pietro Martire definitivamente o teria mencionado.

Aqueles que desejam preservar Colombo como o ícone para o momento histórico em que o mundo se tornou redondo podem apelar ao povo comum. Afinal, os marinheiros de Colombo não tinham medo de cair na

---

[15] Fernando Colon, *The Life of the Admiral Christopher Columbus by His Son Ferdinand,* traduzido e anotado por Benjamin Keen (Westport, Conn.: Greenwood Press, 1959), 39; Bartolomeu de las Casas, *History of the Indies,* trad. e ed. Andrée Collard (Nova York: Harper and Row, 1971), 27-28.

[16] Richard Eden, *The Decades of the Newe Worlde or West India ... Wrytten in Latine Tounge by Peter Martyr of Angleria* (Londres, 1555), 64.

beira da Terra? Não, não tinham. De acordo com os diários de Colombo, os marinheiros tinham duas reclamações específicas. Primeiro, expressaram preocupação que a viagem fosse mais longa que Colombo havia prometido. Segundo, tinham medo de que, como o vento parecia sempre soprar para o oeste, seriam incapazes de fazer a viagem de volta para o leste.[17]

Como vimos, não existe praticamente nenhuma evidência para sustentar o mito de que os medievais acreditavam que a Terra era plana. Clérigos cristãos não suprimiram a verdade ou sufocaram o debate sobre o assunto. Como bom filho da igreja, que acreditava que seu trabalho revelava o plano de Deus, Colombo não provou que a Terra era redonda. Ele tropeçou em um continente que estava em seu caminho.

---

[17] Com relação à longa viagem, veja a observação de 10 de outubro de 1492 em *The Diario of Christopher Columbus's First Voyage to America 1492-93*, abstraído pelo Frei Bartolomeu de Las Casas, transcrito e traduzido por Oliver Dunn e James E. Kelley, Jr. (Norman: University of Oklahoma Press, 1989), 57. Com relação ao vento prevalente, veja Eden, *Decades*, 66.

MITO 4

Que a cultura medieval islâmica era hostil à ciência

Syed Nomanul Haq

Era esperado que... o muçulmano piedoso evitasse ... as ciências [racionais] com muito cuidado porque eram consideradas perigosas à sua fé... o *'ulum al-awa'il* [ciências dos antigos (não muçulmanos)] eram diretamente descritas como "sabedoria misturada com descrença". ... No fim levam apenas à descrença e, particularmente, à... remoção de todo o conteúdo positivo de Deus.

> – Ignaz Goldziher, "Stellung der alten islamischen orthodoxie zu den antiken Wissenschaften" [*Status* da ortodoxia islâmica antiga sobre ciências antigas] (1916)

... a posse de toda esta "iluminação" [grega] não promoveu progresso intelectual no Islã, muito menos se materializou na ciência islâmica... O resultado foi o congelamento do aprendizado islâmico e o sufocamento de toda possibilidade do crescimento de uma ciência islâmica, e pelos mesmos motivos que o conhecimento grego foi estagnado: suposições fundamentais contraditórias à ciência.

> – Rodney Stark, *For the Glory of God* [Para a glória de Deus] (2003)

Alas, o Islã se virou contra a ciência no século 12. O mais influente foi o filósofo Abu Hamid al-Ghazali, que argumentou... contra a própria ideia das leis da natureza, pelo fato de tais leis colocarem correntes nas mãos de Deus... As consequências são hediondas.

– Steven Weinberg, "A Deadly Certitude"
[Uma certeza mortal] (2007)

Entre os séculos 8 e 15 a cultura islâmica teve seu auge. No início os seguidores do profeta Maomé (570-632 d.C.), nascido na Península Arábica, rapidamente avançaram pela África do Norte até a Península Ibérica para o oeste e ao leste para a Pérsia. No ano de 762 o califa Abássida[1] al-Mansur começou a construção de uma nova capital, Bagdá, à beira do Rio Tigre no que atualmente é o Iraque. No início do século 10 esta havia se tornado a maior cidade do mundo, com uma população de mais de um milhão de pessoas; Córdoba, na Espanha muçulmana, era a segunda maior.[2] Entre as instituições culturais de Bagdá estava a Casa da Sabedoria, estabelecida como uma agência administrativa e biblioteca no início dos tempos do califado Abássida. Com o passar dos séculos, ela serviu como duradouro centro imperial para a promoção de atividades científicas, com propósito de levar adiante a ambição Abássida, conscientemente forjada, de competir com a glória do império persa conquistado. Neste

---

[1] O califado Abássida foi o terceiro califado islâmico, fundado em 750 d.C. pelos descendentes do tio mais jovem de Maomé, Abas ibne Abdal Mutalibe. Prosperou por dois séculos, e durante esse período houve a chamada "Era de Ouro" do islã, com importantes avanços na ciência, assunto de que trata esse capítulo. [N. E.]

[2] James E. McClellan III e Harold Dom, *Science and Technology in World History: An Introduction* (Baltimore: Johns Hopkins University Press, 1999), 203.

ambiente começou um grande movimento de tradução para disponibilizar em árabe textos de origem sânscrita e persa, e então mais extensivamente textos gregos. Este desenvolvimento, de acordo com o historiador Dimitri Gutas, "demonstrou pela primeira vez na história que o pensamento científico e filosófico é internacional, não restrito a uma linguagem ou cultura específicas".[3]

Ao final do século 12, estudiosos agradecidos na Europa cristã estavam entusiasticamente traduzindo textos científicos árabes para o latim – e reconhecendo a liderança islâmica na filosofia natural.[4] Na realidade, mesmo após fontes originais gregas se tornarem disponíveis, alguns tradutores do latim preferiam as versões em árabe devido aos numerosos comentários adicionados por sábios muçulmanos, que muitas vezes desafiavam e corrigiam as autoridades antigas. Entretanto, difamadores das conquistas islâmicas tendem a creditar todo o conhecimento recebido apenas aos gregos antigos, desprezando tudo que foi notável na ciência árabe, insistindo que os contribuintes islâmicos à ciência eram marginais à sociedade muçulmana dominante, e argumentando que toda criatividade científica terminou no fim do século 12, um destino supostamente causado pela oposição por parte de líderes religiosos "ortodoxos" como o filósofo e teólogo Abu Hamid al-Ghazālī (1058-1111). Vou tratar de uma alegação por vez.

---

[3] Dimitri Gutas, *Greek Thought, Arabic Culture: The Graeco Arabic Translation Movement in Baghdad and Early 'Abbāsid Society (2nd-4th/8th-10th centuries)* (Londres: Routledge, 1998), 192. Consultar também a introdução a Jan P. Hogendijk e Abdelhamid I. Sabra, eds., *The Enterprise of Science in Islam: New Perspectives* (Cambridge, Mass.: MIT Press, 2003).

[4] Charles Burnett, "Arabic into Latin: The Reception of Arabic Philosophy into Western Europe", in *The Cambridge Companion to Arabic Philosophy,* ed. Peter Adamson e Richard Taylor (Cambridge: Cambridge University Press, 2005), 370-404. Consultar também Gutas, *Greek Thought, Arabic Culture;* Roshdi Rashed, *Optique et Mathématiques* (Aldershot: Variorum, 1992), especialmente o capítulo "Problems of the Transmission of Greek Scientific Thought into Arabic: Examples from Mathematics and Optics", 199-209; Roshdi Rashed, "Science as a Western Phenomenon", em *Encyclopedia of the History of Science, Technology, and Medicine in Non-Western Cultures,* ed. Helaine Selin (Dordrecht: Kluwer Academic Publishers, 1998); A. I. Sabra, "The Appropriation and Subsequent Naturalization of Greek Science in Medieval Islam: A Preliminary Statement", *History of Science* 25 (1987): 223-43; e A. I. Sabra, "Situating Arabic Science: Locality versus Essence", *Isis* 87 (1996): 654-70.

O movimento para se traduzir textos gregos para o árabe começou com determinação e afinco no século 9, durante a dinastia abássida. Em termos de "intensidade, escopo, concentração e articulação", afirma o historiador A. I. Sabra, "não havia precedente na história do Oriente Médio ou *do mundo*".[5] Toda a elite abássida – soldados e governantes, comerciantes e estudiosos, funcionários civis e cientistas, califas e princesas – ativamente apoiavam a empreitada com fundos e bênçãos, com patrocínios cruzando "todas as linhas de demarcação religiosa, sectária, ética, tribal e linguística", incluindo "árabes e não árabes, muçulmanos e não muçulmanos, sunitas e xiitas". Foi, nas palavras de Dimitri Gutas, uma "conquista extraordinária" com profundas consequências para a civilização mundial: "É equivalente em importância, e pertence à mesma narrativa que Atenas, de Péricles, a Renascença Italiana ou a revolução científica dos séculos 16 e 17, e merece ser reconhecida como tal e incluída em nossa consciência histórica".[6]

Há quase um século, o influente estudioso francês Pierre Duhem argumentou que os tradutores muçulmanos "foram sempre os mais ou menos fiéis discípulos dos gregos, mas em si eram carentes de originalidade".[7] Porém, esta afirmação ignora a complexidade histórica de se transmitir conhecimento entre culturas. O processo de tradução envolvia seleção, interpretação, reconfiguração e transformação. Era uma *arte criativa*. Por exemplo, quando Qustā ibn Lūqā (820-912) traduziu o texto grego *Aritmética*, de Diofanto, para o árabe como *A arte da álgebra*, ele reformulou as operações matemáticas do texto grego em termos de uma nova disciplina, cujas fundações haviam sido estabelecidas previamente por Muhammad ibn Mūsā al-Khwārizmī (c.780-c.850); isto marca uma alteração conceitual fundamental. Similarmente, quando estudiosos abássidos traduziram *Primeiros analíticos,* de Aristóteles, como o *Livro de Qiyās*, adotaram a palavra

---

[5] Sabra, "Appropriation", 228. Ênfase adicionada.
[6] Gutas, *Greek Thought, Arabic Culture*, 2, 5, 8.
[7] Citado no livro de David C. Lindberg, *The Beginnings of Western Science: The European Scientific Tradition in Philosophical, Religious, and Institutional Context, 600 B.C. to A.D. 1450* (Chicago: University of Chicago Press, 1992), 175.

arábica (tomada das ciências religiosas) que significa "analogia", que subsequentemente se tornou o termo do filósofo para silogismo. A questão é que, de forma geral, não se pode recuperar o texto grego a partir da tradução reversa. Para reconstruir a fonte grega do texto em árabe, é preciso ir além do texto e entrar em um contexto cultural e intelectual específico em que foi criado. Claramente, o movimento de tradução, que durou por mais de duzentos anos, não preservou de forma passiva o legado grego.[8]

De acordo com uma avaliação recente, "a civilização islâmica permaneceu líder mundial em virtualmente todo campo da ciência pelo menos entre 800-1300 d.C.". Sabra escreve que durante este período "a astronomia tendia a ser vista como a busca mais digna de atenção tanto por governantes patronos quanto pelos matemáticos apadrinhados que tinham interesse em dominar e explorar o legado grego". Os muçulmanos apreciavam a astronomia não apenas por ajudar na melhoria de previsões astrológicas, a determinação dos tempos de oração e por demonstrar a sabedoria e perfeição de Deus, mas também por sua promessa de fornecer uma explicação naturalista dos fenômenos cósmicos. Motivados grandemente por um desejo de aumentar seu conhecimento dos céus, astrônomos muçulmanos estabeleceram observatórios na região, começando com um em Bagdá, em 828.[9]

O mais impressionante destes observatórios foi estabelecido em 1259 em Maraghah, uma fértil região próxima do Mar Cáspio. Equipado com instrumentos de precisão, ele floresceu sob a direção do astrônomo e teólogo persa xiita Nasīr al-Din al-Tūsī, que propôs modelos não ptolomaicos para os aparentes movimentos da Lua, de Vênus e dos três planetas superiores. Aderindo ao rigoroso princípio da filosofia natural de Aristóteles,

---

[8] Sabra, "Appropriation", 225; Sabra, "Situating Arabic Science", 658; Rashed, "Problems of Transmission", 199-200, 202-3.

[9] McClellan e Dom, *Science and Technology in World History*, 105; A. I. Sabra, "Ibn al-Haytham's Revolutionary Project in Optics: The Achievement and the Obstacle", em *Enterprise of Science in Islam*, 85-118, citação na página 86. Sobre astronomia, consultar George Saliba, *A History of Arabic Astronomy: Planetary Theories during the Golden Age of Islam* (Nova York: New York University Press, 1994); e Edward S. Kennedy, *Astronomy and Astrology in the Medieval Islamic World* (Aldershot: Ashgate, 1998).

ele obteve sucesso (onde o antigo astrônomo alexandrino Ptolomeu falhou) na explicação dos movimentos dos planetas exclusivamente em termos de movimentos circulares uniformes. No século seguinte, Ibn al-Shātir, um astrônomo sírio que trabalhou como cronometrista (*muwaqqit*) para orações rituais em uma mesquita em Damasco, propôs um modelo lunar que o astrônomo polonês Nicolau Copérnico utilizou em *De revolutionibus* (1543). De fato, tanto o cronometrista árabe quanto o revolucionário polonês usaram muitas das técnicas matemáticas originais e altamente sofisticadas de al-Tūsī.[10]

Muçulmanos medievais também tiveram excelência na medicina. O mais bem conhecido praticante foi o prolífico médico-filósofo persa Ibn Sīnā, atuante no início do décimo primeiro século e conhecido no Oeste latino como Avicena. Seu trabalho médico mais famoso, *O Cânone*, buscou trazer todo o conhecimento médico, antigo e contemporâneo, coletado em uma enciclopédia completa. Traduzida para o latim, se tornou componente básico da educação médica na Europa por séculos. Menos celebrado, mas igualmente importante, foi o jurista, teólogo e médico Ibn al-Nafīs, que efetivamente descobriu a circulação pulmonar do sangue – três séculos antes de sua descoberta pelos europeus. Sírio por nascimento, Ibn al-Nafīs estudou medicina em Damasco, mas passou muito de sua vida adulta no Cairo, onde, como Ibn Sīnā, compilou uma enorme enciclopédia de medicina. Não surpreendentemente, alguns contemporâneos se referiam a ele como "o segundo Ibn Sīnā", enquanto outros o ranqueavam como o primero.[11]

---

[10] A. I. Sabra, "An Eleventh-Century Refutation of Ptolemy's Planetary Theory", em *Science and History: Studies in Honor of Edward Rosen (Studia Copernicana* 16), ed. Erna Hilfstein e outros (Wroclaw [Breslau]: Ossolineum, 1978).

[11] Albert Z. Islandar, "Ibn al-Nafīs", *Dictionary of Scientific Biography*, 9:602-6. Consultar também Nahyan A. G. Fancy, *Pulmonary Transit and Bodily Resurrection: The Interaction of Medicine, Philosophy and Religion in the Works of Ibn ai Nafīs (d. 1288)*, dissertação Ph.d., Universidade de Notre Dame, 2006. Sobre a influência de Avicenna na Europa, consultar Nancy G. Siraisi, *Avicenna in Renaissance Italy: The* Canon *and Medical Teaching in Italian Universities after 1500* (Princeton, N.J.: Princeton University Press, 1987).

Um dos – se não *o* – mais importantes homens de ciência islâmico foi o grande polímata do século 10 Ibn al-Haytham, ou Alhazen, como era chamado pelos europeus. De acordo com o historiador David C. Lindberg, ele foi "a figura mais importante na história da óptica entre a antiguidade e o século 17". Geometrista altamente competente, al-Haytham também fez contribuições importantes para o desenvolvimento da metodologia científica, especialmente sua ligação da matemática com a física, disciplinas que os gregos antigos buscavam de forma separada. Ele também ajudou a estabelecer o experimento como uma categoria de prova científica, juntamente com a demonstração lógica. Para isto, um escritor no *New York Times,* talvez se permitindo criar um mito, o creditou com a concepção da "melhor ideia dos últimos mil anos".[12]

Estes exemplos selecionados dentre inúmeras possibilidades, mostram ser mentira que o islã medieval não fez contribuições originais para a ciência. Mas o que aconteceu no século 12, quando, como Steven Weinberg colocou, "o islã se virou contra a ciência"? Como é explicado por Weinberg, os muçulmanos caíram sobre a influência regressiva do "filósofo Abu Hamid al-Ghazali, que argumentou ... contra a própria ideia de leis da natureza, pelo fato de tais leis colocarem correntes nas mãos de Deus". A fonte deste mito parece ser um erudito árabe de uma geração anterior, Ignaz Goldziher, também citado no início deste ensaio. Goldziher, cujas ideias historicamente problemáticas mas ideologicamente satisfatórias parecem ter chegado a Weinberg direta ou indiretamente, enfatiza o que ele considera ser o papel negativo de al-Ghazali, que nos é dito de forma simplista ter se oposto à ciência helenista – e à própria ideia das leis da natureza – em um livro denominado *Incoherence*

---

[12] David C. Lindberg, *Theories of Vision from al-Kindi to Kepler* (Chicago: University of Chicago Press, 1976), 58; Rashed, "Science as a Western Phenomenon", 887-89; A. I. Sabra, "The Physical and the Mathematical in Ibn al-Haytham's Theory of Light and Vision", no *The Commemoration Volume of Biruni International Congress in Tehran,* Publication 38 (Tehran: High Council of Culture and Arts, 1976); A. I. Sabra, "Some Ideas of Scientific Advancement in Medieval Islam", trabalho lido na reunião anual da History of Science Society, Raleigh, N.C., 30 de outubro e 1 de novembro 1987; Richard Power, "Eyes Wide Open", *New York Times Magazine,* 18 de abril de 1999, 80-83.

of the Philosophers [A incoerência dos filósofos]. Goldziher criou a impressão de que Ghazali, ao invés de buscar explicações naturais da maneira como fizeram os gregos antigos e seus seguidores islâmicos, enfatizou o papel não previsível de Deus e dos anjos. De acordo com Goldziher, sua influência ajudou a dar uma freada abrupta na ciência islâmica.

Existem muitos problemas nesta explicação, não sendo o menor deles o desprezo pelos exemplos dados anteriormente de impressionante atividade intelectual que continuaram após o século 12 na astronomia e medicina. Mesmo Goldziher concedeu que Ghazali apoiou o estudo da lógica e matemática, mas falhou em apontar que o supostamente anticientífico Sufi místico encorajou o estudo da anatomia e medicina, lamentou que os muçulmanos não faziam o suficiente nestas ciências, além de ter escrito sobre anatomia. De fato, a historiadora de Oxford Emily Savage-Smith conta que os escritos de Ghazali serviram como estímulo poderoso nas ciências médicas.[13]

Goldziher assumiu a existência de uma ortodoxia islâmica dominante, mas o que é esta tal "ortodoxia islâmica"? Diferente, digamos, do Vaticano na Igreja Católica Romana, que pode promulgar uma verdade "oficial" e legislá-la em virtude dos poderes de coerção da instituição, o islã nunca teve uma autoridade centralizada. No mundo muçulmano não há clérigos ordenados; nenhuma ordem religiosa institucionalizada; nenhum sínodo; nenhuma verdade pontifícia, da qual um desvio seria considerado heresia. "No máximo poderia se alegar a prevalência de certa abordagem religiosa em determinado tempo e determinado local", explica Dimitri Gutas. "Mas mesmo isto precisa ser qualificado ao se dizer a *quem*, entre as diferentes camadas da sociedade, esta abordagem pertencia, porque uma suposição de 'prevalência' significando 'visão da maioria' não é sempre verdade".[14] Portanto, não faz sentido dizer que a "ortodoxia" islâmica se virou contra a ciência. Na sociedade islâmica medieval havia um "mercado aberto" de

---

[13] Emily Savage-Smith, "Attitudes toward Dissection in Medieval Islam", *Journal of the History of Medicine and Allied Sciences* 50 (1995): 94-97.

[14] Gutas, *Greek Thought, Arabic Culture*, 168.

ideias, onde alguns indivíduos severamente criticavam a filosofia natural da tradição grega, enquanto outros não o faziam.[15]

Durante os séculos 13 e 14, o islã político sofreu diversas perdas severas. No Oeste, cristãos conquistaram a Espanha, tomando Córdoba em 1236 e Sevilha em 1248. Do Leste, o mongol Hulagu Khan, neto do notório Genghis Khan, invadiu o coração do mundo islâmico, destruindo selvagemente Bagdá em 1258 e capturando Damasco dois anos depois. A perda de dois de seus principais centros intelectuais, vindo logo após a crítica de Ghazali, poderia ter trazido o fim da atividade científica islâmica. Porém, como George Saliba, professor de ciência árabe e islâmica na Universidade de Columbia recentemente mostrou, isto não aconteceu. "Se olharmos os documentos científicos sobreviventes, claramente delineamos uma atividade próspera em quase toda disciplina científica nos séculos que seguem Ghazali", escreve ele, "Quer seja na mecânica... ou na lógica, matemática e astronomia... ou na óptica... ou na farmacologia... ou na medicina... cada um destes campos teve uma produção genuína original e revolucionária que aconteceu muito após a morte de Ghazali e seu ataque aos filósofos, por vezes dentro das instituições religiosas". Até mesmo o "golpe devastador de Hulagu" não impediu que a astronomia islâmica tivesse uma subsequente "era dourada".[16]

No tempo da chamada revolução científica na Europa ocidental, a estrela científica do islã havia se posto no Oriente Médio, apesar de continuar brilhando em uma região diferente do mundo dentro da constelação europeia. Por séculos, enquanto a ciência do Oeste latino estava em marasmo, nenhuma cultura no mundo forneceu um lar mais hospitaleiro para a ciência do que o islã; e nenhum grupo de muçulmanos cultivou a ciência mais do que os religiosos – e não somente no sentido de praticar o islã. Como Saliba apontou, praticamente todos os homens de ciência líderes

---

[15] Sabra, "Situating Arabic Science".

[16] George Saliba, *Islamic Science and the Making of the European Renaissance* (Cambridge, Mass.: MIT Press, 2007), 21, 233-37. Sobre o declínio da ciência islâmica, veja, por exemplo, Lindberg, *Beginnings of Western Science*, 180-81.

no islã nos séculos pós-Ghazali "também tinham posições religiosas como juízes, cronometristas e juristas livres que davam suas próprias opiniões legais. Alguns escreveram extensivamente sobre assuntos religiosos também, e eram mais famosos por seus escritos religiosos que pelos científicos".[17] Em outras palavras, eles não eram hostis à ciência.

---

[17] Saliba, *Islamic Science*, 243.

MITO 5

Que a igreja medieval proibia a dissecação humana

Katharine Park

Desde o princípio, Vesálio [anatomista do século 16] provou ser um mestre. Na busca por conhecimento real ele se arriscou os mais terríveis perigos, especialmente a acusação aos sacrilégio, fundada nos ensinos da Igreja por anos... Vesálio quebrou este convencionalismo sagrado sem medo; apesar da censura eclesiástica, grande oposição em sua profissão e fúria popular, ele estudou sua ciência com o único método que daria resultados úteis.

– Andrew Dickson White, *A History of the Warfare of Science with Theology in Cristendom* [Uma história do conflito da ciência com a teologia na cristandade] (1896)

Papa Bonifácio VII [sic] baniu a prática da dissecação de cadáveres nos anos de 1200. Isto paralisou a prática por mais de 300 anos e diminuiu significativamente o acúmulo de educação com relação à anatomia humana. Finalmente, nos anos de 1500, Miguel Servet usou a dissecação de cadáveres para estudar a circulação sanguínea. Ele foi julgado e aprisionado pela Igreja Católica.

– Senador Arlen Specter, falando a favor do S. 2754, o Ato para o Melhoramento das Terapias com Células-tronco Pluripotentes Alternativas (2006) [Alternative Pluripotent Stem Cell Therapies Enhancement Act]

O mito de que a igreja medieval proibia a dissecação humana tem diversas variantes. A versão mais básica, como diversos outros mitos neste livro, foi em grande medida uma criação de Andrew Dickson White no século 19. De acordo com esta versão, apresentada em *A History of the Warfare of Science with Theology in Cristendom* [Uma história do conflito da ciência com a teologia na cristandade] mencionado anteriormente, o cristianismo ocidental era implacavelmente hostil ao estudo da anatomia pela dissecação. Essa atitude foi codificada pelo Papa Bonifácio VIII em sua bula *Detestande feriatis* [Da crueldade detestável] de 1299-1300, que ameaçava os que a praticavam com excomunhão e perseguição. White atribuiu a suposta hostilidade da igreja a seu compromisso com a santidade do corpo humano, o divinamente criado "templo da alma", e à sua doutrina de que todos os corpos humanos serão ressuscitados no Juízo Final. Ele também citou um suposto decreto conciliar de 1248, *Ecclesia abhorret a sanguine* [a igreja abomina o derramamento de sangue], que proibia a prática de cirurgia por monges e padres.[1]

Versões mais recentes do mito reconhecem que a dissecação era, de fato, prescrita e praticada em diversas universidades durante a baixa Idade Média, porém, elas enfatizam que a dissecação era limitada a corpos de

---

[1]   White, *History of the Warfare*, 2:31-32.

criminosos executados, que haviam perdido o direito de qualquer pretensão à reverência ou salvação. Em qualquer dos casos, diz a história, o sacrilégio da dissecação, combinado com superstição popular, significava que raramente era praticada. Esta versão atribui uma adesão servil à autoridade intelectual por parte de anatomistas medievais: as poucas almas corajosas que estavam comprometidas com o estudo racional da forma humana com base na experiência direta – particularmente Leonardo da Vinci (1452-1519), Andreas Versalius (1514-1564), autor do famoso livro-texto ilustrado de anatomia *Da organização do corpo humano* (1543) e, na mente do Senador Arlen Specter, o físico e teólogo espanhol Miguel Servet (1511-1553) – foram forçados a roubar cadáveres de túmulos e dissecá-los clandestinamente no meio da noite.

Apesar de existirem suficientes pontos de contato entre esta história e a realidade histórica para que tenha uma aparência de plausibilidade, a situação era, de fato, consideravelmente mais complexa. A maioria das autoridades na igreja medieval não somente toleravam, mas encorajavam a abertura e desmembramento de corpos humanos para fins religiosos: o embalsamento de corpos santos por evisceração; sua divisão para render relíquias corporais; a inspeção dos órgãos internos de homens e mulheres santos buscando sinais de santidade; e a operação que mais tarde veio a ser chamada cesariana, cujo objetivo era batizar fetos extraídos dos corpos de mulheres que morreram no parto. Todas estas práticas apontam para a falsidade da alegação de que a igreja como instituição estava comprometida com a integridade do corpo humano após a morte, assim como a prática comum de dividir os corpos de príncipes e nobres antes do enterro. Ao mesmo tempo, a cultura medieval colocava limites distintos na aceitação do tratamento de cadáveres humanos, o que dramaticamente restringia o número de cadáveres disponíveis para dissecação. Porém, estes limites refletiam valores seculares de honra pessoal e familiar, e decoro ritual, e foram aplicados por governos locais, não por autoridades religiosas.[2]

---

[2] Katharine Park, "The Criminal and the Saintly Body: Autopsy and Dissection in Renaissance Italy", *Renaissance Quarterly* 47 (1994): 1-33; Katharine Park, *Secrets of Women: Gender, Generation, and the Origins of Human Dissection* (Nova York: Zone Books, 2006), 14-25.

Os fatos, então, são os seguintes: A dissecação humana não parece ter sido praticada com regularidade antes do fim do século 13, por culturas pagãs, judaicas, cristãs ou muçulmanas. A única exceção foi um breve período entre os séculos 4 e 3 a.C., quando Herófilo e Erasístrato, dois estudiosos médicos gregos trabalhando na cidade egípcia de Alexandria, fizeram uma série de estudos do corpo humano baseados na dissecação.[3] Enquanto a recusa grega e romana de executar dissecações humanas parece ter tido raízes na crença de que cadáveres eram ritualmente impuros, a cultura cristã inicial definitivamente rejeitou a ideia de poluição cadavérica, abraçando túmulos como lugares santos e os corpos dos mortos como objetos de veneração e potencial fonte de poderes mágicos e de cura.[4] Apesar de a igreja não proibir a dissecação durante a Idade Média, não há evidência de sua prática. Isto pode ter refletido em parte a desaprovação de autores cristãos antigos como Agostinho (354-430), que via o fascínio com corpos desmembrados não como sacrilégio, mas como uma curiosidade insalubre sobre questões irrelevantes para a salvação. Porém, ao menos na mesma medida, isso também tinha a ver com o estado em geral subdesenvolvido do aprendizado médico na Europa ocidental após a queda do Império Romano do Ocidente no século 5, onde o ensino e a pesquisa médica de todo tipo tiveram uma decadência.[5]

No final do século 13 vemos a primeira evidência da abertura de corpos humanos por parte de médicos, em conexão com autópsias exigidas municipalmente para determinar a causa de morte no interesse da justiça criminal ou saúde pública. A aparição da dissecação humana – a abertura

---

[3] Heinrich von Staden, "The Discovery of the Body: Human Dissection and Its Cultural Contexts in Ancient Greece", *Yale Journal of Biology and Medicine* 65 (1992): 223-41; Emilie Savage-Smith, "Attitudes toward Dissection in Medieval Islam", *Journal of the History of Medicine and Allied Sciences* 50 (1995): 67-110; Vivian Nutton e Christine Nutton, "The Archer of Meudon: A Curious Absence of Continuity in the History of Medicine", *Journal of the History of Medicine and Allied Sciences* 58 (2003): 404-5, n. 10.

[4] Frederick S. Paxton, *Christianizing Death: The Creation of a Ritual Process in Early Medieval Europe* (Ithaca, N.Y.: Cornell University Press, 1990), 25-27.

[5] Agostinho, *Confissões* [*Confessions*] 10.35, trad. Henry Chadwick (Londres: Oxford University Press, 1991), 211. Para uma excelente história geral do aprendizado médico no período tratado neste capítulo, consultar Nancy G. Siraisi, *Medieval and Early Renaissance Medicine: An Introduction to Knowledge and Practice* (Chicago: University of Chicago Press, 1990).

de cadáveres a serviço do ensino e da pesquisa médica, continuada com a prática acadêmica moderna – aconteceu por volta de 1300 na cidade italiana de Bolonha, residência da que provavelmente era a melhor faculdade médica de seu tempo. Inspirados pelo renovado interesse pelo trabalho do escritor e médico grego Galeno (c.129-c.200) e seus seguidores arábicos, não havendo conhecimento de que nenhum deles tenha dissecado seres humanos, mestres e estudantes de medicina em Bolonha começaram a abrir corpos humanos, e Mondino de Liuzzi (c. 1275-1326) produziu o primeiro livro de anatomia conhecido baseado na dissecação humana, que permaneceu como texto básico da instrução médica universitária até o início do século 16. Inicialmente a dissecação foi confinada a universidades italianas e escolas de médicos ou cirurgiões, muitas das quais a adotaram como exigência anual, e também a universidade francesa de Montpellier. No fim do século 15, porém, a prática se espalhou para faculdades de medicina no Norte da Europa, e no século 16 era amplamente realizada em universidades e escolas médicas em áreas católicas e protestantes.[6]

A prática oficial de dissecação humana em universidades italianas na baixa Idade Média obviamente coloca em questão as duas proibições eclesiásticas oficiais citadas por White e outros proponentes do mito. A primeira proibição, *a igreja abomina o derramamento de sangue,* que White descreveu como promulgada pelo Conselho de Le Mans em 1248, foi provada há quarenta anos como um "fantasma literário", produzido por um inepto historiador francês do século 18. Enquanto houve, de fato, diversos decretos proibindo que clérigos em ordens mais altas praticassem qualquer forma de cirurgia envolvendo cauterização (queima) ou corte, estes refletiam preocupações de que o clero poderia estar colocando em risco

---

[6] Mondino de' Liuzzi, *Anatomy,* trad. Charles Singer, em *The Fascículo di medicina, Venice, 1493,* ed. Charles Singer (Florença: R. Lier, 1925); consultar também Nancy G. Siraisi, *Taddeo Alderotti and His Pupils: Two Generations of Italian Medical Learning* (Princeton, N.J.: Princeton University Press, 1981), 110-13, and R. W. French, *Dissection and Vivisection in the European Renaissance* (Aldershot: Ashgate, 1999), cap. 2. Esse último é a fonte mais confiável da história geral da anatomia e dissecação neste período, apesar de mesmo este conter traços do mito com relação à proibição medieval.

74 COLEÇÃO FÉ, CIÊNCIA & CULTURA

vidas de pessoas por motivos pecuniários e nenhuma relação havia com a dissecação.[7] A história da segunda proibição hipotética de White, a bula do papa Bonifácio VIII denominada *Da crueldade detestável*, levanta questões mais complicadas. Primeiramente promulgada em 1299, ela proibia, sob pena de excomunhão, uma prática funerária contemporânea que envolvia o corte do cadáver e ebulição para soltar a carne dos ossos, para que fosse mais fácil transportar para um enterro distante – um procedimento que havia ganho tração entre cruzados europeus até a Terra Santa. Apesar de não existir evidência de que Bonifácio tinha em mente a prática da dissecação quando promulgou a bula, mesmo assim teve efeito indireto sobre o estudo da anatomia na Europa nos séculos 14 e 15. Este impacto foi insignificante na Itália, onde foi tomado literalmente; Mondino, por exemplo, notou apenas que esta o impedia de ferver os ossos da orelha para facilitar o exame.

Porém, a bula parece ter sido entendida de forma mais expansiva por anatomistas ativos no Norte da Europa, que a interpretaram como categoricamente proibindo a dissecação ou como proibindo a dissecação sem dispensa papal. Outros, como o grande cirurgião francês do século 14 Guy de Chauliac (c.1290-c.1367/70), não hesitaram em nada na prática da dissecação.[8] De modo crucial, a evasão da dissecação parece ter refletido cautela antecipada por parte dos anatomistas e não pressão eclesiástica real: não conheço nenhum caso em que um anatomista foi perseguido por dissecar um cadáver humano, e nenhum caso em que a igreja rejeitou um pedido por dispensação para dissecar. Certamente não há evidência convincente de que Vesálio foi contra autoridades da igreja duzentos anos depois. A ideia de White de que ele tenha sofrido "censura eclesiástica" é baseada em uma única fonte, altamente duvidosa: uma carta que parece ser parte de

---

[7] Charles H. Talbot, *Medicine in Medieval England* (Londres: Oldbourne, 1967), 55; Darrel W. Amundsen, "Medieval Canon Law on Medical and Surgical Practice by the Clergy", *Bulletin of the History of Medicine* 52 (1978): 22-44.

[8] Elizabeth A. R. Brown, "Death and the Human Body in the Later Middle Ages: The Legislation of Boniface VIII on the Division of the Corpse", *Viator* 12 (1981): 221-70; Mary Niven Alston, "The Attitude of the Church towards Dissection before 1500", *Bulletin of the History of Medicine* 16 (1944): 225-29.

uma polêmica anticatólica do século 16 ou uma fabricação protestante do século 17. Em todo caso, esta carta não tem relação com a dissecação em si: ela atribuiu a suposta denúncia de Vesálio pela Inquisição ao fato de que ele havia realizado uma autópsia em um paciente que não estava realmente morto.[9] Apesar de Miguel Servet ter sido, de fato, julgado e executado em meados do século 16, esta condenação foi puramente teológica, e não teve relação com suas atividades médicas.

Diferente da dissecação, porém, o roubo de túmulos era claramente e repetidamente proibido tanto por autoridades seculares quanto eclesiásticas, e foi o roubo de túmulos que causou problemas para aspirantes anatomistas, como foi o caso de quatro alunos de medicina em Bolonha que foram processados em 1319 – pela cidade, não pela igreja – por exumarem e dissecarem o corpo de um criminoso que havia sido executado previamente naquele dia.[10] Pelo menos a partir do início do século 14, o estudo da anatomia foi prejudicado por uma falta crônica de cadáveres, que levou alunos empreendedores a violarem túmulos e, no século 16, até mesmo apropriarem-se de corpos em procissões funerais. Esta falta não resultou de proibições religiosas, mas de sensibilidades culturais fortes com relação a quem era ou não era sujeito apropriado para dissecação, sensibilidades que eram inscritas na lei local. O problema com a dissecação do ponto de vista dos habitantes da baixa Idade Média à Renascença na Europa não era por ser um sacrilégio, mas porque era uma grande desonra para o indivíduo e, mais importante, para sua família. Ser exibido nu perante um grupo de universitários locais – e ainda um grupo aumentado, no século dezesseis, por personalidades locais e dignitários em visita – era uma perspectiva vergonhosa, particularmente porque a dissecação fazia com que o cadáver ficasse inadequado para um funeral comum, onde o corpo geralmente era transportado em uma plataforma aberta. Por outro lado, famílias não se importavam com autópsias, que se tornaram cada vez mais

---

[9] C. D. O'Malley, *Andreas Vesalius of Brussels, 1514-1564* (Berkeley: University of California Press, 1964), 304-6.

[10] Alston, "Attitude of the Church", 233-35.

comuns neste período, visto que eram feitas privativamente e deixavam o corpo substancialmente intacto para a procissão funeral.[11]

Municípios responderam a estas preocupações com a restrição da dissecação apenas para corpos de estrangeiros, muitas vezes definidos como aqueles que nasceram a mais de cinquenta quilômetros de distância, que presumidamente não tinham membros familiares na cena para serem desonrados. No caso do que era conhecido como dissecação "pública", eventos cerimoniais de ensino realizados uma ou duas vezes ao ano, este cadáver estrangeiro quase sempre era de um criminoso que havia sido executado – uma solução administrativamente econômica que permitia que a cidade monitorasse a procedência do corpo e minimizasse a possiblidade de crime. Nos anos após 1500, porém, a anatomia explodiu como campo de pesquisa, criando uma demanda por cadáveres que a pequena fonte de corpos da forca não supria. Anatomistas passaram a procurar outras fontes óbvias de cadáveres estrangeiros: pessoas que haviam morrido em hospitais, que cuidavam dos doentes, idosos e desabilitados que não tinham família que os cuidasse e que, portanto, eram candidatos perfeitos para a dissecação. O mais bem conhecido exemplo desta prática foi a dissecação feita por da Vinci de um paciente idoso no grande hospital florentino de Santa Maria Nuova (uma instituição religiosa), com quem fez amizade e de quem cuidou até a morte.[12]

O mito de que a igreja proibia a dissecação humana é tão forte hoje quanto era quando foi inventado por White no fim do século 19, apesar de seu foco ter se alterado de maneiras interessantes. Por um lado, as figuras heroicas apresentadas como desafiando as proibições punitivas são mais provavelmente conhecidas hoje como artistas do que cientistas, como na versão de White; guias turísticos italianos regularmente deleitam visitantes em Florença e Milão com histórias sobre a pesquisa anatômica de da Vinci nos porões da igreja com saídas secretas, e sua invenção da escrita espe-

---

[11] Park, "Criminal and the Saintly Body", 7-8.
[12] Ibid., 12; Martin Kemp, *Leonardo da Vinci: The Marvellous Works of Nature and Man* (Cambridge, Mass.: Harvard University Press, 1981), 257.

lhada para esconder seus resultados. Na realidade, tanto da Vinci como Vesálio (e Servet) nunca tiveram problemas por sua prática de dissecação humana, apesar da dificuldade na obtenção de corpos humanos forçá-los a praticar a dissecação, muitas vezes, em cadáveres animais. Contudo, essa dificuldade não tinha relação com restrições religiosas, mas com o fato de serem artistas sem treinamento médico ou credenciais institucionais para tornar legítimo seu trabalho.

MITO 6

Que as ideias de Copérnico removeram os seres humanos do centro do cosmos

Dennis R. Danielson

Copérnico destronou a Terra da posição privilegiada dada a ela pela cosmologia de Ptolomeu.

– Sir Martin Rees, *Before the Beginning*
[Antes do princípio] (1998)

O destronamento da Terra do centro do universo causou choque profundo: o sistema de Copérnico desafiava todo o sistema de autoridade antiga e requeria uma mudança completa da concepção filosófica do universo.

– *Breve Enciclopédia Britânica* (2007)

Há quase um século o psicanalista Sigmund Freud (1856-1939) alegou que a ciência havia infligido sobre a humanidade "dois grandes ultrajes sobre seu inocente amor próprio": o primeiro, associado com o astrônomo do século 16 Nicolau Copérnico (1473-1543), "quando percebeu que nossa Terra não era o centro do universo, mas apenas uma mancha em um sistema-mundo de magnitude praticamente inconcebível"; o segundo, quando Charles Darwin (1809-1882) demonstrou que os seres humanos eram descendentes de animais. (Freud acreditava que sua própria teoria psicanalítica, que mostrava que humanos agem sob influência de instintos inconscientes, foi o "terceiro e mais amargo golpe"). A observação de Freud não era nova. Por mais de um século o astrônomo polonês foi comumente retratado como desmancha-prazeres no que se tratava da humanidade e seu valor cósmico. Parece que nem popularizadores ou cientistas sérios conseguem falar o nome de Copérnico sem simultaneamente sentir a necessidade de dizer que ele "destronou" a Terra ou a nós como humanos quando explicou que a Terra circula ao redor do Sol, e não o contrário. Quase toda semana novos exemplos da mesma alegação aparecem em jornais, na internet, e em programas de cursos universitários – e é repetido tanto, e por vozes tão respeitáveis, que se tornou um mofo perene nos armários da nossa mente coletiva, e uma mancha gratuita sobre a moral planetária.[1]

Este grande clichê copernicano de modo simplista assume que o centro é bom, ou especial, e que ser removido do centro é ruim.[2] Por vezes, claro, esta afirmação se justifica, embora *central* seja frequentemente entendido como um local figurativo, e não literal, como em "meu cônjuge e filhos são o centro da minha vida". Outras vezes, se a centralidade insinua especialidade, depende do contexto. Por exemplo, se o centro de determinada cidade é um local especial ou desejável, depende da cidade. Em alguns casos pode ser, em outros, não. Para julgarmos se o copernicanismo realmente constituiu a demoção da Terra, é necessária uma apropriada "avaliação de mercado" das proximidades imediatas da Terra no centro do universo quando, no século 16, Copérnico a realocou para onde o que era então visto como os subúrbios cósmicos.

Outra e sobreposta suposição do clichê é que o geocentrismo equivale ao antropocentrismo. O sistema astronômico de Ptolomeu, que o copernicanismo por fim superou, era de fato geocêntrico no sentido em que colocava a Terra *(geo-)* no centro do universo literalmente e geometricamente – por motivos que ficarão claros. Porém, *antropocentrismo* é um termo apenas figurativo. Como egocentrismo ou etnocentrismo, assinala a atitude de um indivíduo ou grupo com relação ao valor de algo, neste caso, a humanidade *(anthropos)*. Em minha primeira visita a Londres, na Inglaterra, participei de um *tour* conduzido por um londrino orgulhoso que apontou para Piccadilly Circus anunciando: "E *este* é o centro do universo". Ele falava de forma figurativa, com ironia consciente, sobre a

---

[1] Sigmund Freud, *Introductory Lectures on Psycho-Analysis: A Course of Twenty-Eight Lectures Delivered at the University of Vienna,* trad. Joan Riviere (Londres: George Allen and Unwin, 1922), 240-41. Para declarações similares, consultar, por exemplo, Carl Sagan, *Pale Blue Dot* (Nova York: Random House, 1994), 26; e Robert L. Jaffe, "As Time Goes By", *Natural History Magazine* 115 (outubro, 2006): 16- 24. É possível encontrar diversos outros exemplos fazendo uma pesquisa na internet de *Copérnico E Destronar.*

[2] Muito do material neste capítulo foi inicialmente publicado em meu artigo mais longo intitulado "The Great Copernican Cliché" [O grande clichê copernicaniano], *American Journal of Physics* 69 (outubro, 2001): 1029-35, e é usado com cordial permissão desta publicação.

importância do local. Se, com base neste comentário, eu desafiasse a cosmologia do guia, ele corretamente teria me julgado confuso, sem senso de humor e condescendente. Por motivos similares, o antropocentrismo e geocentrismo não devem ser tratados como se fossem o mesmo conceito.

A outra suposição que geralmente pega carona no clichê é que Copérnico, ao supostamente reduzir o *status* da Terra, também atingiu a religião, particularmente as religiões abraâmicas, que supostamente requerem a centralidade cósmica da humanidade. As fraquezas deste ponto de vista, já mencionadas, incluem a falha em distinguir a centralidade figurativa da literal: se qualquer das grandes religiões requer que a humanidade seja central, certamente é apenas no sentido figurativo de seu valor, não no sentido literal de sua localização. Ainda assim é um grande "se". As Escrituras judaicas e cristãs, por exemplo, não promovem "inocente amor próprio" (termo de Freud) por parte dos humanos, mas, pelo contrário, promovem sua pequenez, fraqueza, e muitas vezes incapacidade moral comparada à imensa grandeza, bondade e alteridade do Criador. Na tradição bíblica, é essa consciência que molda um senso de privilégio ao ser objeto da bênção divina *apesar* da finitude evidente e pequenez relativa ao mundo como um todo – como expresso pelo salmista: "Quando contemplo os teus céus [de Deus], obra dos teus dedos, a lua e as estrelas que ali firmaste, pergunto: Quem é o homem, para que te importes?" (8:3-4 NVI).

Certamente é verdade que no século 17 o arqui-copernicano Galileu Galilei (1564-1642) teve oposição por parte das autoridades em Roma. Porém, sua disputa focava em questões relacionadas a interpretação bíblica, jurisdição educacional, e a ameaça que Galileu representava para a enraizada autoridade "científica" de Aristóteles, não em uma suposta depreciação cósmica do *status* especial cósmico ou privilégio da humanidade por parte de Copérnico. Se de fato estavam provocando algo, Galileu e seus colegas copernicanos estavam *elevando* o *status* da Terra e seus habitantes no universo.

De acordo com Aristóteles (384-322 a.C.), cujo sistema físico dominou a filosofia natural europeia desde seu tempo até o século 17, a Terra estava no centro do universo porque este é o local onde objetos pesados, por natureza, se recolhem. Nesta visão, é o ponto central do universo, e não um

TERRA PLANA, GALILEU NA PRISÃO E OUTROS MITOS SOBRE CIÊNCIA E RELIGIÃO

corpo imenso, que atrai coisas pesadas para si. Aristóteles ensinava que o lugar em si "exerce certa influência"[3] e é o simples fato de a Terra ser composta das coisas mais pesadas (a terra sendo mais pesada que os outros três elementos: água, ar e fogo) que explica por que o corpo em que vivemos deve estar imóvel *no* centro do universo.

Além disto, a posição central da Terra foi tomada como evidência não de sua importância, mas (usando um termo ainda em circulação) de sua vulgaridade. O grande filósofo medieval judeu Moisés Maimônides (1135-1204) afirmou que "no caso do Universo ... quanto mais próximas estão as partes do centro, maior é sua turbidez, solidez, inércia, obscuridade e escuridão, porque estão mais longe do elemento mais elevado, da fonte de luz e brilho". De modo similar, Tomás de Aquino (1225-1274), o principal filósofo cristão da Idade Média, declarou que "no universo, a Terra – em torno de que todas as esferas circulam e que, como localização, está no centro – é o mais material e grosseiro *(ignobilíssima)* de todos os corpos".[4] Fazendo uma extrapolação consistente desta visão, Dante, escrevendo *Inferno* no início do século 14, colocou o lugar mais baixo do inferno exatamente no ponto médio da Terra, no centro exato de todo o universo.

A cosmologia pré-copernicana descrevia não a centralidade figurativa e metafísica – a importância ou especialidade – da Terra, mas a sua centralidade física e ao mesmo tempo absoluta vulgaridade. Esta visão negativa foi para além da Idade Média. Em 1486, em um trabalho muitas vezes considerado como o manifesto da Renascença Italiana, Giovanni Pico se referiu à Terra como ocupando "as partes excrementais e imundas do mundo inferior". Em 1568, um quarto de século após a publicação de *Sobre as Revoluções dos Corpos Celestes* de Copérnico, Michel de Montaigne afirmou que estamos "depositados aqui no pó e na imundície do mundo, pregados

---

[3]   Aristotle, *Physics,* bk. 4, 2086; em *The Works of Aristotle,* ed. W. D. Ross (Oxford: Clarendon Press, 1930), vol. 2.

[4]   Moses Maimonides, *The Guide for the Perplexed,* trad. M. Friedlander, 2a ed. (Nova York: Dutton, 1919), 118-19; Thomas Aquinas, *Commentary on Aristotle's De Caelo* (1272 s.), II, xiii, 1 & xx, n. 7, no vol. 3, 2026 do Leonina ed.; trad. e citação por Rémi Brague, "Geocentrism as a Humiliation for Man", *Medieval Encounters* 3 (1997): 187-210 (202) (que fornece diversos outros exemplos).

e rebitados à parte pior e mais morta do universo, no andar mais baixo da casa, e mais remoto do arco celeste".[5]

Enquanto corretamente antecipando alguma oposição à sua teoria de uma Terra planetária, Copérnico respondeu que não "perderia tempo" com "pensadores ociosos" que citam aparentes referências bíblicas a uma Terra fixa e um Sol que se move. A tradição cristã, pelo menos entre os cultos, tinha amplos meios interpretativos de distinguir entre o que a ciência ensina e o que as pessoas comumente conversam (como, por exemplo, ainda fazemos ao nos referirmos ao nascimento e pôr do Sol).[6] O maior obstáculo à teoria de Copérnico foi quase dois milênios de física de acordo com a qual a desprezível e vulgar Terra estava obviamente abaixo e o Sol glorioso obviamente acima. Assim, a primeira resposta semioficial a *Sobre as Revoluções* – escrita por um frei dominicano, mas moldada em termos claramente aristotélicos – reclamou que "Copérnico colocou o indestrutível Sol em local sujeito à destruição".[7] De forma escandalosa, o heliocentrismo era visto como a "exaltação" da posição da humanidade no universo, e o elevar da Terra para fora do poço cósmico que os predecessores de Copérnico acreditavam que ela ocupava – e em contrapartida, em colocar o Sol, que tinha associações divinas, em um local central, corrompido.

Para impedir esta acusação, Copérnico e seus seguidores fizeram o possível, retoricamente, para renovar o porão cósmico. Rheticus (1514-1574), discípulo de Copérnico, ofereceu uma analogia governamental: "Meu mestre... está ciente que em questões humanas o imperador não precisa, por si, correr de cidade a cidade para realizar a função imposta a ele por Deus". A

---

[5] Giovanni Pico, *Oration on the Dignity of Man*, in *The Renaissance Philosophy of Man*, ed. Ernst Cassirer et al. (Chicago: University of Chicago Press, 1948), 224; Montaigne, *An Apology of Raymond Sebond* (1568), em *The Essays of Michel de Montaigne*, trads. Charles Cotton (Londres: George Bell, 1892), 2:134.

[6] Copérnico, *On the Revolutions*, Prefácio; consultar também John Calvin, *Commentary on Genesis*; ambos citados no *The Book of the Cosmos: Imagining the Universe from Heraclitus to Hawking*, ed. Dennis Danielson (Cambridge, Mass.: Perseus Publishing, 2000), 107, 123- 24.

[7] Giovanni Maria Tolosani, escrevendo em junho de 1544, "Tolosani's Condemnations of Copernicus' *Revolutions*", em *Copernicus and the Scientific Revolution*, ed. Edward Rosen (Malabar, Fia.: Krieger, 1984), 189.

centralidade e imobilidade do Sol no sistema de Copérnico eram, portanto, perfeitamente consistentes com – e essenciais à – dignidade do Sol e sua eficiente governança dos planetas. Continuando com o tema de governo ordenado, Copérnico tentou aprimorar o *status* do centro ao imaginá-lo como um trono vantajosamente localizado *(solium)* que formava um local poeticamente preciso onde o Sol reinante *(sol)* iluminaria e governaria seus súditos. Na cosmologia de Copérnico, o centro foi transformado em um lugar de honra, enquanto ao mesmo tempo a Terra foi promovida ao *status* de "estrela" que "se move entre os planetas como um deles".[8]

Foi um feito notável: Copérnico simultaneamente elevou o *status* cósmico da Terra e do Sol. A segunda parte de sua tarefa foi tão bem-sucedida que, desde então, a remoção da Terra do que se tornou o lugar de honra do Sol parece para alguns uma diminuição de seu valor. A refutação desta interpretação anacrônica, porém, é simples: a Terra ser elevada do que era então considerado "as partes excrementais e imundas do mundo inferior" não pode sinceramente ser vista como uma demoção.

Os principais copernicanos do século 17 expressaram euforia com a libertação da Terra do inerte centro do universo. Em 1610 Galileu explicitamente apresentou seu relato do brilho da Terra – como o Sol refletido pela superfície da Terra ilumina a Lua, assim como a luz da Lua faz com a Terra – implicando um "comércio" entre estes dois corpos celestes: "a Terra, com justa e grata troca, paga de volta à Lua uma iluminação como a que recebe da Lua." Além disto, Galileu viu este relato como indo de encontro àqueles "que afirmam, principalmente com base de que ela não tem movimento nem luz, que a Terra deve estar excluída da dança das estrelas. Pois ... a Terra tem movimento, ... supera a Lua em brilho, e ... não é o poço onde a sujeira e as coisas efêmeras do universo se depositam".[9] Enquanto a cosmologia de Ptolomeu implicava que a Terra era baixa e humilde, Ga-

---

[8] Georg Joachim Rheticus, *First Account* (1540), em *Three Copernican Treatises,* trad. Edward Rosen, 3a ed. (Nova York: Octagon Books, 1971), 139; Copérnico, *Revolutions,* 1:10.

[9] Galileo Galilei, *Sidereus Nuncius* (Veneza, 1610), páginas 15r e 16r, citado do *The Book of the Cosmos,* ed. Danielson, 149-50; minha tradução adaptada do *The Sidereal Messenger of Galileo Galilei,* trad. E. S. Carlos (Londres: Dawsons, 1880). Consultar também *Sidereus Nuncius: or The Sidereal Messenger,* trad. Albert van Helden (Chicago: University of Chicago Press, 1989), 55-57.

lileu viu que a nova perspectiva da humanidade de Copérnico era, de diversas formas, *presunçosa*.

Johannes Kepler (1571-1630) também viu a nova posição planetária da Terra como grande vantagem cósmica para a humanidade. Ele argumentou que, como o "homem" havia sido criado para contemplação:

> ele não poderia permanecer em descanso no centro ... [mas] deve fazer uma jornada anual em seu barco, que é nossa Terra, para realizar suas observações... Não há globo mais nobre ou adequado para o homem que a Terra. Pois, em primeiro lugar, ela está *exatamente no meio* dos principais globos ... Acima estão Marte, Júpiter e Saturno. No abraço de sua órbita estão Vênus e Mercúrio, enquanto o Sol gira ao centro.

Para realizar sua imagem divina corretamente, os seres humanos devem ser capazes de observar o universo a partir de um (redefinido) ponto de vista "central", mas dinâmico e mutável, convenientemente fornecido pelo que Kepler via como nossa estação espacial idealmente localizada, chamada Terra. Apenas com a *abolição* do geocentrismo, então, podemos dizer verdadeiramente que ocupamos o melhor, mais privilegiado lugar no universo.[10]

Outros copernicanos também viam a "realocação" da Terra de forma positiva. Na Inglaterra, o maior proponente da nova astronomia foi um clérigo chamado John Wilkins (1614-1672). Wilkins abertamente se opunha aos que presumiam que "a Terra é formada por uma substância mais indigna que qualquer outro planeta, consistindo da matéria mais básica e vil", que "o centro é o pior lugar", e, portanto, que o centro é onde a Terra deveria estar. Especialmente com o declínio da física aristotélica em meados do século 17, Wilkins poderia depreciar estas alegações como "(se não evidentemente falsas) ainda muito incertas".[11]

É difícil saber exatamente como começou o mito de uma oposição religiosa ao suposto "destronamento" da Terra, à parte do sucesso aparente de

---

[10] *Kepler's Conversation with Galileo's Sidereal Messenger* (1610), trad. Edward Rosen (Nova York: Johnson Reprint Corporation, 1965), 45-46 (ênfase adicionada).

[11] John Wilkins, *The Mathematical and Philosophical Works* (Londres: Frank Cass, 1970), 190-91.

Copérnico ao reformular o centro inerte do universo como um trono real para o Sol. Outros tipos de oposição de natureza não religiosa podem ter se misturado com a questão da singularidade da Terra, já que foi vista como um planeta entre outros. Uma dificuldade científica específica foi que, até o trabalho de Isaac Newton no fim do século 17, não havia uma nova física para explicar como algo pesado como a Terra seguia uma órbita estável ao redor do Sol. O copernicanismo também demandava que o universo fosse de ordens de magnitude significativamente maiores do que qualquer um havia previamente imaginado. Portanto, para muitos, sem dúvida, a euforia de um Galileu ou Kepler poderia se traduzir em perplexidade. Podemos pensar em um lamento muito citado de John Donne (1611), "Está tudo em pedaços, toda coerência se foi", ou de Blaise Pascal, "o silêncio eterno destes espaços infinitos me amedronta" (1670). Contudo, o tamanho aumentado e a grandiosidade do universo poderiam igualmente inspirar uma maior, e não menor, reverência e maravilhamento religiosos. O filósofo natural norte-americano e clérigo puritano Cotton Mather (1663-1728), escrevendo sobre vistas cósmicas estonteantes abertas por um telescópio, exclamou, "Grande Deus, que variedade de mundos criaste! Que surpreendente são suas dimensões! Que estupendas as demonstrações de grandeza, e da sua glória!"[12]

O clichê copernicano parece ter aparecido pela primeira vez na França mais de um século após a morte de Copérnico, como parte de uma crítica contra o antropocentrismo. Cyrano de Bergerac (1619-1655) associou o geocentrismo pré-copernicano à "insuportável arrogância da Humanidade, que acredita que a Natureza foi criada apenas para servi-la". Com maior influência, Bernard le Bouvier de Fontenelle, em seu *Discourse of the Plurality of Worlds* [Discurso sobre a pluralidade dos mundos] (1868), elogiou Copérnico – que "pega a Terra e a tira do centro do Mundo" – pois seu "desígnio foi abater a Vaidade do homem, que havia se colocado no

---

[12] John Donne, *An Anatomy of the World* (Londres, 1611); Blaise Pascal, *Pensées* (ca. 1650), em *Thoughts*, trad. W. F. Trotter (Nova York: Collier, 1910), 78; Cotton Mather, *The Christian Philosopher: A Collection of the Best Discoveries in Nature, with Religious Improvements* (Londres, 1721), 19.

lugar principal do Universo". Sua interpretação se tornou a aparentemente inquestionada versão padrão durante o iluminismo, como magistralmente resumida em 1810 por Johann Wolfgang Goethe, que repetiu a noção de que "nenhuma descoberta ou opinião jamais produziu maior efeito no espírito humano que o ensino de Copérnico", pois este obrigou a Terra "a abrir mão do privilégio colossal de ser o centro do universo".[13]

Nas mãos de alguns, o mito do destronamento da Terra parece ser mais que um mero anacronismo ou erro desinteressado de interpretação dos fatos. Pois quando Fontenelle e seus sucessores contam sua história, eles ficam abertamente "muito satisfeitos" com a demoção que eles veem na realização de Copérnico. Mas o truque deste suposto destronamento é que, enquanto supostamente faz o "Homem" ser menos importante cosmicamente e metafisicamente, na realidade ele dá o trono aos modernos seres humanos "científicos", em toda nossa superioridade iluminada. E muitas vezes ele insinua, sem justificação, que o avanço científico é inevitavelmente acompanhado por um abandono da busca – uma busca que pode incluir o que muitas vezes é chamado de religião – por entender o possível propósito ou significado da humanidade no universo como um todo. Ao equiparar o antropocentrismo com o agora obviamente insustentável geocentrismo, a ideologia moderna dispensa como insignificante ou ingênua a questão ainda legítima e aberta sobre o papel que a Terra e seus habitantes podem ter na dança das estrelas. Contrariamente, a ideologia moderna oferece, se oferece algo, um papel exclusivamente em termos Prometaicos ou existenciais, com a humanidade se levantando heroicamente pelos seus próprios meios, mas no fim, inutilmente, desafiando o silêncio universal.

Historicamente e filosoficamente, porém, essa fábula é uma fabricação. Pessoas razoáveis não precisam acreditar nela.

---

[13] Cyrano de Bergerac, *The Government of the World in the Moon* (Londres, 1659), sig. B8v; Bernard Le Bouvier de Fontenelle, *Entretiens sur la Pluralité des Mondes* (Paris, 1686), trad. W. D. Knight como *A Discourse of the Plurality of Worlds* (Dublin, 1687), 11-13; Johann Wolfgang Goethe, *Materialien zur Geschichte der Farbenlehre*, em *Goethes Werke*, Hamburger Ausgabe (Hamburgo: Christian Wegner Verlag, 1960), 14:81.

MITO 7

Que Giordano Bruno foi o primeiro mártir da ciência moderna

Jole Shackelford

Bruno ficou de pé em silêncio perante os quinze homens. Severina leu as acusações, um total de oito pontos de heresia. Estas incluíam sua crença de que a transubstanciação do pão em carne e do vinho em sangue era uma falsidade, de que o nascimento virginal era impossível e, talvez a mais terrível de todas, que vivemos em um universo infinito e que inúmeros mundos existem, onde criaturas como nós podem prosperar e adorar seus próprios deuses.

– Michael White, *O Papa e o Herege: Giordano Bruno, a verdadeira história do homem que desafiou a Inquisição* (2002)

Ligado às suas crenças copernicanas, ele também acreditava que o universo contém inúmeros mundos habitados por seres inteligentes. Por causa destes ensinamentos, Bruno foi julgado por heresia pela Inquisição e queimado na fogueira em 1600. Ele então se tornou o primeiro mártir da ciência moderna pela mão da Igreja e, portanto, precursor de Galileu ... Os fatos deste mito são verdadeiros, apesar de vagos ao ponto da escassez e geralmente enganosos em sua ênfase.

– Edward A. Gosselin e Lawrence S. Lerner, em *The Ash Wednesday Supper: La Cena de le ceneri* [O jantar da quarta-feira de cinzas: *La Cena de le ceneri*] (1977)

De acordo com as medidas da Europa do século 16, Giordano Bruno era um herege. Suas dúvidas sobre o nascimento virginal e sobre a identificação de Deus com Cristo, que ele via como um mágico astuto, eram repugnantes para toda grande denominação cristã, protestantes e católicos em igual forma. Sua recusa em negar estas e outras proposições especificadas nas acusações contra ele pela Inquisição Romana nos últimos anos do século levaram à sua condenação e sentença à morte como herege não arrependido em janeiro de 1600. No dia dezessete de fevereiro ele foi publicamente e cerimonialmente queimado na fogueira, vivo, no Mercado das Flores em Roma. Seu fim é brutal para a sensibilidade moderna, mas não excepcional no início do período moderno, em que traidores e outros sérios malfeitores eram mortos e esquartejados, eviscerados vivos, e suas partes exibidas em forcas ou pontes para todos verem. Porém, a morte de Bruno se destaca sobre outras, mencionada de passagem na maioria das pesquisas populares e até acadêmicas sobre a emergência das ideias e práticas científicas modernas durante o que é chamada Revolução Científica dos séculos 16 e 17. Na realidade, conquanto historiadores mais cautelosos claramente identificam Bruno como herege, muitos também ligam sua heresia a importantes inovações na cosmologia científica. Especificamente, sua defesa de uma versão da hipótese planetária de Copérnico e a ideia de que nosso universo é infinito, com muitos sóis e planetas, era visto como uma exploração imaginativa inicial do que se tornaria o universo aberto de René Descartes, Isaac Newton e Pierre-Simon Laplace. Alguns chegam ao ponto de identificá-lo como o primeiro mártir científico por causa desta ligação – um exemplo incendiário da colisão inevitável entre o dogma teológico rígido e a liberdade de especulação dentro da filosofia natural, a precursora da ciência moderna.

O senso deste confronto e o mito de Bruno como mártir por suas crenças científicas foi colocado concisamente em *The Warfare of Science* [O conflito da ciência] (1876) de Andrew Dickson White que, juntamente com seu contemporâneo John William Draper, fez muito para ditar o tom moderno do conflito histórico entre a religião e a ciência:

> Ele [Bruno] foi perseguido de região em região até que, enfim, se viu contra seus perseguidores com denúncias amedrontadoras. Por isto ele foi preso por seis anos, e então queimado vivo e as cinzas espalhadas ao vento. A nova verdade permaneceu viva; não poderia ser assassinada. Em dez anos após o martírio de Bruno, após um mundo de dificuldades e perseguições, a verdade da doutrina de Copérnico foi estabelecida pelo telescópio de Galileu.[1]

Enquanto White não disse explicitamente que Bruno foi morto por causa de suas ideias científicas – nominalmente, sua promoção da nova cosmologia heliocêntrica de Nicolas Copérnico – a conexão mítica é implícita nesta declaração: Bruno era copernicano e foi perseguido e martirizado, mas a verdade copernicana não poderia ser morta; Galileu provou essa verdade logo após seu martírio. White não criou o mito do martírio científico de Giordano Bruno, mas seu livro colocou Bruno em um diálogo posterior so-

---

[1] Andrew Dickson White, *The Warfare of Science* (Nova York: D. Appleton, 1876). Consultar também John William Draper, *History of the Conflict between Religion and Science* (New York: D. Appleton, 1874), 178-80.

bre a relação entre a liberdade filosófica e o controle do ensino religioso que exerceu grande influência na história intelectual moderna do Oeste.[2]

Esta equação condenatória da cosmologia copernicana de Bruno e sua exterminação ao fogo pelo Ofício Santo persiste, e é evidente na pesquisa de Hugh Kearney sobre a Revolução Científica, *Science and Change 1500-1700* [Ciência e mudança 1500-1700] (1971): "Bruno foi o mais entusiástico exponente da doutrina heliocêntrica na segunda metade do século. Ele deu aulas em toda a Europa sobre o assunto, e em suas mãos o copernicanismo se tornou parte da tradição hermética";[3] "Bruno transformou a síntese matemática em doutrina religiosa"; e "inevitavelmente estas visões o colocaram em conflito com a academia ortodoxa".[4] O relato de Kearney é mais rico e sofisticado do que o de White porque ele reconhece que Bruno usou as ideias de Copérnico não em um contexto científico, mas em um contexto especificamente religioso, nominalmente defendendo a religião hermética como corretivo para os males da Reforma e Contrarreforma na Europa. Kearney então distancia Bruno da astronomia, mas continua identificando-o com a nova hipótese matemática que "inevitavelmente" estaria em conflito com a ortodoxia religiosa.

A leitura que Kearney faz de Bruno como sendo em primeiro lugar um pensador religioso e escritor em vez de um filósofo natural ou cientista resultou, em parte, de um exame mais de perto do escopo e contexto mais amplos do trabalho de Bruno, vigorosamente articulado por Frances Yates em *Giordano Bruno and the Hermetic Tradition* [Giordano Bruno e a tradição hermética] (1964), e em parte da identificação da história intelectual ocidental com um desenvolvimento positivo em direção à ciência

---

[2] Sobre o papel de White e Draper em discussões sobre a hostilidade das igrejas cristãs e da teologia com relação à ciência, consultar David C. Lindberg, "Science and the Early Church", em *God and Nature: Historical Essays on the Encounter between Christianity and Science*, ed. David C. Lindberg e Ronald L. Numbers (Berkeley: University of California Press, 1986), 19-48, esp. 19-22; consultar também a introdução do editor, esp. 1-4.

[3] O hermetismo ou hermeticisimo é uma tradição religiosa, filosófica e esotérica baseada principalmente em escritos atribuídos a Hermes Trismegistus, um suposto pensador pagão da antiguidade. Esta tradição influenciou grandemente o pensamento esotérico no mundo ocidental, e foi especialmente importante no período da renascença. [**N. E.**]

[4] Hugh Kearney, *Science and Change 1500-1700* (Nova York: McGraw-Hill, 1971), 106.

moderna. De acordo com esta visão positivista da história, Bruno não foi um mártir da ciência porque não era cientista![5] Além disto, na medida em que as ideias cosmológicas que Bruno professava eram heréticas por natureza, e Bruno era um padre apóstata e membro de uma ordem monástica e, portanto, formalmente sob jurisdição legal da Igreja Católica, a Inquisição estava dentro de seus direitos legais de processá-lo. De acordo com Angelo Mercati, que descobriu e publicou o documento sumário relativo ao julgamento e condenação de Bruno pela Inquisição Romana, os crimes de Bruno eram claramente de natureza religiosa, independentemente de suas visões da estrutura física do cosmos.[6]

Apesar da avaliação definitiva de Mercati em relação à evidência documental disponível, que tem sido criticada recentemente como tendenciosa, a associação da cosmologia de Bruno com sua condenação e execução permanece forte, tanto em artigos acadêmicos quanto em tratamentos populares da história do pensamento científico.[7] William Bynum, por exemplo, é cuidadoso ao notar os procedimentos eclesiásticos legais contra Bruno em acusações de heresia, mas os liga à sua cosmologia por justaposição:

> Tanto a influência do neoplatonismo durante a Renascença quanto as descobertas astronômicas durante a revolução científica levantaram a possibilidade conceitual e física de que uma variedade infinita de seres requererem espaço infinito para existirem, que a Terra é apenas um de um grande número de planetas habitados ... tal noção obcecou o cientista místico e mártir Giordano Bruno (1548-1600), que morreu na estaca (apesar de mais provavelmente por seu interesse em

---

[5] Consultar, por exemplo, W. P. D. Wightman, *Science in a Renaissance Society* (Londres: Hutchinson, 1972), 127-28.

[6] Esta é a visão de Angelo Mercati, *II Sommario dei Processo di Giordano Bruno, con Appendice di Documenti sull' Eresia e l' Inquisizione a Modena nel Secolo XVI* (Cidade do Vaticano: Biblioteca Apostolica Vaticana, 1942), resumido por Frances Yates, *Giordano Bruno and the Hermetic Tradition* (Chicago: University of Chicago Press, 1964), 354. Esta visão ainda é mantida por Richard Olson, *Science and Religion 1450-1900: From Copernicus to Darwin* (Westport, Conn.: Greenwood Press, 2004), 58.

[7] Ramon G. Mendoza, *The Acentric Labyrinth: Giordano Bruno's Prelude to Contemporary Cosmology* (Shaftesbury, Dorset: Element Books, 1995), 52-53, identifica Mercati como membro da cúria papal que foi motivado a desclassificar o documento sumário por seu desejo de "exonerar o papa e a Inquisição Romana pela culpa no julgamento e execução de Giordano Bruno".

magia e não sua devoção à plenitude). *Não obstante, o destino de Bruno realça o fato de que ideias de pluralidade dos mundos eram difíceis de conciliar com a descrição bíblica do homem no cosmos e com a Queda e Encarnação única de Jesus.*[8]

A durabilidade da associação de Bruno, o Herege, com a inevitável colisão entre a autoridade da teologia cristã dogmática e a liberdade do pensamento científico é clara já a partir da sobrecapa de um recente relato popular relativamente ficcional sobre a vida e morte incendiária de Bruno, escrito por Michael White: *O Papa e o Herege: Giordano Bruno, a verdadeira história do homem que desafiou a Inquisição* (2002). A declaração publicitária começando no interior da sobrecapa promete:

A atraente história de um dos filósofos naturais mais intrigantes, mas menos conhecidos da história – um padre dominicano do século 16 cujas teorias radicais influenciaram alguns dos maiores pensadores da ciência ocidental – e *o primeiro mártir mundial da ciência...* As tentativas da Inquisição de obliterar Bruno falharam, e sua filosofia e influência se espalharam: Galileu, Isaac Newton, Christian Huygens e Gottfried Leibniz, todos construíram sobre suas ideias... um mártir do pensamento livre.[9]

Mais uma vez vemos o raciocínio implícito: Bruno era um filósofo natural inovador; ele foi executado pela igreja por suas ideias, que eventualmente formaram a base da ciência moderna; portanto, a igreja o matou para limitar o desenvolvimento livre das ideias científicas. Como este excomungado monge e herege não arrependido que negava a doutrina da Santa Trindade – a chave da redenção e vida eterna segundo o ensino Católico – veio a ser "o primeiro mártir mundial da ciência"?

Parte da resposta a esta pergunta está nos objetivos da historiografia do século 19. Por diversos motivos, historiadores pós-iluministas buscaram

---

[8] William F. Bynum, "The Great Chain of Being", em *The History of Science and Religion in the Western Tradition: An Encyclopedia,* ed. Gary B. Ferngren (Nova York: Garland, 2000), 444-446, 445 (ênfase adicionada).

[9] White, *Pape and Heretic,* capa externa (ênfase adicionada).

exaltar Bruno como figura exemplar na luta pela liberdade de pensamento contra a autoridade confinadora do governo aristocrático apoiado pela ortodoxia religiosa. Ainda no século 18, autores colocaram a cosmologia de Bruno no desenvolvimento canônico do pensamento ocidental, e durante o curso do século 19 seu lugar na história da ciência foi assegurado por autores amplamente lidos como William Whewell, John Tyndall e Henry Fairfield Osborn.[10] No último quarto do século, este impulso de propaganda alimentou as ambições seculares e modernistas da unificação italiana, visivelmente evidente no esforço internacional bem-sucedido de levantar uma estátua para o mártir no local de sua combustão. Como rebelde contra a tirania do estado, Bruno foi figura recorrente durante as lutas contra o totalitarismo que marcaram muito do século 20 também.[11] Porém, os preconceitos e o oportunismo da historiografia não explicam o fato de que, já no século 17, Bruno havia se tornado um emblema pela liberdade da filosofia, especialmente a filosofia natural, incorporado na história da emergência da nova ciência pelas mesmas pessoas que realizaram a revolução científica.

O papel desproporcional de Galileu e o triunfo da cosmologia heliocêntrica, que possivelmente é a manifestação mais dramática e icônica da nova ciência, assegurou a posição de Bruno como visionário martirizado à frente do desafio de Galileu para libertar a filosofia das restrições da teologia dogmática na Itália católica. Volker Remmert persuasivamente afirmou que a tecnologia da produção de livros facilitou o que ele e William B. Ashwort descreveram como guerra ideológica sendo feita no frontispício[12] e nas ilus-

---

[10] Hilary Gatti, "The Natural Philosophy of Giordano Bruno", *Midwest Studies in Philosophy* 26 (2002): 111-23, e Karen Silvia de León-Jones, *Giordano Bruno and the Kabbalah: Prophets, Magicians, and Rabbis* (Lincoln: University of Nebraska Press, 1997), 2-5, mostram excelentes pesquisas do destino de Bruno na tradição filosófica europeia.

[11] A peça de Bertolt Brecht, *Galileo,* claramente identifica o astrônomo italiano como seguidor de uma verdade que foi calada pela censura do regime totalitário e Bruno como presságio. Consultar Bertolt Brecht, *Galileo,* ed. Eric Bentley, trad. Charles Laughton (Nova York: Grove Press, 1966), 62-63.

[12] Em livros mais antigos, o frontispício era a ilustração que estava de frente para a página título (normalmente à sua esquerda) ou, às vezes, no verso da página-título. Em geral, era uma imagem do autor ou uma ilustração importante para a compreensão do conteúdo da obra. [N. E.]

trações de página-título em tratados cosmológicos do século 17, que colocavam Galileu em seu próprio tempo como o "emblema definidor da Revolução Copernicana, se não de toda a Revolução Científica".[13]

De certa forma, então, foi Galileu que, por bem ou por mal, e aparentemente sem intenção, deu saliência a Bruno no registro histórico. Mas é a crítica de Johannes Kepler a Galileu por falhar em creditar seu colega herético como precursor na promoção da cosmologia copernicana que mais profundamente ilustra como os contemporâneos de Galileu já pensavam em Bruno como pensador científico, e não somente como herético religioso. Isto enfraquece a alegação de que a cosmologia de Bruno pode ser dispensada como murmúrios indisciplinados de um filósofo especulador que buscou suporte em uma forma de religião e foi devidamente perseguido por seus esforços.[14] À luz da percepção de Kepler sobre Bruno como participante legítimo na discussão natural-filosófica, entende-se por que historiadores da ciência o incluiriam na história da ciência e enquadrariam o conflito de Galileu com o cardeal Roberto Belarmino (que presidiu sobre a condenação de Bruno) em termos de "o fantasma de Giordano Bruno". Da mesma forma, a queima de Bruno se tornou exemplo da hostilidade da Inquisição com relação a alegações filosóficas com implicações teológicas sérias para as doutrinas católicas nucleares conforme definidas pelo Concílio de Trento.[15] Neste sentido, Mercati estava

---

[13] Volker R. Remmert, "'Docet parva pictura, quod multae scripturae non dicunt': Frontispieces, Their Functions, and Their Audiences in Seventeenth-Century Mathematical Sciences", em *Transmitting Knowledge: Words, Images, and Instruments in Early Modern Europe*, ed. Sachiko Kusukawa and Ian Maclean (Oxford: Oxford University Press, 2006), 239-70, esp. 250-56. *Insights* de Remmert constroem sobre o material apresentado por William B. Ashworth, Jr., em diversas palestras públicas e publicado em "Divine Reflections and Profane Refractions: Images of a Scientific Impasse in 17th-Century Italy", em *Gianlorenzo Bernini: New Aspects of His Art and Thought*, ed. Irving Lavin (University Park: Pennsylvania State University Press, 1985), 179-207; "Allegorical Astronomy: Baroque Scientists Encoded Their Most Dangerous Opinions in Art", *The Sciences* 25 (1985): 34-37; e um livro por vir, *Emblematic Imagery of the Scientific Revolution*.

[14] Sobre o comentário de Kepler, consultar Hilary Gatti, *Giordano Bruno and Renaissance Science* (Ithaca, N.Y.: Cornell University Press, 1999), 56.

[15] Ludovico Geymonat, *Galileo Galilei: A Biography and Inquiry into His Philosophy of Science*, trad. Stillman Drake (Nova York: McGraw Hill, 1965), 60. Consultar também Giorgio de Santillana, *The Crime of Galileo* (Chicago: University of Chicago Press, 1955), 26; e Howard Margolis, *It Started*

98   COLEÇÃO FÉ, CIÊNCIA & CULTURA

correto: a igreja estava dentro de seu direito legal de condenar Bruno por certas visões filosóficas, além das heresias teológicas mais óbvias como seu anti-trinitarianismo. Mas isto nos traz de volta à pergunta original: Giordano Bruno foi queimado vivo por sua aceitação do copernicanismo e defesa de um universo infinito?

Esta questão tem duas partes, e fica claro que a resposta à primeira parte é "não". A Igreja Católica não impôs controle de pensamento a astrônomos, e até Galileu estava livre para acreditar no que quisesse com relação à posição e mobilidade da Terra, desde que não *ensinasse* a hipótese copernicana *como uma verdade* sobre a qual a Escritura Sagrada não tem influência. Porém, a segunda parte desta questão é obscurecida pela documentação sobrevivente do julgamento de Bruno, os questionamentos tanto da Inquisição Veneziana e Romana, que revelam uma preocupação persistente por parte dos interrogadores de Bruno com sua ideia de que poderiam existir inúmeros mundos habitados como a Terra, em um universo infinito criado pelos poderes e escopo infinitos de Deus. Como uma trivialidade da especulação filosófica, a pluralidade dos mundos tinha pouca consequência para teólogos pós-Trento; como uma verdade, porém, comprometeria o ensino central da fé cristã. De acordo com a teologia bíblica, humanos são criações únicas, feitos à imagem de Deus e colocados na Terra que foi criada *ex nihilo* [a partir do nada]. Além disto, o Novo Testamento ensina que Cristo ofereceu redenção aos seres humanos pelo pecado original de Adão; se Bruno estava certo e havia outros mundos, o espectro de outras criações com outros Adãos e seres humanos afetaria a singularidade da salvação humana e a esperança da ressureição e vida eterna sobre a qual a fé cristã se fundamentava. Se as insistentes questões sobre as propostas cosmológicas de Bruno fizeram parte da deliberação final e de sua sentença como herético, jamais saberemos, exceto se os registros reais dos últimos meses de Bruno, que parecem ter desaparecido após a falha de Napoleão em conquistar a Europa, forem porventura descobertos. Porém,

---

with Copernicus: How Turning the World Inside Out Led to the Scientific Revolution (Nova York: McGraw Hill, 2002), 149. A noção do "fantasma" de Bruno é manifesto no título do artigo popular de ciência por Lawrence S. Lerner e Edward A. Gosselin, "Galileo and the Specter of Giordano Bruno", *Scientific American* 255, no. 5 (1986): 126-33.

permanece o fato de que questões cosmológicas, especialmente a pluralidade dos mundos, foram uma preocupação identificável em todo o tempo, e aparecem no documento sumário: Bruno foi repetidamente questionado sobre estes assuntos, e aparentemente se recusou a negá-los no fim.[16] Assim, Bruno provavelmente foi queimado vivo por firmemente manter uma série de heresias, entre as quais seu ensino sobre a pluralidade dos mundos era proeminente, mas não singular. Mas seria esta, então, uma questão científica – uma questão para filósofos – ou uma doutrina religiosa que constituía uma séria quebra à carta de revelação da Escritura, disciplina da igreja, e séculos de tradição Católica?

Historiadores atuais olham com relativo desdém para os esforços dos séculos 19 e 20 de construir o passado em termos de categorias modernas rigidamente definidas, como as que distinguiriam as especulações científicas de Bruno de sua concepção de verdades religiosas. Precisamos olhar além da construção do mito de Giordano Bruno como *topos* [convenção] moralista na triunfante luta entre a liberdade de investigação científica e as amarras da conformidade à letra morta da revelação religiosa. Precisamos examinar os próprios contextos do personagem para encontrar pistas que nos apontem significados e categorias que expliquem sua história. No tempo de Bruno, inclusive em seus próprios escritos, teologia e filosofia eram em igual parte inseparáveis. Ele declarou isso de forma sucinta na carta de prefácio dedicando *Cabala do cavalo Pégaso* (1585) ao fictício bispo de Casamarciano: "Não sei se é um teólogo, filósofo ou cabalista – mas sei com certeza que é todos... E portanto, aqui está – cabala, teologia e filosofia; digo, a cabala da filosofia teológica, a filosofia da teologia cabalística, a teologia da cabala filosófica".[17] Claramente Bruno via seu trabalho como os três, e incompleto se visto como apenas um deles; ele escreveu como filó-

---

[16] O documento sumário do julgamento de Bruno perante a Inquisição Romana *(Sommario dei processo,* Roma, 1 de março de 1598) é impresso como documento 51 no livro de Luigi Firpo, *Il Processo di Giordano Bruno* (Roma: Salerno Editrice, 1993), 247-304.

[17] Giordano Bruno, *The Cabala of Pegasus,* trad. Sidney L. Sondergard e Madison U. Sowell (New Haven, Conn.: Yale University Press, 2002), 6.

sofo mas se via como professor da Teologia Sagrada.[18] O resultado disto, como mencionou Marcati, é que "a igreja poderia intervir, era inevitável que interviesse, e realmente interveio" – e, fazendo isto, enviou um aviso claro aos que usariam a filosofia natural "pitagórica", o nome dado à hipótese heliocêntrica por alguns nos círculos da igreja, como arma contra a fé cristã aprovada.[19] A associação das ideias de Copérnico com a antiga cosmologia do fogo central de Pitágoras era mais do que uma rejeição do heliocentrismo antigo; era especialmente condenatório, visto que implicava outras heresias compartilhadas, como a crença pitagórica na transmigração de almas. Tais ensinos não seriam tolerados na Roma pós-Tridentina.

---

[18] Ibid., xviii: Bruno se identifica como *sacrae theologiae professor* quando se apresentando para a Academia em Genebra, em 1579.

[19] Este ponto de vista, crítico para a falha da historiografia positivista para entender a unidade do programa intelectual de Bruno, é claramente expresso por Gatti, "Natural Philosophy of Giordano Bruno", 118, e por De León-Jones, *Giordano Bruno and the Kabbalah*, 5. Consultar também Yates, *Giordano Bruno*, 366; e Dorothea Waley Singer, *Giordano Bruno: His Life and Thought, with Annotated Translation of His Work* On the Infinite Universe and Worlds (Nova York: Schuman, 1950), 165.

MITO 8

Que Galileu foi preso e torturado por defender o copernicanismo

Maurice A. Finocchiaro

O grande Galileu, aos oitenta anos, gemeu ao final de seus dias nas masmorras da Inquisição porque havia provado o movimento da Terra com provas irrefutáveis.

– Voltaire, "Descartes and Newton"
[Descartes e Newton] (1728)

O celebrado *Galileu* ... foi colocado na inquisição por seis anos, e torturado, por dizer que *a Terra se movia.*

– Giuseppe Baretti, *The Italian Library*
[A biblioteca italiana] (1757)

Dizer que Galileu foi torturado não é uma alegação imprudente, simplesmente repete o que a sentença diz. Especificar que ele foi torturado por sua intenção não é dedução arriscada, mas é, novamente, o relato do que o texto diz. Estas são observações – relatos, não intuições mágicas; fatos provados, não introspecções cabalísticas.

– Italo Mereu, *History of Intolerance in Europe*
[História da intolerância na Europa] (1979)

N os primeiros anos do século 17 o matemático e filósofo natural Galileu Galilei (1564-1642) abertamente advogou a teoria do movimento da Terra tal como elaborado no livro de Nicolau Copérnico *Das revoluções das esferas celestes* (1543). Como resultado, foi perseguido, julgado e condenado pela Igreja Católica. Ele passou os últimos nove anos de sua vida em prisão domiciliar em sua vila próxima a Florença. Mas acaso foi ele aprisionado e torturado como os autores acima, e inúmeros outros, alegam?[1]

---

[1] Para outras declarações da tese de prisão, consultar Luc Holste para Nicolas de Peiresc (7 de março [i.e., maio] de 1633), em Galileo Galilei, *Opere*, ed. A. Favaro et al., 20 vols. (Florença: Barbera, 1890-1909), 15:62; John Milton, *Areopagitica* (Londres, 1644), 24; Domenico Bernini, *Historia di tutte l'heresie*, 4 vols. (Roma, 1709), 4:615; Louis Moreri, *Le grand dictionnaire historique*, 5 vols. (Paris, 1718), 1:196; Jean B. Delambre, *Histoire de l'astronomie moderne*, 2 vols. (Paris, 1821), 1:671; John William Draper, *History of the Conflict between Religion and Science* (Nova York: D. Appleton, 1874), 171-72; E. H. Haeckel, *Gesammelte populare Vortriige aus dem Gebiete der Entwicklungslehre* (Bonn, 1878-1879), 33; Andrew D. White, *A History of the Warfare of Science with Theology in Christendom*, 2 vols. (Nova York, 1896), 2:142; e Bertrand Russell, *Religion and Science* (Oxford: Oxford University Press, 1935), 40. Sobre a tese de tortura, consultar também Paolo Frisi, *Elogio dei Galileo* (Milão, 1775), em *Elogi: Galilei, Newton, D'Alembert*, ed. Paolo Casini (Roma: Theoria, 1985), 71; Giovanni B. C. Nelli, *Vita e commercio letterario di Galileo Galilei*, 2 vols. (Lausanne [i.e., Florença], 1793), 2:542-54; Guglielmo Libri, *Essai sur la vie et les travaux de Galilée* (Paris, 1841), 34-37; Silvestro Gherardi, *II processo di Galileo riveduto sopra documenti di nuova fonte* (Florence, 1870), 52-54; Emil Wohlwill, *Ist Galilei gefoltert worden?* (Leipzig, 1877); J. A. Scartazzini, "II

Galileu não começou a defender o copernicanismo até 1609. Antes disto, ele tinha familiaridade com o trabalho de Copérnico e apreciava que ele continha um argumento novo e significativo para o movimento da Terra. Galileu estava trabalhando em uma nova teoria do movimento e havia intuído que a teoria de Copérnico era mais consistente com a nova física que a teoria geostática. Mas ele não havia publicado ou articulado esta intuição. Além disto, ele era profundamente consciente da considerável evidência contra Copérnico, vindo da experiência sensorial direta, observação astronômica, da física tradicional e de passagens das Escrituras. Por isso, ele julgava que argumentos contra Copérnico em muito superavam os pró-Copérnico.

Em 1609, contudo, ele aperfeiçoou o recém-inventado telescópio, e nos anos seguintes, através dele, fez algumas descobertas surpreendentes: montanhas na Lua, inúmeras estrelas além das visíveis a olho nu, coleções densas de estrelas nas nebulosas e na Via Láctea, quatro satélites ao redor de Júpiter, as fases de Vênus, e manchas solares. Ele as descreveu no *Mensageiro sideral* (1610) e *Sunspots Letters* [Cartas das manchas solares] (1613).

À medida que Galileu começou a demonstrar que as novas evidências telescópicas tornavam o copernicanismo um forte candidato para ser considerado não apenas um modelo, mas a verdade física real, ele enfrentou crescentes ataques por parte de filósofos e clérigos conservadores. Estes argumentavam que ele era herético porque acreditava no movimento da Terra, e o movimento da Terra contradizia as Escrituras. Galileu sentia que não podia ficar calado e decidiu refutar os argumentos bíblicos contra o copernicanismo. Ele escreveu esta crítica em forma de longas cartas particulares, primeiro para seu discípulo Benedetto Castelli em dezembro de 1613, e depois para a grã-duquesa viúva Christina, na primavera de 1615.

A carta de Galileu para Castelli provocou ainda mais os conservadores, e em fevereiro de 1615 um frade dominicano apresentou uma reclamação

---

processo di Galileo Galilei e la moderna critica tedesca", *Rivista europea* 4 (1877): 821-61, 5 (1878): 1-15, 5 (1878): 221-49, 6 (1878): 401-23, e 18 (1878): 417-53; e Enrico Genovesi, *Processi contra Galileo* (Milão: Ceschina, 1966), 232-82.

escrita contra Galileu para a Inquisição em Roma. A investigação resultante durou cerca de um ano. Galileu não foi pessoalmente chamado para Roma, em parte porque a testemunha principal o exonerou, em parte porque as cartas críticas não haviam sido publicadas, e em parte porque suas publicações não tinham nem a afirmação categórica da verdade do copernicanismo nem a negação da autoridade científica das Escrituras.

Em dezembro de 1615, porém, Galileu foi a Roma por livre escolha para defender a teoria copernicana. Apesar de ganhar os argumentos intelectuais, seu esforço prático falhou. Em fevereiro de 1616, o cardeal Roberto Belarmino (em nome da Inquisição) deu uma advertência particular a Galileu proibindo-o de sustentar publicamente ou defender a visão de que a Terra se movia. Galileu concordou. Em março, o *Index de Livros Proibidos* (o departamento responsável por censura de livros) publicou um decreto, sem mencionar Galileu, que declarou que o movimento da Terra era fisicamente falso e que contradizia a Escritura, e que o livro de Copérnico estava banido até que fosse revisado.

Até 1623, quando o cardeal Maffeo Barberini se tornou o Papa Urbano VIII, Galileu se manteve em silêncio sobre o assunto proibido. Como Barberini era um antigo admirador, Galileu se sentiu mais livre e decidiu escrever um livro para defender o copernicanismo indiretamente e implicitamente. Assim, ele escreveu um diálogo com três personagens envolvidos em uma discussão dos aspectos cosmológicos, astronômicos, físicos e filosóficos do copernicanismo, mas evitando os bíblicos ou teológicos. Publicado em 1632, o *Diálogo* mostrou que os argumentos favorecendo o movimento da Terra eram mais fortes que os favorecendo a visão geostática. Galileu aparentemente sentia que o livro não "adotava" a teoria do movimento da Terra porque não estava afirmando que os argumentos favoráveis eram conclusivos; não estava "defendendo" sua teoria porque era um exame crítico com argumentos de ambos os lados.

Ainda assim, os inimigos de Galileu reclamaram que o livro defendia o movimento da Terra e, portanto, violava o aviso de Belarmino e o decreto do Index. Uma nova acusação também surgiu: que o livro violava uma ordem especial dada pessoalmente a Galileu em 1616, proibindo-o de discutir sobre movimentos da Terra da maneira que fosse. Tal documento havia sido descoberto no arquivo dos processos anteriores. Assim, ele foi convocado até Roma para julgamento, que começou em abril de 1633.

Na primeira audiência Galileu admitiu ter recebido o aviso de Belarmino de que o movimento da Terra não poderia ser adotado ou defendido, mas ele negou ter recebido ordem especial para não discutir o tópico de maneira nenhuma. Em sua defesa ele apresentou o certificado recebido de Belarmino em 1616, que mencionava apenas a proibição de adotar ou defender tal posição. Galileu também alegou que o *Diálogo* não defendia o movimento da Terra; em vez disso, mostrava que os argumentos favoráveis não eram conclusivos e, portanto, não violavam o aviso de Belarmino.

À luz do certificado de Belarmino e de diversas irregularidades com a ordem especial, os oficiais da Inquisição tentaram um acordo extrajudicial: prometeram não continuar com a acusação mais séria (violação da ordem especial) se Galileu se declarasse culpado por uma acusação menor (a transgressão do aviso de não defender o copernicanismo). Galileu concordou e, em audiências subsequentes (30 de abril e 10 de maio), ele admitiu que o livro foi escrito de tal forma a dar aos leitores a impressão de defender o movimento da Terra. Porém, ele negou que esta era sua intenção e atribuiu este erro à presunção.

O julgamento terminou em 22 de junho de 1633, com uma sentença mais dura do que Galileu havia sido levado a esperar. O veredito o condenou por uma categoria de heresia intermediária, entre a mais e a menos séria, chamada "veemente suspeita de heresia". As crenças censuráveis foram a tese astronômica de que a Terra se move e o princípio metodológico de que a Bíblia não é autoridade científica. Ele foi forçado a recitar uma humilhante "abjuração" retirando estas crenças. Mas o *Diálogo* foi banido.[2]

---

[2] A recontagem simplificada do julgamento de Galileu dado nos parágrafos anteriores é destilado dos seguintes trabalhos padrão: Giorgio de Santillana, *The Crime of Galileo* (Chicago: University of Chicago Press, 1955); Stillman Drake, *Galileo at Work* (Chicago: University of Chicago Press, 1978); Maurice A. Finocchiaro, *Galileo and the Art of Reasoning* (Boston: Dordrecht, 1980); Maurice A. Finocchiaro, trad. e ed., *The Galileo Affair: A Documentary History* (Berkeley: University of California Press, 1989); Mario Biagioli, *Galileo, Courtier* (Chicago: University of Chicago

106 COLEÇÃO FÉ, CIÊNCIA & CULTURA

O longo documento de sentença também relatou os procedimentos desde 1613, resumindo as acusações de 1633, e registrou a defesa e confissão de Galileu. Além disto, forneceu dois outros detalhes importantes. O primeiro descreveu uma pergunta: "Visto que não achamos que toda a verdade foi dita sobre sua intenção, acreditamos ser necessário ir ao seu encontro com um exame rigoroso. Aqui você respondeu de forma Católica, embora sem prejuízo às coisas anteriormente mencionadas confessadas por você e deduzidas contra você sobre sua intenção". A segunda impôs uma penalidade adicional: "Te condenamos ao aprisionamento formal neste Santo Ofício à nossa disposição".[3]

O texto da sentença da Inquisição e a abjuração de Galileu foram os únicos documentos do julgamento divulgados na época. Na realidade, a Inquisição mandou cópias para todos os inquisidores provinciais e núncios papais, solicitando que disseminassem a informação. Portanto, a notícia do destino de Galileu circulou amplamente em livros, jornais, e panfletos. Esta publicidade sem precedentes resultou das ordens expressas do Papa Urbano, que queria que o caso de Galileu servisse como lição negativa para todos os católicos, e para fortalecer sua imagem como intransigente defensor da fé.[4]

A cláusula de prisão na sentença claramente estipulava que Galileu deveria ser preso na prisão do palácio da Inquisição em Roma por período indefinido, pelo tempo desejado pelas autoridades. Qualquer um lendo ou ouvindo esta sentença naturalmente presumiria que a Inquisição aplicou a sentença dada.

Press, 1993); Rivka Feldhay, *Galileo and the Church* (Cambridge: Cambridge University Press, 1995); Massimo Bucciantini, *Contra Galileo* (Florença: Olschki, 1995); Francesco Beretta, *Galilée devant le Tribunal de l'Inquisition* (dissertação de doutorado, Faculdade de Teologia, University of Fribourg, Suíça, 1998); Annibale Fantoli, *Galileo: For Copernicanism and for the Church*, trad. George V. Coyne, 3a ed. (Vatican City: Vatican Observatory Publications, 2003); William R. Shea e Mariano Artigas, *Galileo in Rome* (Oxford: Oxford University Press, 2003); Michele Camerota, *Galileo Galilei e la cultura scientifica nell'età della Controriforma* (Roma: Salerno Editrice, 2004); Ernan McMullin, ed., *The Church and Galileo* (Notre Dame, Ind.: University of Notre Dame Press, 2005); Mario Biagioli, *Galileo's Instruments of Credit* (Chicago: University of Chicago Press, 2006); Richard J. Blackwell, *Behind the Scenes at Galileo's Trial* (Notre Dame, Ind.: University of Notre Dame Press, 2006); Antonio Beltrán Marí, *Talento y poder: Historia de las relaciones entre Galileo y la Iglesia católica* (Pamplona: Laetoli, 2006).

[3] Citado de Finocchiaro, *Galileo Affair*, 290, 291; consultar também Galilei, *Opere*, 19:405, 406.

[4] Galilei, *Opere*, 15:169, 19:411-15; Maurice A. Finocchiaro, *Retrying Galileo, 1613-1992* (Berkeley: University of California Press, 2005), 26-42.

Apesar da sentença não usar a palavra *tortura*, houve menção de um "exame rigoroso", um termo técnico com a conotação de tortura. Além disto, a passagem dá motivos do por que os juízes decidiram sujeitar Galileu a um exame rigoroso: após as diversas interrogações, incluindo sua confissão (de defender o copernicanismo), eles tinham dúvidas se a transgressão havia sido intencional (tornando o crime mais grave) ou acidental (como dizia ele). Na prática da Inquisição (além dos tribunais leigos) tais dúvidas justificavam a administração de tortura (para saná-las). A passagem informa aos leitores que Galileu passou pelo exame rigoroso quando declara que ele "respondeu de forma católica". Ou seja, Galileu respondeu como bom católico, que intencionalmente não faria algo proibido pela igreja. Finalmente, a passagem deixa claro, também de acordo com a prática da Inquisição, que a negação de Galileu quanto a má intenção (suas "respostas católicas") não diminuíam a outra evidência incriminatória vinda da confissão e de outras fontes (por exemplo, opiniões escritas por três consultores com relação ao *Diálogo*). Leitores da sentença, acostumados com a terminologia e prática legal, compreensivelmente concluíram que Galileu sofreu tortura nas mãos dos inquisidores.[5]

A impressão de que Galileu havia sido aprisionado e torturado se manteve plausível enquanto a principal evidência disponível sobre o julgamento de Galileu era advinda desses documentos, a sentença e a abjuração. A história permaneceu inalterada até que – cerca de 150 anos após a tese da prisão e cerca de 250 anos após a tese da tortura – documentos relevantes vieram à tona mostrando que Galileu não sofreu nenhuma delas.

As novas informações sobre o aprisionamento de Galileu vêm de uma correspondência de 1633, primariamente do embaixador toscano em Roma (Francesco Niccolini) para o secretário de estado toscano em Florença, e depois de e para o próprio Galileu. Os oficiais toscanos estavam

---

[5] Eliseo Masini, *Sacro arsenale overo prattica dell'officio della Santa Inquisitione* (Genoa, 1621), 121-51; Desiderio Scaglia, *Prattica per proceder nelle cause dei Santo Uffizio,* manuscrito não publicado, ca. 1615-1639 (?), agora disponível em Alfonso Mirto, "Un inedito dei Seicento sull'Inquisizione", *Nouvelles de la république des lettres,* 1986, no. 1, 99-138, na 133; Nicola Eymerich e Francisco Pena, *Directorium inquisitorum* (Roma, 1578), agora em *Le manuel des inquisiteurs,* ed. e trad. Louis Sala-Molins (Paris: Mouton, 1973), 158-64, 207- 12; Beretta, *Galilée devant le Tribunal de l'Inquisition,* 214-21.

108 COLEÇÃO FÉ, CIÊNCIA & CULTURA

especialmente interessados em Galileu porque ele havia sido designado como matemático chefe e filósofo para o grão-duque da Toscana, dedicou o *Diálogo* a ele, e com sucesso conseguiu sua ajuda para publicar o livro em Florença. Desse modo, o governo toscano tratava o julgamento como uma questão de estado, com Niccolini discutindo constantemente a situação diretamente com o papa, tanto em reuniões regulares quanto enviando relatos para Florença. Além disto, Galileu era amigo de Niccolini e de sua esposa.[6]

A correspondência de 1633, que veio à tona em 1774-1775, mostra que Galileu, respondendo à convocação da Inquisição, saiu de Florença dia 20 de janeiro e chegou a Roma dia 13 de fevereiro. A Inquisição permitiu que ele ficasse na embaixada toscana (que também era a residência de Niccolini) sob a condição que ficasse em isolamento até o início dos procedimentos. Em 12 de abril Galileu foi ao palácio da Inquisição para sua primeira interrogação. Ele ficou lá por dezoito dias enquanto passou por interrogações, mas foi colocado no apartamento de seis quartos do procurador junto com um servo, que o trazia duas refeições diárias da embaixada toscana. Em 30 de abril, após seu segundo depoimento ser gravado e assinado, Galileu voltou para a embaixada, onde ficou por 51 dias, interrompido por uma visita ao palácio da Inquisição em 10 de maio para um terceiro depoimento. Em uma segunda-feira, dia 20 de junho, ele foi convocado para aparecer ao tribunal no dia seguinte. Na terça-feira ele passou por exame rigoroso – e permaneceu no palácio da Inquisição até a noite de 24 de junho. Não é claro se foi mantido em cela de prisão ou se usou o apartamento do procurador. Em 22 de junho ele foi ao convento de Santa Maria sopra Minerva para a sentença e abjuração. Dois dias depois Galileu mudou do palácio da Inquisição para Villa Medici, em Roma, um

---

[6] Algumas cartas críticas publicadas em Florença em 1774, como relatado em Nelli, *Vita e commercio letterario di Galileo Galilei*, 2:537-38. Uma coleção mais ampla foi publicada em Angelo Fabroni, ed., *Lettere inedite di uomini illustri*, vol. 2 (Florença, 1775). Um bom e correto resumo desta evidência foi dado por Girolamo Tiraboschi, "Sulla condanna dei Galileo e dei sistema copernicano" (palestra lida na Accademia de' Dissonanti, Modena, 7 de março de 1793), em *Storia della letteratura italiana* (Roma, 1782-1797), 10:373-83, na 382, traduzida em Finocchiaro, *Retrying Galileo*, 171. A correspondência de 1633 agora pode ser encontrada em Galilei, *Opere*, vol. 15; os depoimentos do julgamento em 19:336-62. Traduções da correspondência mais importante e depoimentos são dados em Finocchiaro, *Galileo Affair*, 241-55, 256-87, respectivamente. Para a distinção entre a embaixada toscana (Palazzo Firenze) e Villa Mediei, consultar Shea e Artigas, *Galileo in Rome*, 30, 74, 106-7, 134-35, 179-80, 195.

suntuoso palácio que pertencia ao grão-duque da Toscana. No dia 30 de junho o papa deu permissão para Galileu viajar a Siena para viver em prisão domiciliar na residência do arcebispo, um bom amigo de Galileu. O arcebispo o recebeu por cinco meses. Em dezembro de 1633 Galileu voltou para sua vila em Arcetri, perto de Florença, onde permaneceu – exceto por um breve período em 1638, quando morou na cidade de Florença – em prisão domiciliar até sua morte em 1642.

Com a possível exceção de três dias (21-24 de junho de 1633), Galileu nunca foi aprisionado, nem durante o julgamento (como era o costume universal) ou após (como declarava a sentença). Até mesmo durante os três dias ele provavelmente ficou hospedado no apartamento do procurador, não em uma cela. A explicação para tal tratamento benigno sem precedentes não é inteiramente clara, mas inclui os seguintes fatores: a proteção de Medici, o *status* de celebridade de Galileu, e a atitude dúbia de amor e ódio do papa Urbano, seu antigo admirador.

A evidência mostrando que ele não esteve na prisão não diz nada sobre o sucesso de Galileu em evitar a tortura. A resolução desta questão teve de esperar até que os anais do julgamento fossem publicados e assimilados no final do século 19.[7] Dois documentos se mostraram cruciais.[8]

---

[7] Os procedimentos do julgamento foram publicados por Henri de L'Epinois, "Galilée: Son Proces, Sa Condamnation d'apres des Documents Inédits", *Revue des questions historiques*, ano 2, vol. 3 (1867): 68-171; Domenico Berti, *Il processo originale di Galileo Galilei pubblicato per la prima volta* (Roma, 1876); Karl von Gebler, *Die Acten des Galilei'schen Processes, nach der Vaticanischen Handschrift* (Stuttgart, 1877); Henri de L'Epinois, *Les pieces du proces de Galilée précédées d'un avant-propos* (Paris, 1877); Domenico Berti, *Il processo originale di Galileo Galilei: Nuova edizione accresciuta, corretta e preceduta da un'avvertenza* (Roma, 1878). Além dos proponentes da tese de tortura mencionados na nota 4, trabalhos essenciais sobre o processo de assimilação incluíram Marino Marini, *Galileo e l' In quisizione* (Roma, 1850), 54-68; Th. Henri Martin, *Galilée, les droits de la science et la méthode des sciences physiques* (Paris, 1868), 123-31; Sante Pieralisi, *Urbano VIII e Galileo Galilei* (Roma, 1875), 227-46; Berti, *Processo originale di Galileo* (1876), cv-cxvii; Henri de L'Epinois, *La question de Galilée* (Paris, 1878), 197-216; Karl von Gebler, *Galileo Galilei and the Roman Curia*, trad. Mrs. George Sturge (Londres, 1879), 252-63; Léon Garzend, "Si l'Inquisition avait, en principe, décidé de torturer Galilée?" *Revue pratique d'apologétique* 12 (1911): 22-38, 265-78; Léon Garzend, "Si Galilée pouvait, juridiquement, etre torturé", *Revue des questions his toriques* 90 (1911): 353-89, e 91 (1912): 36-67; e Orio Giacchi, "Considerazioni giuridiche sui due processi contro Galileo", em *Nel terzo centenario della morte di Galileo Galilei*, ed. Università Cattolica dei Sacro Cuore (Milão: Società Editrice "Vita e Pensiero", 1942), 383-406.

[8] O primeiro é citado de Finocchiaro, *Retrying Galileo*, 246; consultar também Galilei, *Opere*, 19:282-83; e Epinois, "Galilée: Son proces", 129, n. 4. O outro é de Finocchiaro, *Galileo Affair*, 287;

O primeiro foram as minutas das reuniões da Inquisição em 16 de junho de 1633, lideradas pelo papa. Após diversos relatos e opiniões serem ouvidas, e após considerável discussão:

> Sua Santidade decidiu que o mesmo Galileu deve ser interrogado mesmo com a ameaça de tortura; e se ele permanecer firme, após veemente abjuração em uma reunião plenária do Santo Ofício, deve ser condenado à prisão à disposição da Congregação Sagrada, e deve ser ordenado que no futuro não deve tratar, de nenhuma forma (escrita ou oralmente) do movimento da Terra ou estabilidade do Sol, nem o oposto, sob pena de relapso; e que o livro escrito por ele intitulado *Dialogo di Galileu Galilei Linceo* deve ser proibido.

Essa prévia da sentença real menciona um procedimento novo: interrogação sob ameaça de tortura. As minutas da interrogação com data de 21 de junho, assinadas por Galileu, revelam que o comissário lhe perguntou diversas vezes se ele defendia a teoria de Copérnico sobre o movimento da Terra; todas as vezes Galileu negou tê-lo feito após a condenação desta doutrina, em 1616. O diálogo entre Galileu e seus inquisidores vale a citação completa:

> P: Tendo ouvido do livro em si e dos motivos colocados pelo lado afirmativo nominalmente que a Terra se move e o Sol é estático, é presumido, como foi colocado, que ele mantém a opinião de Copérnico, ou pelo menos que a mantinha naquele tempo, portanto, foi dito a ele que, exceto se decidisse proferir a verdade, ter-se-ia recurso para as remediações da lei e passos apropriados contra ele.
>
> R: Eu não mantenho esta opinião de Copérnico, e não a mantive desde a ordem de abandoná-la. Quanto ao resto, estou em suas mãos, façam como desejar.
>
> P: Foi solicitado que ele dissesse a verdade, ou teriam de apelar à tortura.
>
> R: Estou aqui para obedecer, mas não mantive esta opinião após a ordem ter sido dada, como mencionei.

---

consultar também Galilei, *Opere*, 19:362.

TERRA PLANA, GALILEU NA PRISÃO E OUTROS MITOS SOBRE CIÊNCIA E RELIGIÃO

Como nada mais poderia ser feito para a execução da decisão, após ter assinado ele foi enviado para seu lugar.
Eu, Galileu Galilei, testemunhei conforme acima.

Este depoimento não deixa dúvida que Galileu foi *ameaçado* com tortura na interrogação de 21 de junho, mas não há evidência de que *de fato* foi torturado, ou que seus acusadores planejassem torturá-lo. Aparentemente o "exame rigoroso" mencionado na sentença significava interrogação com a ameaça de tortura, e não interrogação sob tortura.

A tortura mais comum e relevante em Roma na época era a "tortura da corda". Esta consistia em amarrar os pulsos da vítima nas costas, e então amarrar os pulsos unidos ao final de uma longa corda que passava por uma polia pendurada do teto. O executor segurava a ponta da corda de forma que a vítima pudesse ser levantada do chão e pendurada por diferentes períodos de tempo (uma regra padrão estipulava o máximo de uma hora). Para aumentar a tensão, pesos de diversos tamanhos poderiam ser anexados aos pés das vítimas. Em outros casos, a vítima era solta de diversas alturas, quase chegando ao chão; quanto maior a queda, maior a dor nos braços e articulações da vítima (na realidade, valores numéricos da distância da queda forneciam uma medida quantitativa da severidade da tortura).[9]

Devido à severidade da tortura da corda, podemos ter uma razoável certeza de que Galileu não foi torturado desta forma. Dada à sua idade avançada de 69 anos e sua fragilidade, ele teria sofrido danos permanentes nos braços e ombros, mas não há evidência disto. Ademais, se houvesse sido torturado, teria acontecido dia 21 de junho, não o permitindo estar em condições de participar da sentença e recitar a abjuração no dia 22. Além disto, as normas da Inquisição requeriam que a sessão de tortura, incluindo os gemidos e gritos da vítima, fossem registrados, mas os anais não contêm tais minutas. Normas da Inquisição também estipulavam que confissões obtidas sob tortura fossem ratificadas 24 horas depois, fora da sala de tortura, mas

---

[9]   Consultar Scaglia, *Prattica per proceder nelle cause dei Santo Uffizio,* 133; Genovesi, *Processi contra Galileo,* 79-81; Mereu, *Storia dell'intolleranza in Europa,* 226-27; Beretta, *Galilée devant le Tribunal,* 216; e Beltrán Marí, *Talento y poder,* 797.

não há registros de ratificação. E antes de o réu ser torturado, era necessário um voto formal por parte dos consultores da Inquisição para recomendá-la, além de um decreto assim o afirmando pelos inquisidores; mas nenhum registro indica que estes passos foram realizados no caso de Galileu.[10]

Além disso, autoridades da Inquisição em Roma raramente praticavam a tortura, o que reduz ainda mais a probabilidade de que Galileu tenha sofrido tal punição. Normas da Inquisição isentavam idosos ou doentes (além de crianças e mulheres gestantes) da tortura, e Galileu não somente era idoso, mas sofria de artrite e hérnia. As normas também poupavam os clérigos, e sabemos que Galileu havia recebido a tonsura clerical (um corte de cabelo cerimonial dado a homens que eram introduzidos ao clero) em 4 de abril de 1631, para se beneficiar de pensão eclesiástica. Por motivos que facilmente podem ser deduzidos, as normas para tortura estipulavam que réus não poderiam ser torturados a menos que dez horas houvessem passado desde sua última refeição; mas o andamento que conhecemos do julgamento não teve um intervalo desta extensão. Finalmente, outra regra dizia que réus não poderiam ser torturados durante a investigação de um suposto crime, exceto se a transgressão fosse séria a ponto de requerer punição corporal. Os supostos crimes de Galileu não chegavam à heresia formal, que teria justificado punição corporal; portanto, seria inapropriado torturá-lo.[11]

É claro que todas as normas e práticas citadas acima estavam sujeitas a exceções. Por exemplo, apesar de idosos não poderem ser sujeitos à tortura por corda, poderiam ser sujeitos à tortura de fogo nos pés. Apesar de clérigos não poderem ser torturados por leigos, poderiam ser torturados por outros clérigos. Além disto, muitas vezes as regras eram abusadas ou desrespeitadas por oficiais agindo por conta própria.[12] Ademais, diversos passos intermediários existiam entre os dois extremos de ameaça durante

---

[10] Consultar Masini, *Sacro arsenale*, 120-51; Berti, *Processo originale di Galileo*, cv-cxvii; Gebler, *Galileo Galilei and the Roman Curia*, 256-57; e Beretta, *Galilée devant le Tribunal*, 214-21.

[11] Consultar especialmente Garzend, "Si Galilée pouvait, juridiquement, etre torturé", citando uma impressionante variedade de tratados sobre a lei canônica, lei civil e prática da inquisição do tempo de Galileu. Para a tonsura clerical de Galileu, consultar Galilei, *Opere*, 19:579-80.

[12] Sobre os abusos do sistema que ocorreram em 1604 nas investigações padovanas da Inquisição de Galileu e Cesare Cremonini, consultar Beltrán Marí, *Talento y poder*, 25-45.

a interrogação fora da sala de tortura e a tortura real, com a imposição de dor física na sala de tortura – desde mostrar ao réu os instrumentos de tortura, despir a vítima e amarrá-la aos instrumentos em preparação, e assim por diante. O termo *territio realis* (significando "intimidação real", distinto do termo *territio varbalis*, ou "ameaça verbal") era usado para se referir a estes passos intermediários. Alguns estudiosos especulam que Galileu foi sujeito a *territio realis*. Esta versão da tese da tortura não é incompatível com as ordens papais de 16 de junho ou com o fato de Galileu não ter mostrado sinais de deslocamento do ombro após 21 de junho, que ele tinha força física suficiente para estar na sentença e abjuração em 22 de junho, que não houve ratificação da confissão sob tortura, e que não houve voto dos consultores ou declaração dos inquisidores para tortura. Porém, é inconsistente com o depoimento de 21 de junho, que não contém descrição destes passos intermediários. Consequentemente esta visão da tese de tortura pressupõe a inautenticidade daquele depoimento.[13]

Alguém ainda poderia objetar que, mesmo que Galileu não tenha sido torturado fisicamente, o tratamento que ele recebeu pode ser visto como tortura moral (ou psicológica) – vide as ameaças que ele recebeu no último julgamento e a sua condenação de prisão domiciliar perpétua. De fato, desde meados do século 19 diversos autores têm defendido a tese da tortura moral.[14] Entretanto, esse argumento de tortura moral coloca o termo "tortura" num jogo semântico muito escorregadio, sem nenhuma conclusão evidente.

---

[13] Sobre graus de tortura, consultar Masini, *Sacro arsenale,* 120-51; Philippus van Limborch, *Historia Inquisitionis* (Amsterdã, 1692), 322; Scartazzini, "II processo di Galileo Galilei", 6:403-4; Gebler, *Galileo Galilei and the Roman Curia,* 256, n. 2; Genovesi, *Processi contra Galileo,* 252- 55; Eymerich and Peiia, *Le manuel des inquisiteurs,* 209; e as fontes originais às quais a maioria destes autores se refere: Paolo Grillandi, *Tractatus de questionibus et tortura* (1536), questão 4, número 11; e Julius Clarus, *Practica criminalis* (Veneza, 1640), questão 64. Para suporte da tese de *territio-realis,* consultar Wohlwill, *1st Galilei gefoltert worden?* 25-28. Para críca, consultar Gebler, *Galileo Galilei and the Roman Curia,* 254- 56; e Finocchiaro, *Retrying Galileo,* 252.

[14] Proponentes da tese de tortura moral incluem Jean Biot, *Mélanges scientifiques et littéraires,* 3 vols. (Paris, 1858), 3:42-43; Philarete Chasles, *Galileo Galilei: Sa vie, son proces et ses contemporaines* (Paris, 1862); Joseph L. Trouessart, *Galilée: Sa mission scientifique, sa vie et son proces* (Poitiers, 1865), 110. Para críticas à tese de tortura moral, consultar Pieralisi, *Urbano VIII e Galileo Galilei,* 242-46. Consultar também Finocchiaro, *Retrying Galileo,* 234, 236.

Em vista da evidência disponível, a posição mais sustentável é que Galileu foi interrogado sob ameaça de tortura, mas não sofreu tortura real, nem mesmo *territio realis*. Apesar de ter permanecido em prisão domiciliar durante o julgamento de 1633 e pelos nove anos subsequentes de sua vida, ele nunca foi para a prisão. Devemos lembrar, porém, que por 150 anos após o julgamento a evidência publicamente disponível indicava que ele havia sido torturado. Os mitos da tortura e aprisionamento de Galileu são mitos genuínos: ideias que são de fato falsas, mas um dia pareceram ser verdade – e continuam sendo aceitas como verdade por pessoas de pouca educação formal e acadêmicos descuidados.

MITO 9

Que o cristianismo deu à luz a ciência moderna

Noah J. Efron

A fé na possibilidade da ciência, gerada antes do desenvolvimento da teoria científica moderna, é um derivado inconsciente da teologia medieval.

– Alfred North Whitehead,
A ciência e o mundo moderno (1925)

O paradigma fundamental da ciência: seus invariáveis natimortos em todas as culturas antigas e seu único nascimento viável em uma Europa em que a fé cristã no Criador ajudou a formar.

– Stanley L. Jaki, *The Road of Science and the Ways to God*
[A trilha da ciência e os caminhos para Deus] (1978)

Pressuposições teológicas únicas ao cristianismo explicam o por quê a ciência nasceu apenas na Europa cristã. Contrárias ao conhecimento recebido, religião e ciência não somente eram compatíveis; eram inseparáveis... *a teologia cristã foi essencial para a ascensão da ciência.*

– Rodney Stark, *For the Glory of God*
[Para a glória de Deus] (2003)

Um newtoniano poderia dizer desta forma: para cada mito há um mito igual e oposto. Considere relatos populares da relação do cristianismo com a ciência. Todo mundo conhece o mito de que papas, bispos, padres, ministros religiosos e pastores viam como sagrado o dever de silenciar os cientistas, entravar suas investigações e abafar suas inovações. Recentemente uma nova recontagem da ligação entre o cristianismo e a ciência tem sido levantada, oposta à atitude da primeira, mas igualmente ousada e, no fim das contas, igualmente errônea. Nesta recontagem, não somente o cristianismo não anulou a ciência, mas ele, e somente ele, deu à luz a ciência moderna e a trouxe à maturidade. E o mundo é um lugar melhor por isto. Como o sociólogo da Universidade de Baylor Rodney Stark afirmou recentemente:

> O cristianismo criou a civilização ocidental. Se os seguidores de Jesus tivessem permanecido como uma obscura seita judaica, a maioria de vocês não teria aprendido a ler, e os outros estariam lendo de pergaminhos escritos à mão. Sem a teologia comprometida com a razão, com o progresso e com a igualdade moral, todo o mundo hoje estaria onde as sociedades não europeias estavam em, digamos, 1800: um mundo com muitos astrólogos e alquimistas, mas sem cientistas. Um mundo de déspotas, sem universidades, bancos, fábricas, óculos, chaminés e

pianos. Um mundo onde a maioria dos bebês não vive até os cinco anos, e muitas mulheres morrem no parto – um mundo vivendo verdadeiramente na "era das trevas".[1]

Na visão de Stark, chaminés e pianos, e mais ainda química e física, devem sua existência aos católicos e protestantes.

Sendo justo, a declaração de que o cristianismo levou à ciência moderna capta algo verdadeiro e importante. Gerações de historiadores e sociólogos têm descoberto muitas maneiras pelas quais cristãos, crenças cristãs e instituições cristãs tiveram papel fundamental na formação dos princípios, métodos e instituições do que com o tempo viria se tornar a ciência moderna.[2] Descobriram que algumas formas do cristianismo serviram de *motivação* para o estudo sistemático da natureza; o sociólogo Robert Merton, por exemplo, argumentou há mais de setenta anos que as crenças e práticas puritanas estimularam os britânicos do século 17 a abraçar a ciência.[3] Acadêmicos ainda debatem onde Merton acertou e onde errou, e desde então desenham um retrato muito mais detalhado da natureza variada do ímpeto religioso no estudo da natureza. Apesar de discordarem com relação a nuances, hoje praticamente todos os historiadores concordam que o cristianismo (tanto o catolicismo quanto o protestantismo) serviu de motor para que muitos intelectuais no início da modernidade estudassem a natureza de modo sistemático.[4] Historiadores também des-

---

[1] Stark, *Glory of God,* 233.

[2] Para uma excelente pesquisa das complicadas e variadas relações entre o cristianismo e a filosofia natural antes do iluminismo, consultar David C. Lindberg e Peter Harrison, "Science and the Christian Church: From the Advent of Christianity to 1700", em John Hedley Brooke e Ronald L. Numbers, eds., *Science and Religion around the World: Historical Perspectives* (Nova York: Oxford University Press).

[3] Robert King Merton, *Science, Technology and Society in Seventeenth Century England,* originalmente publicado no jornal *Osiris,* 4, pt. 2 (Bruges: St. Catherine Press, 1938): 360-632. Entre os estudos anteriores que Merton cita está Alphonse de Candolle, *Histoire des sciences et des savants depuis deux siecles: suivie d' autres études sur des sujets scientifiques en particulier sur la sélection dans l'espece humaine* (Geneve: H. Georg, 1873).

[4] Para uma discussão da teoria de Merton, consultar os ensaios em I. Bernard Cohen, K. E. Duffin e Stuart Strickland, *Puritanism and the Rise of Modem Science: The Merton Thesis* (New Brunswick, N.J.: Rutgers University Press, 1990).

cobriram que noções emprestadas da *doutrina* cristã encontraram espaço no discurso científico, com resultados gloriosos; alguns acadêmicos argumentam que a própria noção de que a natureza tem leis é emprestada da teologia cristã.[5] Convicções cristãs também afetaram como a natureza era estudada. Por exemplo, nos séculos 16 e 17, a noção de Agostinho sobre o pecado original (que advoga que a Queda de Adão deixou os seres humanos implacavelmente danificados) foi abraçada por defensores da "filosofia natural experimental". Em seu ponto de vista, seres humanos caídos não têm a graça necessária para entender como o mundo funciona apenas com raciocínio, requerendo, em seu estado desgraçado, experimentação e observação meticulosa para chegar ao conhecimento de como a natureza funciona (e mesmo assim nosso conhecimento jamais seria totalmente certo). Desta forma, a doutrina cristã foi fundamental para o desenvolvimento do método experimental.[6]

Historiadores também descobriram que mudanças nas abordagens cristãs de interpretação bíblica afetaram de forma crucial a forma como a natureza era estudada. Por exemplo, líderes da Reforma protestante criticavam leituras alegóricas das Escrituras, aconselhando suas congregações a ler as Sagradas Letras de forma literal. Esta abordagem à Bíblia fez com que alguns estudiosos mudassem a forma como estudavam a natureza, não mais buscando o sentido alegórico das plantas e animais, mas buscando o que viam como uma descrição mais direta do mundo material.[7] Além disto, muitos dos hoje considerados "ancestrais" da ciência moderna

---

[5] Declarações anteriores canônicas desta visão podem ser encontradas em M. B. Foster, "The Christian Doctrine of Creation and the Rise of Modem Natural Science", *Mind* 18 (1934): 446-68; e Francis Oakley, "Christian Theology and the Newtonian Science: The Rise of the Concept of Laws of Nature", *Church History* 30 (1961): 433-57. Para maravilhosas discussões mais recentes, consultar John Henry, "Metaphysics and the Origins of Modem Science: Descartes and the Importance of Laws of Nature", *Early Science and Medicine* 9 (2004): 73-114; e Peter Harrison, "The Development of the Concept of Laws of Nature", in *Creation: Law and Probability*, ed. Fraser Watts (Aldershot: Ashgate, 2007).

[6] Sobre esse tema, consultar Peter Harrison, *The Fall of Man and the Foundations of Science* (Cambridge: Cambridge University Press, 2008).

[7] Peter Harrison, *The Bible, Protestantism, and the Rise of Natural Science* (Cambridge: Cambridge University Press, 1998).

TERRA PLANA, GALILEU NA PRISÃO E OUTROS MITOS SOBRE CIÊNCIA E RELIGIÃO

encontraram legitimidade para suas buscas no cristianismo. René Descartes (1596-1650) se gabou de sua física dizendo: "minha nova filosofia está muito mais de acordo com todas as verdades da fé que a de Aristóteles".[8] Isaac Newton (1642-1727) acreditava que seu sistema restaurava a sabedoria divina original que Deus havia dado a Moisés e não tinha dúvida de que seu cristianismo fortalecia sua física – e que sua física reforçava seu cristianismo.[9] Por fim, historiadores têm observado que as igrejas cristãs foram as principais patrocinadoras da filosofia natural e da ciência durante um milênio crucial, apoiando a teorização, experimentação, observação, exploração, documentação e publicação.[10] Em algumas circunstâncias, isto foi feito de forma direta, em instituições da igreja como o renomado seminário jesuíta, o *Collegio Romano* e, em outras, de forma mais indireta, através de universidades apoiadas em parte ou totalmente pela igreja.

Por todos estes motivos, não se pode recontar a história da ciência moderna sem reconhecer a importância crucial do cristianismo. Mas isto não significa que o cristianismo e apenas o cristianismo produziu a ciência moderna, assim como a observação de que a arte moderna não pode ser recontada sem reconhecer Picasso não significa que Picasso criou a arte moderna. A história é simplesmente mais que isso.

Por um lado, ideias cristãs sobre a natureza não eram ideias exclusivamente *cristãs*. Especialmente nos primeiros séculos da história cristã, as visões e sensibilidades dos cristãos eram moldadas pela "tradição clássica", uma herança intelectual que incluía arte, retórica, história, poesia, matemática e filosofia, incluindo a filosofia da natureza. Esta tradição às vezes

---

[8] Descartes para William Boswell, 1646, *Oeuvres de Descartes,* ed. Charles Adam and P. Tannery, 11 vols. (Paris: Cerf, 1897-1913), 4:698.

[9] J. E. McGuire e P. M. Rattansi, "Newton and the 'Pipes of Pan,'" *Notes and Records of the Royal Society of London* 21 (1966): 108-43.

[10] John Heilbron recentemente argumentou que "a Igreja Católica Romana deu mais suporte financeiro e social para o estudo da astronomia ao longo de seis séculos, da recuperação do aprendizado antigo durante o fim da Idade Média à Iluminação, que qualquer outra, e provavelmente todas as outras instituições". Consultar Heilbron, *The Sun in the Church: Cathedrals as Solar Observatories* (Cambridge, Mass.: Harvard University Press, 1999), 3. Para contribuições jesuítas à ciência durante o século 17, consultar Mordechai Feingold, ed., *The New Science and Jesuit Science: Seventeenth-Century Perspectives* (Dordrecht: Kluwer, 2003).

poderia parecer tênue: muitos dos textos originais em grego foram perdidos, e apenas uma parte dos que permaneceram foram traduzidos para o latim, estando disponíveis para estudiosos cristãos (que foram paulatinamente deixando de aprender grego). Além disso, a tradição clássica, que era de origem pagã, foi uma questão sobre a qual os pais da igreja eram compreensivelmente ambivalentes. Ainda assim, a impressão das ideias gregas e romanas sobre os intelectuais cristãos permanecia vívida. Elas forneciam o ponto de partida para quase todos os estudos sobre a natureza até o início da era moderna.

Por muitos séculos, a filosofia de Aristóteles esteve profundamente entrelaçada no tecido da teologia cristã. Com o tempo, e especialmente durante a Renascença, filosofias platônicas e neoplatônicas vinham esporadicamente desafiar o aristotelismo em diversos domínios. Exatamente quais filósofos clássicos influenciaram quais intelectuais cristãos e de que forma é uma história de notável complexidade, variada demais para ser recontada neste curto capítulo.[11] Porém, o ponto geral é claro. A exclusão do papel dos filósofos clássicos em um relato da história da ciência moderna é um ato de apropriação intelectual de tremenda arrogância, uma com a qual os próprios pais da ciência moderna jamais teriam concordado. No século 16 a visão de Nicolau Copérnico (1473-1543) de que o Sol era o centro do universo foi muitas vezes chamada de "hipótese pitagórica", e Galileu Galilei (1564-1642) e Johannes Kepler (1571-1630) ambos traçaram as raízes de suas inovações a Platão. Estes homens e seus contemporâneos todos sabiam o que alguns hoje se esqueceram, que os astrônomos (e outros estudantes da natureza) cristãos têm uma enorme dívida com os seus antepassados gregos.

Esta não foi a única grande dívida dos filósofos da natureza cristãos. Eles também se beneficiaram diretamente e indiretamente dos filósofos da natureza muçulmanos e, em um grau menor, dos judeus, que usaram o

---

[11] Uma incrível descrição breve desta história é encontrada em David C. Lindberg, "The Medieval Church Encounters the Classical Tradition," em *When Science and Christianity Meet*, ed. David C. Lindberg e Ronald L. Numbers (Chicago: University of Chicago Press, 2003), 7-32.

TERRA PLANA, GALILEU NA PRISÃO E OUTROS MITOS SOBRE CIÊNCIA E RELIGIÃO 121

árabe para descrever suas investigações. Foi em terras muçulmanas que a filosofia natural recebeu mais cuidadosa atenção criativa do século 7 ao século 12.[12] Os motivos disto tiveram muita relação com o rápido avanço da civilização islâmica em vastos territórios em que outras culturas há muito haviam depositado raízes profundas. Em virtude apenas de sua geografia, o Islã se tornou o "ponto de encontro para tradições de pensamento grego, egípcio, indiano e persa, além da tecnologia da China".[13] Este foi um trunfo de valor incalculável. Por um lado, o conhecimento prático (por exemplo, de como produzir papel) se espalhou de cultura para cultura. Por outro, a multiplicidade de tradições intelectuais e culturais absorvidas pelo Islã foram sintetizadas de formas surpreendentes e criativas, dando à cultura islâmica uma riqueza e autoridade muito além do que se esperaria encontrar em uma civilização relativamente jovem. De fato, no início do século 9 um grande número de livros de filosofia e de filosofia natural gregos, indianos e persas haviam sido traduzidos para o árabe, e no ano 1000 a biblioteca de escritos antigos disponível em árabe era vastamente superior à disponível em latim ou qualquer outro idioma. Esta incluía muito da astronomia e matemática indiana (traduzida do sânscrito e pálavi), a maior parte do conjunto helenístico e muito da filosofia grega. Estas traduções foram de imenso valor para filósofos da natureza em gerações futuras, mas a real importância desse esforço intelectual na língua árabe foi muito maior do que apenas as traduções. Estudiosos muçulmanos adicionaram sofisticados comentários e glossários aos textos gregos, e escreveram textos originais que avançaram todo grande campo de investigação, como matemática, astronomia, óptica e, acima de todos, medicina. Eles desenvolveram elaborados instrumentos de observação, construíram (com o suporte dos califas) enormes observatórios, e coletaram volumes de observações que foram importantes para astrônomos durante muitos séculos.

---

[12] Para uma descrição mais rica, consultar o Mito 4 neste livro.
[13] Consultar também o Mito 4 neste livro.

Muitas destas conquistas muçulmanas foram, com o tempo, prontamente adotadas por filósofos da natureza cristãos. À medida que cristãos lentamente reconquistaram a maior parte da Espanha e Sicília dos governantes muçulmanos nos séculos 12 e 13, passaram a ter contato mais íntimo com o grande conjunto de textos, traduções e tratados originais em árabe, e descobriram também textos em grego que haviam se perdido para eles. Estudiosos cristãos, ocasionalmente ajudados por judeus, traduziram muitos destes textos para o latim, e este grande corpo de novos materiais para sempre alterou o curso da filosofia da natureza cristã.[14] Recentemente, historiadores têm defendido que a influência direta da filosofia natural islâmica sobre os cristãos continuou ininterruptamente até o início do período moderno. Apontando para o fato de que estudiosos cristãos renomados como o parisiense Guillaume Postel (1510-1581) leram e anotaram textos astronômicos avançados em árabe, levanta-se a hipótese de que o próprio Copérnico pode ter tomado emprestado sua astronomia revolucionária de um famoso astrônomo de Damasco chamado Ibn al-Shātir (c.1305-1375), que propôs um sistema similar gerações antes. "Com a Polônia, onde Copérnico nasceu, sendo tão perto dos limites do império Otomano naquele tempo, e com o livre fluxo de livros, comércio e estudiosos pelo mediterrâneo até as cidades italianas do Norte, onde Copérnico recebeu sua educação, devemos suspeitar que havia muitas pessoas como Postel que poderiam ter aconselhado ou até sido tutores de Copérnico sobre o conteúdo dos textos astronômicos árabes".[15] Historiadores podem até debater se Copérnico plagiou seu sistema centrado no Sol de um obscuro tratado muçulmano, mas eles concordam que o impacto do Islã sobre a filosofia da natureza cristã foi duradouro.

---

[14] Consultar Edward Grant, *A History of Natural Philosophy: From the Ancient World to the Nineteenth Century* (Cambridge: Cambridge University Press, 2007), 130-78.

[15] George Saliba, *Islamic Science and the Making of the European Renaissance* (Cambridge, Mass.: MIT Press, 2007), 221. Para outro esforço para se traçar ligações entre o islamismo da Idade Média tardia e a astronomia cristã moderna, consultar F. Jamil Ragep, "Ali Qushi and Regiomontanus: Eccentric Transformations and Copernican Revolutions", *Journal for the History of Astronomy* 36 (2005): 359-71. Consultar também a discussão sobre a função da óptica de Ibn al-Haytham sobre Kepler e Galileo em David J. Hess, *Science and Technology in a Multicultural World: The Cultural Politics of Facts and Artifacts* (Nova York: Columbia University Press, 1995), 66.

O antropólogo Clifford Geertz certa vez contou a história de um britânico na Índia que, "tendo ouvido que o mundo se assentava em uma plataforma que descansava sobre as costas de um elefante que, por sua vez, descansava nas costas de uma tartaruga, perguntou... sobre o que a tartaruga descansa? Outra tartaruga. E esta tartaruga? 'Ah, Sahib, após esta são tartarugas e mais tartarugas até lá embaixo'".[16] A ciência é um pouco assim. A ciência moderna (em parte, pelo menos) se assenta sobre filosofias da natureza do início da modernidade, da Renascença e medievais, e estas descansaram (em parte, pelo menos) sobre a filosofia natural árabe, que descansava (em parte, pelo menos) sobre textos gregos, egípcios, indianos, persas e chineses, e estes descansavam, por sua vez, sobre a sabedoria gerada por outras culturas anteriores. Um historiador chamou esta trança entremeada de linhagem "o diálogo de civilizações no nascimento da ciência moderna".[17] Reconhecer que a ciência moderna veio a partir do "dar e receber" entre diversas culturas com o passar dos séculos não desonra a função crucial daqueles protestantes e católicos do início da modernidade na formação dos moldes a partir dos quais a ciência moderna cresceu. Porém, ignorar este fato oculta algo de importância fundamental a respeito da ciência moderna: a rica diversidade do solo cultural e intelectual em que suas raízes profundas se estendem.

Mesmo se não olharmos para nenhum lugar além da Europa durante a "revolução científica" para compreender as origens da ciência moderna, a religião é apenas parte do que iremos encontrar. Um historiador recentemente argumentou, por exemplo, que o comércio tem tanta relação com a ascensão da ciência moderna quanto o cristianismo: "os valores inerentes ao mundo do comércio foram explicitamente e conscientemente reconhecidos pelos contemporâneos como parte da raiz da nova ciência". Foi o método de recompensas e punições do comércio competitivo que levou a "incontáveis esforços para descobrir fatos sobre coisas naturais e verificar se

---

[16] Clifford Geertz, "Thick Description: Toward an Interpretive Theory of Culture," em *The Interpretation of Cultures: Selected Essays,* ed. Clifford Geertz (Nova York: Basic Books, 1973), 28-29.

[17] Arun Bala, *The Dialogue of Civilizations in the Birth of Modern Science* (Nova York: Palgrave Macmillan, 2006).

as informações eram precisas e comensuráveis".[18] Ademais, as viagens de descoberta no início da modernidade e o rápido estabelecimento de novas rotas de comércio marítimo em curto tempo inundaram a Europa com nova ideias, novos bens, e até mesmo novas plantas e animais, o que deu origem a novas linhas de investigação e novas teorias sobre a natureza e, particularmente, sobre a história natural. Portanto, apesar de termos a tendência de pensar que o crescimento da ciência resultou em avanços de tecnologias que criaram a riqueza e prosperidade, o inverso também foi verdade. O aumento do comércio criou a necessidade de novas tecnologias e verificação de fatos sobre a natureza, que a ciência moderna se desenvolveu para prover.

Historiadores também concluíram que muitas outras forças afetaram o crescimento da ciência moderna na Europa. Alguns descobriram que a invenção ou importação de importantes tecnologias, como relógios e principalmente a imprensa, estimularam todo tipo de investigação que, com o tempo, se desenvolveu na ciência moderna. Outros descobriram que mudanças na organização política europeia estimularam o desenvolvimento da ciência de formas complexas, e ainda outros descobriram que, enquanto se desenvolviam, os grandes sistemas legais da Europa influenciaram o desenvolvimento da teoria e prática científica.[19] A Europa no início da era moderna também viu a emergência de outras instituições seculares que passaram a ter um papel importante no crescimento da ciência moderna. Sociedades científicas, por exemplo, foram estabelecidas no continente a partir do século 17. Os fundadores e primeiros membros de tais sociedades eram cristãos piedosos de uma ou outra denominação, mas desejavam que as relações construídas transcendessem as afiliações religiosas. O bispo Thomas Sprat (1635-1713), por exem-

---

[18] Harold J. Cook, *Matters of Exchange: Commerce, Medicine and Science in the Dutch Golden Age* (New Haven, Conn.: Yale University Press, 2007).

[19] Consultar, por exemplo, David Landes, *Revolutions in Time: Clocks and the Making of the Modern World* (Cambridge, Mass.: Belknap Press, 1983); Elisabeth Eisenstein, *The Printing Press as an Agent of Change* (Cambridge: Cambridge University Press, 1979); e Tal Golan, *Laws of Nature and Laws of Man* (Cambridge, Mass.: Harvard University Press, 2004).

TERRA PLANA, GALILEU NA PRISÃO E OUTROS MITOS SOBRE CIÊNCIA E RELIGIÃO

plo, escreveu sobre os fundadores da Sociedade Real[20] que "livremente admitiam homens de diferentes religiões, países e profissões. Isto era obrigação, para que não ficassem aquém da grandeza de suas próprias declarações, pois abertamente declaram, não a fundação de uma filosofia *britânica, escocesa, irlandesa, papista ou protestante*; mas uma filosofia da *humanidade*".[21] Reconhecidamente, Sprat imaginou uma sociedade na qual o companheirismo unisse todo tipo de *cristão*; mas o ideal articulado foi maior que sua imaginação. Com o tempo, este ideal enfraqueceu as ligações entre a ciência e a crença e prática cristãs.

No século 18, pelo menos alguns dos filósofos naturais e historiadores naturais líderes na Europa não se viam como cristãos. O matemático suíço Johann Bernoulli (1667-1748), por exemplo, argumentou contra a física de Newton por esta tomar como certo um Deus que fornece todas as forças que unem os corpos. Tendo passado a duvidar do Deus cristão, estavam convencidos de que a natureza pode e deve ser descrita sem referência a este Deus. Tais homens, inspirados pelo que estudiosos denominam de "iluminismo radical", permaneceram em pequena minoria entre os debatedores de questões de física, química, biologia e afins. Mas sua pesquisa e visões foram parte inegável da história da ciência moderna.[22]

Com o tempo, à medida que a ciência moderna ficou mais firmemente estabelecida, a diversidade cultural da ciência ficou ainda mais forte. Enquanto o cristianismo continuou motivando muitos cientistas e influenciando suas ideias e comportamentos até os séculos 19 e 20, com o passar do tempo, o impacto do cristianismo se tornou menor e menos público, e menos inevitável. No século 20 uma grande porcentagem de cientistas ativos não era cristã; eram judeus, hindus, budistas, taoístas e, com crescente frequência, agnósticos confessos e ateus. Com a passagem

---

[20] A "Royal Society", a mais antiga sociedade científica do mundo, fundada em 1660 e que teve como um dos seus presidentes Sir Isaac Newton. [N. E.]

[21] Thomas Sprat, *History of the Royal Society*, ed. J. Cope e H. W. Jones (Londres: Routledge e Kegan Paul, 1959), 63. O relato de Sprat foi primeiramente publicado em 1667.

[22] Jonathan I. Israel, *Enlightenment Contested* (Nova York: Oxford University Press, 2006), 201-22, 356-71. Consultar também Bernard Lightman, "Science and Unbelief", em Brooke and Numbers, eds., *Science and Religion around the World*.

do tempo, o *ethos* da ciência passou a estar em desacordo com as afirmações particularistas de qualquer religião ou grupo étnico. Em 1938, Robert Merton já pôde declarar como um simples fato que "é uma suposição básica da ciência moderna que proposições científicas 'são invariantes com relação a indivíduos' e grupos... a ciência não deve se sujeitar para se tornar serva da teologia, economia ou estado."[23]

Quando entusiastas insistem que o "cristianismo não somente é compatível com a ciência, ele criou a ciência", eles estão dizendo algo sobre a ciência, sobre os cristãos, e sobre todas as outras pessoas.[24] Sobre a ciência, estão dizendo que esta ocorre apenas em uma variedade, com uma única história, e que séculos de investigações sobre a natureza na China, Índia, África, no mediterrâneo antigo e assim por diante não tem lugar na história. Sobre os cristãos, estão dizendo que apenas estes tinham os recursos intelectuais – racionalidade, a crença de que a natureza é regida por leis, confiança no progresso, entre outros – necessários para entender a natureza de forma sistemática e produtiva. Sobre todas as outras pessoas estão dizendo que, por mais admiráveis que sejam suas realizações em outras áreas, lhes faltam estes recursos intelectuais.

Muitas vezes o que estes entusiastas realmente querem dizer, às vezes diretamente e outras implicitamente, é que o Cristianismo deu ao mundo mais dádivas do que qualquer outra religião. Frequentemente eles simplesmente desejam demonstrar que o cristianismo é uma religião melhor:

> A verdadeira ciência surgiu apenas uma vez: na Europa. China, Islã, Índia, Grécia e Roma antigas tinham alquimia altamente desenvolvida. Porém, apenas na Europa a alquimia se desenvolveu em química. Da mesma forma, muitos cientistas desenvolveram elaborados sistemas de astrologia, mas apenas na Europa a astrologia levou à astronomia. Por quê? Mais uma vez, a resposta tem relação com as imagens de Deus.[25]

---

[23] Robert K. Merton, "Science and the Social Order", *Philosophy of Science* 5 (1938): 321-37. Este "etos" em si tem sua própria história cultural, descrita preliminarmente de forma brilhante por Stephen Gaukroger, *The Emergence of a Scientific Culture* (Oxford: Oxford University Press, 2006).

[24] Rodney Stark, "False Conflict", *The American Enterprise* outubro/novembro (2003): 27.

[25] Ibid., 14.

TERRA PLANA, GALILEU NA PRISÃO E OUTROS MITOS SOBRE CIÊNCIA E RELIGIÃO   **127**

Nesta visão, apenas as imagens cristãs de Deus eram suficientemente ricas, suficientemente otimistas, e suficientemente racionais para levar à "real ciência". Se usarmos a ciência moderna como régua de medição, taoístas, budistas, hindus, muçulmanos e pagãos eram apenas aspirantes – pitorescos, talvez, mas não tinham o que realmente era necessário.

Esta atitude do tipo "tudo que sua religião faz, a minha faz melhor" mostra uma parte de condescendência e duas partes de autocongratulação, e é de se perguntar por que alguns a acham atraente. Sim, as crenças, práticas e instituições cristãs deixaram marcas irrefutáveis na história da ciência moderna, assim como outros muitos fatores, incluindo outras tradições intelectuais e a magnífica riqueza de conhecimento natural que produziram. O crédito pela ciência não precisa ser um jogo de soma zero. O reconhecimento de que não cristãos também têm um lugar de orgulho na história da ciência não diminui o cristianismo.

Também é válido notar que a ciência em si é um legado ambivalente. Em 1967 o historiador Lynn White Jr. escreveu em um texto famoso, "The Historical Roots of Our Ecological Crisis" [As raízes históricas da nossa crise ecológica] que "um pouco mais de um século atrás a ciência e a tecnologia – até aquela época atividades bem separadas – se uniram para dar à humanidade poderes que, a julgar pelos efeitos ecológicos, estão fora de controle. Sendo assim, o cristianismo carrega um grande peso de culpa".[26] A tese de White tem sido debatida incansavelmente e com fervor por quarenta anos, e estudiosos agora concordam (por motivos descritos acima) que quaisquer danos que a ciência e tecnologia moderna causaram não podem ser, de modo apressado, colocados nos ombros do cristianismo. Debates deste tipo, porém, nos levam a um ponto maior. À medida que bombas de sofisticação incrível são lançadas diariamente em distantes campos de batalha, à medida que a Terra se aquece e oceanos sobem, e bactérias ganham resistência a antibióticos, há valor em enxergar a ciência pelo que ela exatamente é: uma criação humana maravilhosa de incrível complexidade e criatividade, cujos efeitos têm sido bons e ruins. À medida

---

[26] Lynn White, Jr., "The Historical Roots of Our Ecological Crisis", *Science* 155 (1967): 1203-7.

que usamos a ciência pra criar soluções duradouras para problemas globais (alguns causados pela própria ciência), é fato consolador que a ciência não é um projeto ou competência de um único grupo à exclusão de outros. Para o bem ou para o mal, a ciência é um empreendimento *humano*, e sempre foi assim.

MITO 10

Que a revolução científica libertou a ciência da religião

Margaret J. Osler

Pelo menos uma ... dimensão da Revolução Científica demanda nota – uma nova relação entre a ciência e o cristianismo ... Do ponto de vista da ciência, não parece excessivo falar de sua libertação. Séculos antes, à medida que a civilização europeia tomou forma a partir do caos da idade das trevas, o cristianismo havia cultivado, moldado e então dominado toda atividade cultural e intelectual. Ao final do século 17, a ciência havia afirmado sua autonomia.

– Richard S. Westfall, "The Scientific Revolution Reasserted" [A revolução científica reafirmada] (2000)

Foi inquestionavelmente a ascensão de novos sistemas de poder filosófico, enraizados nos avanços científicos do início do século 17, especialmente as visões mecanicistas de Galileu, que grandemente geraram o vasto *Kulturkampf* entre ideias tradicionais teologicamente sancionadas sobre o homem, Deus e o universo, e conceitos seculares mecanicistas que se mantinham independentemente de sanção teológica.

– Jonathan I. Israel, *Radical Enlightenment: Philosophy and the Making of Modernity, 1650–1750 [Iluminismo radical: a filosofia e a construção da modernidade 1650-1750]* (2001)

A Revolução Científica libertou a ciência da religião. A nova ciência separava o espírito da matéria. Razão e experimentação substituíram a revelação como fonte de conhecimento sobre o mundo. Após a Revolução Científica, era inevitável que Deus fosse por fim removido completamente da natureza e que a ciência negasse a existência de Deus. Estas alegações infundadas encontraram espaço dentro da história da ciência popular e são frequentemente repetidas. Jornalistas relatando debates sobre evolução e criação, ambientalistas buscando as fontes do aquecimento global, feministas escrevendo críticas à ciência e pretensos profetas da espiritualidade da Nova Era lamentando o desencantamento do mundo moderno – todos repetem este mantra, reforçando a crença de que o século 17 testemunhou o divórcio entre ciência e religião. Infelizmente, para estes comentaristas, um olhar mais próximo na história deste século turbulento revela uma história completamente diferente.

Ciência e *religião* não significavam o mesmo que significam hoje. A diferença é particularmente gritante com relação à ciência. Não havia a figura do cientista – a palavra não existia até o século 19. A busca por conhecimento a respeito do mundo era chamada de "filosofia natural". O que se entendia por este termo? Pensadores no século 17 herdaram essa disciplina de seus antecessores medievais. Seu escopo veio da classificação das ciências por Aristóteles, que criou raízes no currículo das universidades medievais. A física, também chamada de filosofia natural, era uma das ciências teóricas que tratava das coisas inseparáveis da matéria, mas que não fossem imóveis. Nas universidades medievais a filosofia natural era parte do currículo da graduação, e seu objeto de estudo era tratado sem referência específica à doutrina da igreja. A teologia, porém, era ensinada em cursos do que seria pós-graduação, em separado. O estudo da filosofia natural incluía o estudo das primeiras causas da natureza, mudança e movimento em geral, o movimento dos corpos celestes, os movimentos e transformações dos elementos, geração e corrupção, os fenômenos da atmosfera superior logo abaixo da esfera lunar, e o estudo de animais e plantas. Estes assuntos incluíam a consideração da criação do mundo por Deus, a evidência de *design* divino no mundo e a imortalidade da alma humana. Apesar do fato de a filosofia natural e a teologia ocuparem lugares separados no currículo medieval, a filosofia natural medieval era condicionada por pressuposições teológicas, e suas conclusões se conectavam a questões teológicas importantes. Discussões sobre a causa das coisas, por exemplo, incluíam questões sobre a causa do mundo e se baseavam na ideia de criação divina do mundo. Discussões sobre matéria e mudança tinham implicações para a interpretação da eucaristia (particularmente a alegação de que o pão e o vinho de fato se tornavam o corpo e o sangue de Cristo). Discussões sobre a natureza dos animais e como diferem dos humanos tinham impacto direto sobre questões da imortalidade da alma humana.

Apesar de sua ampla rejeição ao aristotelismo, filósofos naturais no início da modernidade continuaram lidando com a mesma gama de tópicos que seus antecessores medievais. A filosofia natural incluía muitos tópicos hoje considerados teológicos ou metafísicos – como a imortalidade da alma e o estudo da divina providência na natureza – e excluía outros – como óptica e astronomia, que eram conhecidos como "matemática mista" – e que hoje são considerados disciplinas científicas. A palavra *ciência* retinha seu sentido escolástico: *scientia* se referia ao conhecimento demonstrativo da essência real das coisas. Apesar de haver ciências individuais, não havia o termo *ciência* para se referir a toda uma categoria de conhecimento.

Durante o século 17, o crescimento da investigação empírica, especialmente da história natural, gerou um conhecimento sobre o mundo que não podia ser caracterizado como "certeza absoluta" (como é característico do conhecimento empírico), fazendo com que fosse cada vez mais difícil assimilar a filosofia natural no modelo aristotélico demonstrativo para a ciência. Além disso, uma crise cética trazida pela quase simultânea recuperação dos escritos de antigos céticos gregos e debates pós-Reforma sobre autoridade na religião desafiaram a própria ideia de "certeza" como o padrão para conhecimento sobre o mundo. À luz destes desenvolvimentos, muitos filósofos naturais desenvolveram uma teoria do conhecimento que enfatizava a observação, e eles viam suas conclusões como meramente prováveis (e não como "certas"), aumentando ainda mais a distinção de seus esforços do modelo aristotélico de *scientia*. No ano de 1690, o filósofo John Locke (1632-1704) escreveria "que a filosofia natural não é capaz de se tornar ciência".[1]

Um diferente conjunto de distinções pertence aos termos *religião* e *teologia*. *Religião* se refere à doutrina, fé e prática, quer estes conceitos sejam interpretados em ambiente institucional ou não. *Teologia* se refere ao empreendimento de explicar o significado de doutrinas ou práticas religiosas, geralmente usando conceitos e argumentos filosóficos. Por exemplo, a celebração católica romana da eucaristia é uma prática religiosa; a explicação da real presença de Cristo nos elementos da ceia pela teoria de Tomás de Aquino da transubstanciação é teológica. Muitos desenvolvimentos discutidos neste contexto da ciência e religião no período moderno inicial geralmente são mais bem descritos como questões relativas à filosofia natural e teologia.

Apesar de alguns pensadores buscarem diferenciar entre as buscas da filosofia natural e da teologia, e que a Sociedade Real excluía discussões sobre religião e política de suas reuniões, a relação próxima entre filosofia natural e teologia é evidente em quase todas as áreas da investigação do

---

[1] John Locke, *An Essay Concerning Human Understanding*, ed. Peter H. Nidditch (Oxford: Clarendon Press, 1975), livro 4, cap. 12, §10, p. 645.

mundo natural durante a Revolução Científica.[2] Os debates sobre a nova astronomia heliocêntrica, os argumentos por uma nova filosofia da natureza para substituir o aristotelismo medieval, o desenvolvimento de um novo conceito de leis da natureza e discussões sobre o escopo e limites do conhecimento humano foram todos imbuídos de compromissos religiosos e pressuposições teológicas.

Os debates ao redor da astronomia de Copérnico muitas vezes refletiam posições teológicas e giravam em torno do peso relativo dado às alegações teológicas, filosóficas ou astronômicas. Por exemplo, os intelectuais luteranos ao redor de Wittenberg tendiam a usar os métodos de Copérnico para fazer cálculos astronômicos sem aceitar a cosmologia heliocêntrica de Copérnico. Em muitos casos estavam dispostos a aceitar uma interpretação hipotética da teoria astronômica enquanto insistiam em uma interpretação literal da Escritura. A teologia luterana, principalmente as ideias luteranas sobre providência, pode ter sido um dos motivos primários para Johannes Kepler insistir que Deus criou um cosmos que exibe ordem geométrica e harmonia aritmética.

Muitos filósofos naturais, rejeitando o aristotelismo, adotaram alguma versão da filosofia mecanicista. A filosofia mecanicista tentava explicar todo o fenômeno natural em termos de matéria e movimento. Acreditava-se que mecanismos compostos por partículas microscópicas de matéria produziam sensações de todos os tipos que percebemos no mundo físico. As únicas causas agindo no mundo mecânico eram os movimentos destas partículas, que agem por contato e impacto. Embora seus críticos temessem que a filosofia mecanicista pudesse desembocar no materialismo, os filósofos mecanicistas – como Pierre Gassendi (1592-1655), René Descartes (1596-1650) e Robert Boyle (1627-1691), que eram todos cristãos devotos – limitaram o escopo de sua mecanização da natureza ao insistirem na existência de Deus, anjos, demônios e de uma alma humana imortal – todas entidades espirituais não materiais. As teorias particulares da matéria

---

[2] John Hedley Brooke, *Science and Religion: Some Historical Perspectives* (Cambridge: Cambridge University Press, 1991), cap. 2.

que os filósofos mecanicistas adotaram, assim como suas diversas ideias sobre a natureza e escopo do conhecimento sobre o mundo, refletiam suas pressuposições teológicas.

Os filósofos mecanicistas adotaram uma nova teoria da causalidade juntamente com a teoria da matéria. Eles rejeitaram a visão aristotélica de que toda mudança requer uma explicação completa envolvendo quatro causas: a causa formal (forma), a causa material (matéria), a causa eficiente (os movimentos que trazem a mudança) e a causa final (o objetivo ou propósito da mudança). Um simples exemplo que ilustra a natureza das quatro causas aristotélicas é a construção de uma casa. A causa formal é o plano do arquiteto, a planta. A causa material é a matéria da qual a casa é feita – madeira, canos, cabos, material do telhado, *dry wall*, e assim por diante. A causa eficiente é a atividade dos trabalhadores que constroem a casa. A causa final ou propósito da casa é fornecer abrigo. No mundo natural – na ausência de um agente inteligente – mudanças também são explicadas pelas quatro causas. Considere o crescimento de um carvalho. A causa formal é a realização do formato do carvalho que existe potencialmente na semente e que é tornada real no desenvolvimento de um carvalho. A causa material consiste na água, terra, e em outros componentes dos quais a árvore é composta. A causa eficiente é a realização da forma: de sua potência para o seu ato. E a causa final é a produção de descendentes que se assemelham a seus pais – ou seja, a realização da forma do carvalho. No caso de exemplos biológicos, as causas formal, final e eficiente muitas vezes são as mesmas.

Os filósofos mecanicistas reduziram toda a causalidade a causas eficientes. Todavia, o exame minucioso de textos do início da modernidade refuta a alegação de que a adoção da filosofia mecanicista automaticamente envolveu a rejeição das explicações teleológicas (ou direcionadas a uma finalidade) e, mais genericamente, abriram o caminho para o materialismo, deísmo e ateísmo. Virtualmente todos os filósofos mecanicistas alegavam que Deus havia criado a matéria e a colocado em movimento. Deus infundiu seus propósitos na criação ou pela programação dos movimentos das partículas ou pela criação de partículas com propriedades muito particulares. Consequentemente, até mesmo um mundo mecânico tinha espaço para propósito e *design*. Por exemplo, Pierre Gassendi, que tentou fazer com que o atomismo grego fosse compatível com a teologia cristã, afirmou que de fato há um papel para causas finais na física – contrário a Francis Bacon (1561-1626) e René Descartes, que a haviam descartado; e Robert Boyle publicou todo um tratado sobre a função de causas finais na filosofia natural. Isaac Newton (1642-1727) explicitamente endossou o apelo às causas finais e argumentou que a filosofia natural, propriamente seguida, leva ao conhecimento do Criador. Todos estes filósofos naturais reinterpretaram o termo *causa final* como os propósitos de Deus impostos na criação, e não como ações inatas, direcionadas a um objetivo.

Outro tema comum nas discussões do início da modernidade sobre a possibilidade do conhecimento humano sobre a criação era expresso pela metáfora dos dois livros de Deus: o livro das palavras de Deus (a Bíblia) e o livro das obras de Deus (o mundo criado). Filósofos naturais viam ambos os livros como fontes legítimas de conhecimento. No início do século 17, Galileu Galilei (1564-1642) apelou para esta metáfora no contexto da discussão da importância de se estudar a Bíblia e observar os fenômenos naturais: "a Bíblia sagrada e os fenômenos da natureza igualmente procedem da Palavra divina, o primeiro é um ditado do Espírito Santo, e o segundo a execução observada dos comandos de Deus".[3]

Apesar das alegações de alguns comentadores modernos de que o século dezessete testemunhou um mar de mudanças na relação entre ciência e religião – especialmente após a teoria de gravitação universal de Newton parecer reduzir o cosmos a uma equação matemática (admitidamente, uma equação muito poderosa) – a mesma metáfora serviu praticamente para o mesmo propósito no final do século. Newton levava a sério as obras de Deus e a palavra de Deus, como demonstrava ao devotar mais esforço para entender a Escritura do que para entender o mundo natural. Boyle também argumentou que o estudo da Escritura tanto quanto da natureza revela verdades sobre a religião e a criação, respectivamente.[4]

---

[3] Galileo Galilei, "Letter to the Grand Duchess", em Stillman Drake, *Discoveries and Opinions of Galileo* (Garden City, N.Y.: Doubleday, 1957), 182.

[4] Robert Boyle, *Excellency of Theology: Or, The Preeminence of the Study of Divinity, above that of Natural Philosophy*, em *The Works of Robert Boyle*, ed. Michael Hunter e Edward B. Davis, 11 vols. (Londres: Pickering and Chatto, 2000), 8:27.

Mais importante, todo o empreendimento do estudo do mundo natural estava incorporado em uma estrutura teológica que enfatizava criação, providência e planejamento divinos. Estes temas são proeminentes nos escritos de quase todos os grandes filósofos naturais do século 17. Boyle, Newton e o naturalista John Ray (1672-1705) acreditavam que o estudo do mundo criado forneceria conhecimento da sabedoria e inteligência do Criador, e usavam o argumento a partir do *design* para estabelecer a relação providencial de Deus com sua criação. Newton, cuja física é tradicionalmente vista por historiadores como o ponto culminante da Revolução Científica, compartilhava destas preocupações. Ele claramente acreditava que a teologia era parte intrínseca da filosofia natural. "Todo discurso sobre Deus deriva de certa similaridade de coisas humanas, que embora não perfeita, é similaridade de algum tipo ... e tratar sobre Deus a partir do fenômeno é certamente parte da filosofia 'natural.'"[5]

O estudo do mundo criado produzia conhecimento sobre os fenômenos e leis da natureza e revelava o relacionamento de Deus com sua criação. Filósofos naturais discordavam sobre como exatamente Deus se relaciona com o mundo. Alguns, como Descartes, acreditavam que depois que Deus criou as leis da natureza ele não podia mais alterá-las. Outros, como Gassendi e Boyle, insistiam que o poder de Deus não é limitado por nada que ele cria, então as leis da natureza não são mais do que descrições do curso natural de eventos, onde Deus tem liberdade de intervir como desejar. Estas diferentes posições teológicas tinham implicações nos métodos adotados pelos filósofos naturais. Aqueles como Descartes que acreditavam que Deus criou leis necessárias da natureza também acreditavam que o conhecimento de pelo menos alguns aspectos do mundo poderiam se dar por meios puramente racionais, ou seja, sem teste empírico. Outros, como Gassendi, que acreditavam que tudo que Deus criou continua contingente em sua livre vontade, pensavam que a única forma de descobrir fatos sobre o mundo é pela observação, porque Deus poderia alterar o curso dos

---

[5] Isaac Newton, *The Principia: Mathematical Principies of Natural Philosophy*, trad. I. Bernard Cohen e Anne Whitman (Berkeley: University of California Press, 1999), 942-43.

eventos a qualquer momento. Tais considerações continuaram absorvendo a atenção de filósofos naturais durante o século 17, culminando em um debate via cartas entre o porta-voz de Newton, Samuel Clarke (1675-1729) e seu rival na matemática, Gottfried Willhelm Leibniz (1646-1716). Muito deste debate foi centrado na questão de como Deus projetou o mundo e até que ponto ele intervém em seus mecanismos.

Muitos comentadores modernos, não muito bem informados sobre as realidades da filosofia natural no início da modernidade, assumem que estas discussões sobre Deus, atributos divinos, e ligações declaradas entre a filosofia natural e a teologia eram simplesmente retóricas feitas para as autoridades religiosas coercivas da época. Eles assumem que o conflito de Galileu com a Igreja Católica Romana foi paradigmático da relação entre ciência e religião naquele tempo, e que cientistas estavam lutando para se livrar do jugo da autoridade eclesiástica. Mas nem o caso de Galileu cabe nesta moldura. Os problemas de Galileu vieram de suas visões com relação à autoridade relativa da Escritura e da ciência e do desacordo com princípios de interpretação bíblica, não da oposição geral da Igreja Católica à ciência. No contexto da forte reação da igreja contra a Reforma, a posição aparentemente razoável de Galileu era cheia de alegações inadverti-damente controversas. Além disso, a Igreja Católica era um dos grandes patrocinadores das ciências no século 17, e muitos membros da Sociedade de Jesus fizeram contribuições significativas para a astronomia e filosofia natural de seu tempo (veja Mitos 2, 8 e 11). Ademais, na Europa pós-Reforma, não havia mais uma igreja única que poderia ditar limites estritos aos acadêmicos.

Filósofos naturais do século 17 não eram cientistas contemporâneos. Sua exploração do mundo natural não era separada de visões religiosas e suposições teológicas. Esta separação veio mais tarde. A leitura do passado de um ponto de vista de desenvolvimentos posteriores tem levado a sérios desentendimentos sobre a Revolução Científica. Para muitos dos filósofos naturais do século 17, ciência e religião – ou melhor, filosofia natural e teologia – eram inseparáveis, parte integrante da busca pelo entendimento do nosso mundo.

MITO 11

Que os católicos não contribuíram com a revolução científica

Lawrence M. Principe

O cristianismo católico romano e a ciência são reconhecidos por seus respectivos adeptos como sendo completamente incompatíveis; não podem existir juntos ... Para o catolicismo se reconciliar com a ciência ... uma animosidade amarga e mortal precisa ser vencida.

— John William Draper, *History of the Conflict Between Religion and Science* [A história do conflito entre religião e ciência] (1874)

Não há dúvida de que o contexto social protestante e burguês propiciou o ambiente para que o talento e a ambição surgissem através da ciência, enquanto o contexto social católico e aristocrático inibiu o desenvolvimento de cientistas.

— Charles C. Gillispie, *The Edge of Objectivity* [O limiar da objetividade] (1960)

As afirmações gêmeas de que a Igreja Católica se opôs à ciência e de que os católicos contribuíram pouco ao seu desenvolvimento são muito populares. Estas afirmativas são muitas vezes casualmente assumidas em diversas publicações e entre muitos grupos do público geral. Porém, há pouca verdade em ambas as declarações. Nenhuma delas vem de estudos ou fontes históricas. Pelo contrário, ambas são em grande medida o produto de uma retórica política ou nacionalista interesseira, além de xenofobia antiquada. Vamos olhar primeiramente para a criação e perpetuação destes mitos e então examinar o testemunho contrastante do registro histórico.

Talvez o livro mais influente e mais frequentemente publicado no assunto da ciência e religião, *History of the Conflict Between Religion and Science* [A história do conflito entre religião e ciência] (1874) de John William Draper, seja pouco mais do que um discurso retórico inflamado anticatólico levemente disfarçado. O livro é tão tendencioso e histérico que é difícil uma pessoa estudada hoje ler sem dar risada. Nele, Draper brinca com fatos e praticamente não fornece nenhum traço de informação histórica confiável. No entanto, continua sendo lido e citado por alguns, e pouco tempo atrás até mesmo alguns historiadores da ciência o citavam sem crítica. Mais significativamente, suas alegações se tornaram "conhecimento geral" para diversas pessoas. Curiosamente, as noções de Draper servem primariamente para perpetuar fobias políticas e ideias descreditadas da América do Norte do século 19. Parte de seu anticatolicismo é típico do sentimento generalizado em culturas anglófonas, intensificado na América do Norte pelos temores anti-imigrantistas dos protestantes norte-americanos do século 19, receosos com a entrada de imigrantes católicos, e em parte por uma animosidade pessoal com sua irmã, uma convertida ao catolicismo.[1]

Porém, o anticatolicismo não é um fenômeno puramente do século 19; e foi conhecidamente denominado "o preconceito mais profundamente mantido na história do povo norte-americano".[2] De fato, continua existindo hoje em formas e lugares onde o preconceito racial e antissemitismo jamais seriam tolerados. A atitude arraigada continua reforçando e perpetuando mitos antigos sobre o catolicismo e a ciência.

O anticatolicismo da América do Norte foi herdado da Inglaterra, onde é bem estabelecido desde o século 17. Já na década de 1640, os infortúnios de Galileu estavam sendo usados na Inglaterra para apoiar sentimentos anti-papistas.[3] Mas mesmo na Europa continental, e em países majoritariamente católicos, um fenômeno relacionado se desenvolveu nos séculos 19 e 20. À medida que diversos movimentos políticos e sociais se opuseram ao poder secular da Igreja Católica, o anticlericalismo floresceu. Como estes movimentos tendiam a marchar sob a bandeira do progressismo, eles apoiavam o grande emblema do progresso daquela era: ciência e tecnologia. Consequentemente, era fácil – e politicamente conveniente – criar

---

[1] Donald Fleming, *John William Draper and the Religion of Science* (Filadélfia: University of Pennsylvania Press, 1950), 31. As críticas à época do lançamento do livro de Draper foram mistas, o periódico *Catholic World* 21 (1875): 178-200 o viu simplesmente como a "última adição à literatura anticatólica" e o chamou de "conjunto de falsidades, com um ocasional raio de verdade, unido por uma fina linha de filosofia falsa".

[2] Philip Jenkins, *The New Anti-Catholicism: The Last Acceptable Prejudice* (Nova York: Oxford University Press, 2005), 23.

[3] Um exemplo inicial é o livro de memórias autobiográfico de Robert Boyle de 1648 "An Account of Philaretus during His Minority" em *Robert Boyle by Himself and His Friends,* ed. Michael Hunter (Londres: Pickering and Chatto, 1994), 1-22, em 19-21.

a impressão de que a Igreja Católica era, e sempre havia sido, oposta à ciência, à tecnologia e ao progresso. No século 19 na Itália, a mitologização de Giordano Bruno e Galileu como heróis nacionalistas e anticlericais (mencionado no Mito 7) não foi sem relação com os objetivos políticos do Risorgimento (a unificação da Itália), que requeria o desmanche do poder temporal do Papa.

Além disso, o fato de se viver em uma cultura de língua inglesa serviu por si só para eclipsar ou distorcer o papel dos católicos – e até certo ponto de todos os europeus continentais – na história da ciência. Isto se resulta da natureza anglocêntrica de muitos relatos da história da ciência escritos por nativos da língua inglesa. Pontos de vista uma vez proeminentes, como a "tese de Merton" (que afirmava que a ascensão da ciência estava ligada à ascensão do puritanismo), surgiam deste injustificável anglocentrismo e o reforçavam. Portanto, parte da tarefa da história da ciência hoje está em transcender os limites da linguagem e nacionalismo para fornecer uma imagem mais equilibrada e precisa das origens pan-europeias e transconfessionais da ciência moderna.

Evidentemente, seria absurdo afirmar que não houve instâncias de leigos católicos ou clérigos se opondo ao trabalho científico em alguns casos. Sem dúvida, tais exemplos podem ser encontrados, e muito facilmente. Porém, seria igualmente absurdo estender estes exemplos de oposição – não importa quão ignorantes ou mal concebidos – para a Igreja Católica ou católicos como um todo. Este ato seria cometer o erro histórico de generalização exagerada, ou seja, a extensão indevida de ações ou pensamento de um membro de um corpo coletivo para o corpo como um todo. (Por exemplo, aparentemente existem norte-americanos vivos hoje que creem que a Terra é plana, porém, não é correto dizer que norte-americanos em geral no século 21 creem que a Terra é plana.)

A Igreja Católica não é, e nunca foi (talvez para o desgosto de alguns pontífices) uma entidade monolítica ou unânime; é composta por indivíduos e grupos que muitas vezes mantém pontos de vista, às vezes, completamente divergentes. Esta diversidade de opinião é totalmente evidente até no famoso caso de Galileu, onde encontramos clérigos e leigos em todo o

TERRA PLANA, GALILEU NA PRISÃO E OUTROS MITOS SOBRE CIÊNCIA E RELIGIÃO 143

espectro de respostas, do apoio à condenação. A questão é, então, qual foi a atitude preponderante, e neste caso fica claro pelo registro histórico que a Igreja Católica talvez seja a maior e mais longa patrocinadora da ciência na história, que muitos dos que contribuíram para a Revolução Científica eram católicos, e que diversas instituições e perspectivas católicas foram influências-chave na ascensão da ciência moderna.[4]

Em contraste com nosso mito inicial, é fácil apontar figuras importantes na Revolução Científica que eram católicos. O homem que é muitas vezes creditado como tendo dado o primeiro grande passo na Revolução Científica, Nicolau Copérnico (1473-1543), não apenas era católico, mas ministro ordenado; era cônego da catedral (um clérigo responsável por funções administrativas). E para que não digam que ele foi simultaneamente perseguido por seu trabalho na astronomia, deve ser apontado que muito de sua audiência e suporte veio da hierarquia católica, especialmente a Corte Papal (ver Mito 6). Seu livro começa com uma dedicação ao Papa Paulo III, e contém um relato de diversos oficiais da igreja que apoiaram seu trabalho e incentivaram sua finalização e publicação. Galileu também, apesar de seu famoso e muito mitologizado embate com oficiais da igreja, foi e permaneceu católico, e não existem motivos para questionar a sinceridade de sua fé.

Um catálogo dos contribuintes católicos para a Revolução Científica ocuparia muitas páginas e cansaria a paciência do leitor. Portanto, será suficiente mencionar apenas alguns outros representantes de diversas disciplinas científicas. Nos estudos médicos, há Andreas Vesalius (1514-1564), o famoso anatomista de Bruxelas (ver Mito 5); enquanto outro flamengo, Joan Baptista Van Helmont (1579-1644), uma das mais inovadoras e

---

[4] No caso da astronomia, por exemplo, consultar J. L. Heilbron, *The Sun in the Church: Cathedrals as Solar Observatories* (Cambridge, Mass.: Harvard University Press, 1999), 3: "a Igreja Católica Romana deu mais suporte financeiro e social para o estudo da astronomia ao longo de seis séculos, da recuperação do aprendizado antigo durante o fim da Idade Média ao Iluminismo, que qualquer outra, e provavelmente todas as outras instituições". Consultar também William B. Ashworth, Jr., "Catholicism and Early Modem Science", em *God and Nature: A History of the Encounter between Christianity and Science*, ed. David C. Lindberg e Ronald L. Numbers (Berkeley: University of California Press, 1986), 136-66.

influentes vozes na medicina e química do século 17, era católico devoto com fortes tendências místicas.[5] Na Itália, o microscopista Marcello Malpighi (1628-1694) foi o primeiro a observar os capilares, provando a circulação do sangue. Niels Stensen (ou Nicolaus Steno, 1638-1686), que permanece conhecido hoje por seu trabalho fundamental com fósseis e com a formação geológica das rochas sedimentares, converteu-se ao catolicismo durante seu trabalho científico e se tornou primeiramente padre, depois bispo e atualmente é *beato* (um título preliminar à santidade oficial).[6] O ressurgimento e adaptação de ideias atômicas antigas se deu em grande parte pelo trabalho do padre católico Pierre Gassendi (1592-1655). O frade da Ordem dos Mínimos Marin Mersenne (1588-1648), além da sua própria competência em matemática, orquestrou uma rede de correspondência para disseminar descobertas científicas e matemáticas, talvez mais notavelmente as ideias de René Descartes (1596-1650), outro católico.[7]

Além dos indivíduos, instituições também precisam ser mencionadas. As primeiras sociedades científicas foram organizadas na Itália e foram financiadas e preenchidas por católicos. A primeira destas, a Accademia dei Lincei, foi fundada em Roma em 1603. Muitas outras sociedades seguiram na Itália, incluindo a Accademia del Cimento, fundada em Florença em 1657, que uniu muitos experimentalistas e antigos alunos de Galileu. Posteriormente a Academia Real de Ciências em Paris, fundada em 1666 e provavelmente a mais conhecida e produtiva de todas as sociedades científicas iniciais, tinha maioria de membros católicos, como Gian Domenico Cassini (1625-1712), famoso por suas observações de Júpiter e Saturno, e Wilhelm Homberg (1653-1715), convertido ao catolicismo e um dos mais renomados e produtivos químicos de seu tempo. Quatro dos primeiros membros participavam de ordens, incluindo o abade Jean Picard (1620-1682), um fa-

---

[5]   Walter Pagel, *Joan Baptista Van Helmont: Reformer of Science and Medicine* (Cambridge: Cambridge University Press, 1982); Pagel, *Religious and Philosophical Aspects of Van Helmont's Science and Medicine, Bulletin of the History of Medicine,* supp. 2, 1944.

[6]   Alan Cutler, *The Seashell on the Mountaintop: A Story of Science, Sainthood, and the Humble Genius Who Discovered a New History of the Earth* (Nova York: Dutton, 2003).

[7]   Peter Dear, *Mersenne and the Learning of the Schools* (Ithaca, N.Y.: Cornell University Press, 1988).

TERRA PLANA, GALILEU NA PRISÃO E OUTROS MITOS SOBRE CIÊNCIA E RELIGIÃO

moso astrônomo, e o abade Edme Mariotte (c. 1620-1684), um importante físico. Até mesmo a Sociedade Real em Londres, fundada na muito protestante Inglaterra em 1660, tinha membros católicos, como Sir Kenelm Digby (1603-1665), e mantinha correspondência vigorosa com filósofos naturais católicos na Itália, França entre outros locais.[8]

Ordens religiosas católicas forneciam diversas oportunidades para o trabalho em filosofia natural. Um dos primeiros e mais próximos alunos e apoiadores de Galileu, e seu sucessor na cadeira de matemática na Universidade de Pisa, foi o monge beneditino Benedetto Castelli (1578-1643). Mas em escala mais ampla, durante a Revolução Científica, monges, frades e padres católicos em missões constituíam uma rede mundial de correspondentes e coletores de dados. Informações sobre geografia local, flora, fauna, mineralogia e outros assuntos, além de uma riqueza de observações astronômicas, meteorológicas e sismológicas fluíam para a Europa vindo de missões católicas nas Américas, África e Ásia. Os dados e espécimes enviados de volta eram canalizados em estudos e tratados de filosofia natural feitos igualmente por católicos e protestantes. Esta enorme coleção de nova informação científica foi realizada por franciscanos, dominicanos, beneditinos e, talvez mais do que qualquer outro grupo, por jesuítas.[9]

Nenhum relato do envolvimento católico com a ciência estaria completo sem mencionar os jesuítas (oficialmente chamados de Companhia de Jesus). Formalmente estabelecida em 1540, a ordem colocava tamanha ênfase na educação que em 1625 haviam fundado quase 450 escolas na Europa e outros locais. Muitos padres jesuítas se envolveram profundamente com questões científicas, e muitos fizeram contribuições importantes. A reforma do calendário, promulgado sob o Papa Gregório XIII em 1582 e ainda em uso hoje, foi preparada pelo matemático e astrônomo jesuí-

---

[8] W. E. Knowles Middleton, *The Experimenters: A Study of the Accademia dei Cimento* (Baltimore: Johns Hopkins University Press, 1971); David Freedberg, *The Eye of the Lynx: Galileo, His Friends, and the Beginnings of Modern Natural History* (Chicago: University of Chicago Press, 2002); David J. Sturdy, *Science and Social Status: The Members of the Académie des Sciences, 1666-1750* (Rochester, N.Y.: Boydell Press, 1995).

[9] Steven J. Harris, "Jesuit Scientific Activity in the Overseas Missions, 1540-1773", *Isis* 96 (2005): 71-79.

ta Christoph Clavius (1538-1612). Óptica e astronomia eram tópicos de interesse especial para os jesuítas. Christoph Scheiner (1573-1650) estudou manchas solares, Orazio Grassi (1583-1654), cometas, e Giambattista Riccioli (1598-1671) criou um catálogo de estrelas, um mapa lunar detalhado que forneceu nomes ainda em uso hoje para muitas de suas características, e experimentalmente confirmou as leis de Galileu sobre corpos em queda medindo suas taxas exatas de aceleração durante a queda. Investigadores jesuítas de óptica e luz incluem Francesco Maria Grimaldi (1618-1663), que, entre outras coisas (como a colaboração com Riccioli no mapa lunar), descobriu o fenômeno da difração da luz e a batizou. O magnetismo também foi estudado por diversos jesuítas, e foi Niccolo Cabeo (1586-1650) quem desenvolveu a técnica de visualização das linhas de campo magnético ao salpicar limalha de ferro em um papel colocado em cima de um ímã. Em 1700, jesuítas ocupavam a maioria das cátedras de matemática em universidades europeias.[10]

A firme convicção de que o estudo da natureza é em si uma atividade inerentemente religiosa era o que servia de base para as atividades científicas no período inicial da modernidade. Os segredos da natureza são os segredos de Deus. O conhecimento do mundo natural deve, se observarmos e entendermos corretamente, nos levar a um melhor entendimento de seu Criador. Esta atitude não era de modo algum única aos católicos, mas muitos dos padres e outros religiosos envolvidos no estudo e ensino da filosofia natural destacavam esta ligação. Por exemplo, o polímata Athanasius Kircher (1602-1680) entendia o estudo do magnetismo não apenas como o ensino de uma força física invisível, mas também como um emblema

---

[10] *Jesuit Science and the Republic of Letters*, ed. Mordechai Feingold (Cambridge, Mass.: MIT Press, 2003); *The Jesuits: Cultures, Sciences, and the Arts, 1540-1773*, ed. John O'Malley, Gauvin Alexander Bailey, Steven J. Harris e T. Frank Kennedy (Toronto: University of Toronto Press, 1999) e *The Jesuits II: Cultures, Sciences, and the Arts, 1540-1773* (Toronto: University of Toronto Press, 2006); Agustín Udías, *Searching the Heavens and the Earth: The History of Jesuit Observatories* (Dordrecht: Kluwer, 2003); Marcus Hellyer, *Catholic Physics: Jesuit Natural Philosophy in Early Modern Germany* (Notre Dame, Ind.: University of Notre Dame Press, 2005); William A. Wallace, *Galileo and His Sources: The Heritage of the Collegio Ro mano in Galileo's Science* (Princeton, N.J.: Princeton University Press, 1984).

poderoso do amor de Deus que une toda a criação e traz os fiéis inexoravelmente para Ele. De fato, se o trabalho dos jesuítas é hoje inadequadamente representado nos relatos de descobertas científicas, isso ocorre em parte porque a ciência foi por um caminho de literalidade e dissecação ao invés de seguir o caminho jesuíta de um holismo abrangente e emblemático.[11]

Finalmente, historiadores da ciência hoje reconhecem que os desenvolvimentos impressionantes no período denominado Revolução Científica dependeram em grande parte das contribuições e fundamentos que vêm da alta Idade Média, ou seja, antes das origens do protestantismo.[12] Este fato também deve ser lembrado quando se fala da contribuição dos católicos e de sua igreja na Revolução Científica. Observações e teorias medievais sobre óptica, cinemática, astronomia, matéria e outros campos forneceram informação essencial e pontos de partida para os desenvolvimentos dos séculos 16 e 17. O estabelecimento medieval de universidades, o desenvolvimento de uma cultura de debate, e o rigor lógico da teologia escolástica, todos ajudaram a fornecer o clima e cultura necessários para a Revolução Científica.

Nem o interesse e atividade na ciência, ou a crítica e supressão de seus princípios se alinha com o limite confessional entre católicos e protestantes. A ciência não é um produto do protestantismo e certamente não do ateísmo ou agnosticismo. Católicos e protestantes igualmente fizeram contribuições essenciais e fundamentais para os desenvolvimentos do período que chamamos de Revolução Científica.

---

[11] Mark A. Waddell, "The World, As It Might Be: Iconography and Probablism in the *Mundus Subterraneus* of Athanasius Kircher", *Centaurus* 48 (2006): 3-22; Paula Findlen, *Athanasius Kircher: The Last Man Who Knew Everything* (Nova York: Routledge, 2004).

[12] Consultar, por exemplo, Edward Grant, *The Foundations of Modem Science in the Middle Ages* (Cambridge: Cambridge University Press, 1996) e David A. Lindberg, *The Beginnings of Western Science,* 2d ed. (Chicago: University of Chicago Press, 2007), 357-67.

MITO 12

Que René Descartes foi o criador da distinção entre mente e corpo

Peter Harrison

É este o erro de Descartes: a separação abissal entre o corpo e a mente, entre a substância corporal, infinitamente divisível, com volume, com dimensões e com um funcionamento mecânico, de um lado, e a substância mental, indivisível, sem volume, sem dimensões e intangível, de outro.

– Antonio Damasio, *O Erro de Descartes* (1994)

Fábricas de boatos existem em qualquer era. Durante o século 17 circulava uma história entre homens letrados que René Descartes (1596-1650), agora comumente identificado como o pai da filosofia moderna, viajava acompanhado de uma boneca mecânica, de tamanho real. Se a anedota tem base factual ou foi o produto da imaginação maliciosa dos inimigos de Descartes, não se sabe ao certo, mas a história certamente era bem conhecida.[1] Em um interpretação mais solidária, a boneca era um simulacro da filha ilegítima de Descartes, Francine, que morreu tragicamente aos cinco anos. Não é preciso dizer que havia interpretações menos caridosas, que insinuavam uma ligação mais que sentimental entre Descartes e sua companheira mecânica.

Esta história é apenas um dos muitos mitos que, com o passar dos anos, se tornaram parte integrante da reputação do filósofo francês. De fato, parece haver algo sobre a pessoa de Descartes e sua filosofia que convida à calúnia e à descaracterização simplista. Ele é, talvez, o mais difamado e mal compreendido filósofo que já viveu. Entre os mais comuns equívocos sobre Descartes estão:

---

[1] Stephen Gaukroger, *Descartes: An Intellectual Biography* (Oxford: Oxford University Press, 1995), 2.

TERRA PLANA, GALILEU NA PRISÃO E OUTROS MITOS SOBRE CIÊNCIA E RELIGIÃO **151**

- Descartes era primariamente um metafísico com pouco interesse por questões científicas.

- Até onde ia seu interesse em ciência, Descartes era um "cientista de poltrona", que ignorava a experimentação e evidência empírica.

- Descartes era ateu em segredo, ou no máximo, deísta, e suas declarações religiosas pretendiam mascarar sua impiedade.

- Descartes era um racionalista que descartava o papel das emoções.

- Descartes foi o primeiro a postular a separação radical entre a mente e o corpo, e este dualismo errôneo e não científico tem sido uma mancha para o pensamento ocidental desde então.

O último destes equívocos talvez seja o mais difundido, mas vale discorrer brevemente sobre os outros. O consenso atual entre os especialistas relevantes é que a busca filosófica de Descartes era secundária aos seus interesses científicos. Ademais, enquanto a ciência de Descartes talvez fosse menos experimental que a de seus colegas britânicos, ele certamente não era estranho ao laboratório, e suas realizações científicas foram importantes e influentes. Não há evidência de que as convicções religiosas de Descartes (um católico) não fossem convencionais e sinceras. Quanto à sua suposta negligência com relação às emoções, como veremos, Descartes era profundamente interessado nas "paixões" (uma terminologia comum à sua época) e devotou a sua última grande obra ao estudo delas.

O principal equívoco sobre Descartes que precisa ser tratado – ou talvez devemos falar aqui de um conjunto de equívocos – é que Descartes era um profundo dualista, e que este dualismo envolvia uma separação intransponível entre a mente ou alma e o corpo, e que esta visão errônea e incoerente foi um desastre para a filosofia ocidental e para as tentativas de se entender o funcionamento dos processos mentais de forma científica. Estes equívocos florescem em uma variedade de escritos filosóficos e também populares. Uma das expressões mais influentes destas visões de Descartes pode ser encontrada no clássico de Gilbert Ryle, *The Concept of the Mind* [O conceito da mente] (1949), onde o filósofo de Oxford ironicamente descreve a doutrina cartesiana da mente e corpo como "o mito do fantasma na máquina".[2] Ryle acreditava que compreender os eventos mentais como algo distinto de eventos físicos era cometer um "erro categórico". Um aluno de Ryle, o filósofo Daniel Dennett, subsequentemente tomou sobre si a responsabilidade de exorcizar estes fantasmas que sobreviveram ao ataque inicial de seu mentor. Um dos principais alvos de Dennett é a ideia do "teatro cartesiano" – a suposição de que há um lugar onde pensamentos e sensações se unem no cérebro para serem observados por uma consciência individual unitária. Em outro local ele sugere que devido à influência de Descartes, tendemos a ver a mente como "o chefe do corpo, o piloto do barco".[3] O dualismo cartesiano, ele conclui, é "totalmente anticientífico".[4] O mais recente em uma lista de detratores de Descartes é o neurologista Antonio Damasio, cujo popular livro *O Erro de Descartes* (1994) deixa o leitor com poucas dúvidas com relação à sua atitude quanto ao filósofo do século 17. O "erro" do título é identificado como "a separação abissal entre corpo e mente". Esta, aparentemente, era combinada pela separação ainda maior de Descartes entre razão e emoção, e sua negação da integridade e interdependência entre mente e corpo.[5]

A partir de avaliações como essas podemos filtrar três leituras errôneas intimamente relacionadas e amplamente disseminadas sobre Descartes. Primeiro é a suposição de que Descartes era um dualista cuja posição necessariamente o obrigava a ignorar a natureza encarnada das pessoas. Segundo é a visão que Descartes não forneceu nenhuma descrição de como as substâncias distintas do corpo e da mente poderiam interagir. Terceiro é a conclusão geral de que a visão cartesiana da mente é quase religiosa, profundamente não científica e filosoficamente inútil. Vamos considerar cada um desses pontos individualmente.

---

[2] Gilbert Ryle, *The Concept of Mind* (Londres: Hutchinson, 1949). Consultar também Richard A. Watson, "Shadow History in Philosophy", *Journal of the History of Philosophy* 31 (1993): 95-109 (esp. 102-5).

[3] Daniel Dennett, *Consciousness Explained* (Londres: Penguin, 1993), 39; revisão de Antonio Damasio, *Descartes' Error: Emotion, Reason, and the Human Brain, Times Literary Supplement*, 25 August 1995, 3-4, na 3.

[4] Dennett, *Consciousness Explained*, 37.

[5] Damasio, *Descartes' Error*, 249-50.

TERRA PLANA, GALILEU NA PRISÃO E OUTROS MITOS SOBRE CIÊNCIA E RELIGIÃO · 153

Primeiro, deve ser reconhecido que existem escritos de Descartes que fornecem suporte a este mito, ou pelo menos a parte dele. Não se pode negar que em *Meditações* e em outros lugares Descartes de fato afirma que corpo e mente são compostos de diferentes substâncias, e não é claro se alguma vez ele rejeitou esta posição.[6] O que é mais controverso sobre muitas leituras modernas de Descartes sobre corpo e mente não é a acusação de que Descartes defendeu duas substâncias, mas sim a suposição de que para ele isto significava uma "separação abissal" (frase de Damasio) entre mente e corpo. Na realidade, Descartes se esforçou para negar tal separação, afirmando que mente e corpo são "entremeados", formando uma "totalidade unitária". Mente e corpo, ele insiste, formam uma "união substancial".[7] Ele também declara inequivocamente (*contra* Dennett) que a mente *não* está no corpo "como piloto em seu barco". A propósito, a metáfora do piloto no barco para a relação entre mente e corpo tem uma história de atribuição errônea. Essa metáfora aparece primeiramente não em Platão, com quem é mais comumente associada, mas em Aristóteles e subsequentemente nos escritos do filósofo neoplatonista Plotino. Foi Tomás de Aquino (1255-1274) que primeiramente atribuiu erroneamente a metáfora a Platão.[8] De fato, a doutrina de uma separação radical entre mente e corpo deveria ser mais adequadamente colocada aos pés de Aristóteles ou Plotino, e não Descartes.[9]

Para os que tiram tempo para ler Descartes com cuidado – particularmente suas correspondências e trabalhos posteriores sobre as paixões – fica evidente que a integração entre mente e corpo, e não sua separação, é o que cada vez mais preocupava o filósofo. Descartes claramente chegou

---

[6] Descartes, *Meditations* §78, em *The Philosophical Writings of Descartes*, trad. John Cottingham, Robert Stoothoff e Dugald Murdoch, 3 vols. (Cambridge: Cambridge University Press, 1984- 1991), 2:54; cf. *Principies of Philosophy* §25, *Philosophical Writings*, 1:210.

[7] Descartes, *Meditations* §81, em *Philosophical Writings*, 2:56; cf. *Discourse on the Method* §59, in *Philosophical Writings*, 1:141; Descartes, *Objections and Replies* §227, em *Philosophical Writings*, 2:160.

[8] Aristotle, *De anima* 413a8; Plotinus, *Enneads* IV.iii.21; Aquinas, *Questions on the Soul*, Q11; *On the Power of God*, bk. 2, Q5, Al; *On Spiritual Creatures*, A2; *Treatise on Separate Substances*, chap. 1, sec. 7.

[9] D. J. O'Meara, *Plotinus: An Introduction to the Enneads* (Oxford: Oxford University Press, 1993), 19-20.

à conclusão de que a melhor forma de estudar essa união entre mente e corpo que é o ser humano era focar a atenção nas emoções, ou, para se usar a categoria clássica e do início da modernidade que significava algo similar, as *paixões*. As paixões, ele percebeu, desempenham um papel importante em nosso conhecimento. De acordo com Descartes, elas são tipos de percepções ou modos de conhecimento.[10] Descartes integra as paixões no processo de conhecimento de modo inovador. Na realidade, longe de postular um abismo entre a mente e o corpo e então remover as paixões da equação, Descartes afirma o oposto. E este é o fim da contenda de Damasio sobre o suposto "erro" de Descartes. Na realidade, em importantes aspectos, a tese de Damasio é mais uma concretização do que uma refutação do programa cartesiano.[11]

O dualismo de Descartes, então, não deve ser entendido como uma tentativa de ignorar a união entre corpo e mente, tampouco indica a negação das emoções. Na realidade, a interação da mente e corpo é uma preocupação tão central para Descartes que alguns comentadores vão ao ponto de sugerir que é enganoso se referir a Descartes como dualista.[12] Certamente parece que Descartes estava comprometido com o entendimento do mundo em termos não de duas, mas três entidades básicas – coisas materiais estendidas (matéria), coisas pensantes (mentes), e composições mente-corpo (pessoas).[13] Um dos mais importantes pesquisadores de Descartes, John Cottingham, sugere uma forma alternativa de caracterizar a posição cartesiana: não "dualismo", mas "trialismo".[14]

---

[10] Descartes, *As Paixões da Alma* [*Passions of the Soul*], §342, em *Philosophical Writings*, 1:335. Consultar também Deborah Brown, *Descartes and the Passionate Mind* (Cambridge: Cambridge University Press, 2006).

[11] Consultar Gary Hatfield, "The *Passions of the Soul* and Descartes' Machine Psychology", *Studies in History and Philosophy of Science* 38 (2007): 1-35.

[12] Gordon Baker e Katherine J. Morris, *Descartes' Dualism* (Londres: Routledge, 1996). Consultar também a revisão iluminadora de Stephen Nadler em *Philosophical Books* 37 (1998): 157-69.

[13] Descartes para Elizabeth, 21 de maio de 1643, em *Descartes: Philosophical Letters,* ed. Anthony Kenny (Oxford: Clarendon, 1970), 138.

[14] John Cottingham, "Cartesian Trialism", *Mind* 94 (1985): 218-30. Cf. Peter Remnant, "Descartes: Body and Soul", *Canadian Journal of Philosophy* 9 (1979): 377-86; Paul Hoffman, "The Unity of Descartes's Man", *Philosophical Review* 95 (1986): 339-70.

Isto nos traz ao segundo elemento do mito – que a posição cartesiana não explica como mente e corpo interagem. O problema é simples e direto: visto que a mente e o corpo são substâncias distintas, como a mente causa o corpo a se mover e como os sentidos corporais causam estados de consciência? Estudantes de graduação muitas vezes aprendem que Descartes falhou em fornecer uma explicação adequada destas interações, ou que ele e cartesianos posteriores buscaram refúgio em uma tese *ad hoc* altamente implausível chamada "ocasionalismo". Esta é a ideia de que, de fato, não há uma interação causal real entre mente e corpo – que, ao formar um desejo consciente de mover meu braço, por exemplo, Deus rotineiramente fornece a conexão necessária fazendo meu braço se mover diretamente. Enquanto o ocasionalismo parece realmente fornecer uma solução para o problema da correlação das nossas intenções mentais com nossos movimentos corporais, ele não foi desenvolvido com este propósito. Pelo contrário, surgiu de preocupações para tratar uma dificuldade mais geral da causalidade: como, por exemplo, as partículas inertes da matéria postuladas pela filosofia mecanicista exercem influência de causa umas sobre as outras? Na descrição ocasionalista, a causalidade matéria-matéria é tão problemática quanto a causalidade mente-matéria. Este ceticismo com relação à causalidade natural surgiu como parte da rejeição do entendimento aristotélico de causalidade, e encontra seu ponto culminante no questionamento de David Hume (1711-1776) de que o que afirmamos como causa e efeito são, na realidade, apenas eventos que observamos estando constantemente unidos.[15]

Mais uma vez, porém, há um elemento de verdade no mito do ocasionalismo. Apesar do ocasionalismo não ter sido desenvolvido com a visão de resolver o problema das interações mente-corpo – este foi um bônus adicional – mesmo assim ele acentua uma forma alternativa de abordar este problema aparentemente intratável: vê-lo como advindo de uma deficiência na nossa concepção de explicação causal. Em uma leitura plausível,

---

[15] Steven Nadler, "Descartes and Occasional Causation", *British Journal for the History of Philosophy* 2 (1994): 35-54, e os textos em Steven Nadler, ed., *Causation in Early Modem Philosophy* (University Park: Penn State Press, 1993).

Descartes afirma que as correlações entre eventos mentais e movimentos corporais são simplesmente propriedades naturais do amálgama corpomente. Assim como Deus estabeleceu as leis físicas que governam as interações de coisas materiais – as leis da natureza – Deus também decretou quais correlações estariam presentes entre eventos mentais e eventos corporais. As relações da mente e do corpo, neste relato, são explicadas em termos de leis psicofísicas que constituem nossa própria natureza como seres encarnados. Buscar uma explicação das operações da composição mente-corpo em termos das relações que se dão entre corpos materiais e ideias é, ironicamente, cometer um tipo de erro categórico, ao se buscar o tipo errôneo de explicação para uma realidade em estado mais primitivo.[16]

Quanto ao caráter supostamente "não científico" da visão de Descartes sobre a relação mente e corpo, esta afirmação envolve uma avaliação profundamente não histórica das realizações de Descartes. Uma implicação chave da teoria da mente de Descartes foi que o mundo físico deveria ser entendido como matéria passiva. Esta visão teve uma função crucial em banir da natureza as "formas" quase espirituais aristotélicas. Por este motivo, a principal queixa a respeito da filosofia cartesiana durante os séculos 17 e 18 não foi a respeito de seu dualismo, mas sim seu materialismo incipiente. A questão, portanto, não é tanto que Descartes instalou um fantasma na máquina humana, ecoando o epigrama de Ryle, mas que, com sucesso, ele baniu os "fantasmas" do restante do mundo material. Ao fazer isto ele abriu espaço para uma nova gama do que chamaríamos de explicações "científicas". Estas explicações, como já notamos, foram formuladas em termos de "leis" ao invés de "causas", e assim tiveram papel importante no estabelecimento dos princípios da ciência moderna.

Em resumo, as visões de Descartes sobre mente, corpo e a relação entre ambos são sutis, sofisticadas e complexas. Elas têm pouca semelhança com as caricaturas simplistas que muitas vezes se colocam como relatos

---

[16] David Yandell, "What Descartes Really Told Elizabeth: Mind-Body Union as Primitive Notion", *British Journal for the History of Philosophy* 5 (1997): 249-73; Baker e Morris, *Descartes' Dualism*, 154.

definitivos sobre seu trabalho. Descartes deu lugar central para as emoções em sua psicologia, e ele levou a sério a natureza encarnada dos seres humanos. Por causa da insistência de Descartes de que o amálgama mente-corpo era uma entidade real, alguns comentaristas chegam ao ponto de sugerir que ele não deve ser contado como um dualista.

É válido perguntar, para concluir, por que este mito tem se mostrado tão persistente. Certamente, como todos os mitos, ele tem algo de verdade. Mais importante, porém, narrativas sobre o "mito de Descartes" (Ryle), o "teatro cartesiano" (Dennet), ou "o erro de Descartes" (Damasio) fornecem um pano de fundo histórico impressionante sobre o qual pensadores contemporâneos podem traçar suas próprias teorias sobre a mente humana. O enredo atraente é que, em determinado ponto da história, o pensamento ocidental sobre a mente ou alma desandou para o caminho errado, e que estamos trabalhando sob múltiplas confusões desde então. Aqueles que recontam esta agora familiar história sobre o papel de Descartes em nossos atuais infortúnios, por implicação, se apresentam como nossos salvadores filosóficos, oferecendo soluções que nos colocarão de volta no caminho certo. A magnitude de sua realização é medida não apenas pela lógica de seus argumentos, mas pela estatura do gigante filosófico que derrubaram. Não é de se admirar, então, que uma figura celebrada como Descartes seja frequentemente usada pelos que buscam se estabelecer como visionários iconoclastas no campo da filosofia da mente.

Por fim, devemos relacionar este mito às discussões mais gerais dentro do campo da ciência e religião. A posição erroneamente atribuída a Descartes é também tipicamente assumida como sendo mais ou menos o entendimento cristão de pessoa. (Ryle alegou, por exemplo, que Descartes estava apenas reformulando a prevalente doutrina teológica da alma.)[17] Da mesma forma, críticos cientificamente motivados da chamada visão cartesiana da mente geralmente veem Descartes como quem sancionou uma posição essencialmente religiosa; eles imaginam que, ao atacá-lo, estariam atingindo por tabela um princípio básico da crença religiosa. Mais

---

[17] Ryle, *Concept of Mind*, 23.

uma vez, porém, estas críticas falham, pois subestimam o valor colocado no mundo físico e na ênfase na corporeidade das pessoas humanas em tradições religiosas ocidentais. Apesar disso, poder ser surpresa para alguns que o cristianismo ortodoxo (em contraste ao platonismo ou gnosticismo) assuma uma visão holística da pessoa humana e uma visão positiva do corpo – tanto que até na próxima vida as almas serão reunidas a um corpo ressurreto. A doutrina da separação abismal de corpo e alma não foi proposta por Descartes, e tampouco é um princípio básico da crença cristã.

Mito 13

Que a cosmologia mecanicista de Isaac Newton eliminou a necessidade de Deus

Edward B. Davis

A Teoria do Universo Mecânico [The Clockwork Universe Theory] é uma teoria postulada por Isaac Newton sobre as origens do universo.

Um "universo como mecanismo de um relógio" pode ser visto como um relógio ajustado por Deus, fazendo "tic-tac" como uma máquina perfeita, com suas engrenagens governadas pelas leis da física.

O que separa esta teoria das outras é a ideia de que a única contribuição de Deus para o universo foi colocar tudo em movimento, e a partir dali as leis da ciência tomaram conta e governam toda sequência de eventos desde aquele tempo.

– Wikipedia, a enciclopédia livre

A metáfora do relógio mecânico na construção dos céus feita por Newton e seu legado ilustra o poder das metáforas no desenvolvimento do pensamento científico.

– Sylvan S. Schweber, "John Herschel and Charles Darwin"
[John Herschel e Charles Darwin] (1989)

Quando as leis de Aristóteles sobre o movimento foram desacreditadas, não havia lugar para o Primeiro Motor, ou para Espíritos Moventes. A mão de Deus, que previamente mantinha os corpos celestes em sua órbita, havia sido substituída pela gravitação universal. Milagres não tinham espaço em um sistema cujo funcionamento era automático e sem variação. Governado pela matemática precisa e por leis mecânicas, o universo de Newton parecia ser capaz de funcionar sozinho.

– Thomas H. Greer, *A Brief History of the Western World* [Uma breve história do mundo ocidental] (1982)

A imagem típica de Isaac Newton (1642-1727) como o modelo do deísmo Iluminista – responsável por propor Deus como relojoeiro divino, sem mais nada a fazer após completar sua criação inicial – é mais do que um erro grave: é precisamente o oposto da verdade. Não pode simplesmente ser corrigido, deve ser completamente repudiado. Na realidade, Newton rejeitou tanto a metáfora do relógio em si quanto a ideia do universo frio e mecânico sobre a qual é baseada. Sua concepção do mundo implicava em um profundo comprometimento com uma constante atividade da vontade divina, livre das restrições "racionais" deístas que posteriormente transformaram o soberano governante do universo em um simples monarca constitucional que não poderia violar suas próprias "leis".[1]

Há muito se sabe que Newton tinha profundo interesse em teologia, profecia bíblica, história da igreja e alquimia, aos quais ele dedicou muitos anos de sua vida e milhares de folhas de papel. Até recentemente, porém, estudiosos geralmente negavam que a enorme energia que ele colocou

---

[1] Para uma versão mais longa destas ideias, consultar Edward B. Davis, "Newton's Rejection of the 'Newtonian World View': The Role of Divine Will in Newton's Natural Philosophy", em *Facets of Faith and Science, Volume 3: The Role of Beliefs in the Natural Sciences,* ed. Jitse M. van der Meer (Lanham, Md.: University Press of America, 1996), 75-96; reimpresso com adições de *Science & Christian Belief* 3 (1991): 103-117, e *Fides et Historia* 22 (Verão de 1990): 6-20.

nestas buscas teve qualquer efeito discernível sobre seu trabalho científico – exceto, infelizmente, para tomar várias horas de seu tempo. Newton, como segue a história padrão, era um grande físico e matemático que vergonhosamente "brincava" com a alquimia e teologia; se ele frequentemente olhava para trás para a "idade das trevas" com muita intenção, foi principalmente o resultado do colapso nervoso que ele sofreu aos 51 anos de idade, após o qual ele não produziu muita ciência.

Duas coisas têm levado a maioria dos estudiosos contemporâneos a chegarem a conclusões muito diferentes. Primeiramente, os volumosos manuscritos de alquimia e teologia de Newton, agora espalhados em três continentes, têm sido examinados por uma comunidade diversa de especialistas que estudam tanto os escritos quanto seus contextos históricos, de modo muito mais profundo que pesquisadores anteriores. Além deste conhecimento está um ainda mais importante: uma nova atitude histórica que toma ao pé da letra o que Newton de fato disse e fez, sem impor nossas normas e crenças culturais modernas sobre ele e seu ambiente. A história deixa de ser confiável quando se esquece de nos mostrar o mundo como ele era para os personagens históricos em si – e é exatamente aí que que a visão tradicional sobre Newton errou tanto.

Quando visto através de seus próprios escritos, muitos deles negligenciados ou não compreendidos até recentemente, Newton é visto como alguém profundamente piedoso e um sério estudioso da teologia, cujas ideias sobre Deus e a Bíblia ajudaram a formar toda sua visão de mundo, incluindo seu conceito da natureza e como ela funcionava. Começando com cerca de trinta anos de idade, Newton começou uma vasta e incrivelmente detalhada investigação da teologia e história da igreja, focando especialmente na doutrina da trindade. Tendo lido todos os escritores patrísticos e examinado passagens bíblicas, ele enfatizou a autenticidade dos textos que falam da subordinação do Filho ao Pai, enquanto descartava outros textos tipicamente usados para sustentar a Trindade (incluindo 1João 5:7 e 1Timóteo 3:16), que teriam sido "corrupções" posteriores da Escritura. Logo ele concluiu que Cristo era o Filho de Deus e preexistente à criação, mas não coeterno e igual a Deus, o Pai. A Palavra criada (λόγος) tornada carne, Cristo deveria ser adorado por sua obediência até a morte – pelo que havia feito, não por quem é. Embora um mediador divino, Cristo era subordinado ao Pai, cuja vontade ele executava.

As crenças precisas de Newton sobre alguns pontos e como ele chegou a elas ainda é debatido por estudiosos. Não é inteiramente claro se ele é mais bem entendido como ariano (como a maioria dos estudiosos acredita) ou como sociniano ou algum outro tipo de anti-trinitariano, mas é perfeitamente claro que ele via a trindade como doutrina falsa e idólatra, uma abominação que havia sido criminalmente introduzida na igreja no século 4 pelo ardiloso Atanásio (c. 293-373), bispo de Alexandria. Na Inglaterra do século 17, tais convicções heterodoxas não eram toleradas, e assim Newton as compartilhou apenas com alguns poucos homens de igual pensamento cuidadosamente selecionados, entre eles Samuel Clarke (1675-1729) e William Whiston (1667-1752). Entretanto, sugestões veladas de sua cristologia herética aparecem em algumas publicações proeminentes, como no *"Scholium Geral"*, anexo à segunda edição (1713) de sua principal obra, *Principia*. No geral, ele se via como um dos poucos remanescentes de crentes reais em um cristianismo original e imaculado, propriamente monoteísta que precisava ser preservado e que finalmente seria restaurado.

É igualmente claro que Newton não era deísta, apesar de seu maior biógrafo, o falecido Richard S. Westfall (1924-1996), repetidamente citar seu deísmo como ponto óbvio – um fato irônico, visto que ninguém fez mais do que ele para tornar pública a devoção de Newton ao estudo teológico. Como muitos dos melhores acadêmicos de sua geração, Westfall via Newton através de uma forte lente modernista e, portanto, compreendeu erroneamente a questão central da religião de Newton. De acordo com Westfall, Newton colocava a razão acima das Escrituras e negou a trindade pois a via como demasiadamente misteriosa e irracional; o racionalismo na religião fez de Newton um proto-deísta, segundo Westfall. Na realidade, diferentemente dos deístas, Newton cria na Bíblia (exceto suas "corrupções" trinitárias) e muitas vezes a lia literalmente, especialmente textos proféticos de Daniel e Apocalipse. Ele acreditava na predestinação, na ressureição corpórea de Jesus, na futura ressurreição dos fiéis, e no reino milenar de Cristo. O texto bíblico em si tinha prioridade sobre "deduções" que a razão poderia extrair do texto – um exemplo primário sendo a errônea doutrina da trindade. Em resumo, Newton negou a trindade porque em sua visão a Bíblia não corrompida não a ensina, e não porque a razão o levou a negar uma doutrina genuinamente bíblica.[2]

Cerca de quatro anos antes de se aprofundar em teologia, Newton havia entrado em águas mais obscuras – nas quais ficou submergido por pelo menos três décadas. A própria palavra *alquimia* sugere a ouvidos modernos as mesmas coisas que sugeria a muitos ouvidos em meados do século 18, pouco tempo após a morte de Newton: fórmulas secretas, magia, e esforços vãos para transformar chumbo em ouro. Porém, para Newton e alguns de seus mais ilustres contemporâneos, incluindo Robert Boyle (1627-1691) e John Locke (1632-1704), a alquimia era parte séria da química, que possuía grande promessa para um entendimento da natureza da matéria. É possível que Newton considerasse a alquimia como uma forma de sondar o mistério de como Deus operava através de agentes intermediários para realizar sua vontade no mundo natural.[3] Não é de se surpreender, então, que ele escreveu mais de um milhão de palavras sobre assuntos de alquimia.

A convicção de Newton de que Deus governava o mundo ativamente e constantemente, mas geralmente indiretamente, provavelmente veio de uma ênfase ariana em Cristo como agente de Deus na criação do mundo. Em um de seus manuscritos não publicados, Newton escreveu que Cristo:

> Estava no princípio com Deus: todas as coisas foram criadas por ele e sem ele nada que existe foi criado... Assim como Cristo agora foi preparar um lugar melhor para os santos, no início ele preparou este lugar para os mortais estando em

---

[2] Westfall declarou isto mais enfaticamente em *Science and Religion in Seventeenth-Century England* (New Haven, Conn.: Yale University Press, 1958), cap. 8. Suas visões não eram muito diferentes no tempo de sua morte; consultar Westfall, "Isaac Newton", in *The History of Science and Religion in the Western Tradition: An Encyclopedia*, ed. Gary B. Ferngren, Edward J. Larson e Darrel W. Amundsen (Nova York: Garland Publishing, 2000), 95-99.

[3] Betty Jo Teeter Dobbs, *The Janus Faces of Genius: The Role of Alchemy in Newton's Thought* (Cambridge: Cambridge University Press, 1991).

glória com o pai antes de João 1. Pois o supremo Deus nada faz sozinho que possa fazer através de outros.[4]

Como vice-rei de Deus, Cristo controlava os "princípios ativos" que uniam partículas de matéria inerte para formar os diversos corpos, vivos e não vivos, que compõem o universo. Newton era bem versado em René Descartes (1596-1650) e outros filósofos mecanicistas, que buscavam explicar os fenômenos em termos de matéria e movimento. Ele mesmo era um filósofo mecanicista, mas via a imagem específica que Descartes pintara do mundo – nada mais que matéria e movimento – como teologicamente perigosa. Havia espaço para a livre atividade divina? A alquimia oferecia a resposta: a matéria em sua essência é incapaz de se manter unida ou influenciar outra matéria, exceto por contato direto, então as forças e poderes manifestos nos fenômenos químicos testemunham a atividade mediadora do criador, que criou a matéria do nada no início e que pode movê-la conforme desejar.

O entendimento de Newton da força cósmica da gravidade era similar ao seu entendimento da alquimia. Análises matemáticas dos movimentos celestes convenceram Newton sobre a realidade de forças de atração operando entre partes da matéria, mas quando ele apresentou sua teoria física completa na primeira edição de *Principia* (1687) ele não mencionou nada sobre a causa da gravidade. Alguns anos antes ele abandonara a ideia de que um éter mecânico, preenchendo todo espaço, poderia explicar a gravitação; não havia como o éter fazê-lo sem também impedir os movimentos dos planetas de formas que contradiziam as observações. Pouco após a publicação de *Principia*, porém, Newton passou a acreditar que Deus Pai poderia ser a causa direta e imediata da gravitação: o Deus onipresente, onde vivemos e nos movemos e temos nosso ser, move a matéria no espaço – o que Newton denominou "sensorium" de Deus – tão prontamente como movemos as par-

---

[4] Yahuda MS 15, fois. 96r/v, Jewish National and University Library, Jerusalem, http://www.newtonproject.sussex.ac.uk/texts/viewtext.php?id=THEM00222&mode=normalized (acessado em 7 de março de 2008). Aqui a referência de Newton a "1 John" significa o primeiro capítulo do evangelho de João, não a primeira epístola de João.

tes de nosso próprio corpo. As Questões 28 e 31 em *Opticks* (escrito para a tradução em Latim de 1706) e partes do *Scholium Geral* refletem esta visão, apesar de poucos leitores notarem a teologia embutida nestes textos.[5]

O pensamento de Newton nos anos próximos da publicação de *Principia* foi motivado por uma crença prevalecente na importância do domínio de Deus, realidade que, cria ele, a filosofia natural poderia demonstrar a partir de estudos de fenômenos aqui na Terra e nos céus. O domínio era, de fato, a característica definidora de Deus: "um ser, por mais perfeito, sem domínio não é o Senhor Deus", escreveu em *Scholium Geral*.[6] Consequentemente, Newton categoricamente se recusava a falar do mundo como um relógio que funciona sozinho, sem a necessidade de governo divino contínuo. Quando o filósofo alemão Gottfried Leibniz (1645-1716) questionou a crença de Newton de que Deus poderia precisar periodicamente ajustar os movimentos dos planetas para impedir que o universo degradasse, foi ele – e não Newton – que colocou relógios na conversa de forma explícita. Se Deus tinha que "dar corda em seu relógio de tempo em tempos", afirmava Leibniz, então ele não tinha "conhecimento antecipado o suficiente para fazer com que ele tivesse um movimento perpétuo", obrigando-o a "limpá-lo de tempos em tempos através de uma ocorrência extraordinária, e até consertá-lo, como um relojoeiro conserta seu trabalho", lançando dúvidas sobre a habilidade do artesão divino, que "é frequentemente obrigado a consertar seu trabalho e ajustá-lo". Na resposta dada por seu aluno Samuel Clarke, Newton explicitamente rejeitou o universo como um relógio que com tanta frequência é erroneamente associado ao seu nome: "A ideia do mundo como uma grande máquina, funcionando sem a interposição de Deus, como o relógio funciona sem a assistência do relojoeiro; é a noção de materialismo e destino, e tende (sob a pretensão de tornar Deus uma

---

[5]   Stephen D. Snobelen, "'God of Gods, and Lord of Lords': The Theology of Isaac Newton's General Scholium to the *Principia*", *Osiris* 16 (2001): 169-208.

[6]   Isaac Newton, *The Principia: Mathematical Principies of Natural Philosophy*, nova tradução por I. Bernard Cohen e Anne Whitman, auxiliado por Julia Budenz (Berkeley: University of California Press, 1999), 940-41.

inteligência supramundana,) a excluir a providência e o governo de Deus na realidade do mundo".[7]

Claramente, o Deus de Newton não era o relojoeiro ausente do Iluminismo. Pelo contrário, era livre para fazer um mundo como quisesse, e se escolhesse alterá-lo mais tarde, esta era a prerrogativa de um governador onipotente e providencial que exerce seu domínio sobre tudo o que acontece – quem somos nós mortais para questionar sua visão? Apesar de o Deus relojoeiro ser frequentemente associado com o "Newtonianismo", Newton não era newtoniano neste sentido. Como ele passou a ser visto como o homem do Iluminismo que ele nunca foi? Primeiramente, porque seus escritos teológicos e de alquimia permaneceram secretamente bem guardados durante sua vida, e antes do final do século 20 estudiosos não os levaram a sério como deveriam. Além disso, *philosophes* [filósofos] franceses no século 18 criaram sua própria visão de Newton como uma apoteose do tipo de razão secular que haviam defendido para substituir o cristianismo, e um Deus ativo não tinha lugar neste contexto. Ao mesmo tempo, a aplicação prática da física de Newton usando as noções de força, inércia e "leis" fixas para explicar o movimento nos céus e na Terra não requeria a invocação de um agente divino como parte da explicação; as leis em si eram suficientes para tanto, desde que as questões últimas fossem deixadas de lado.

A física de Newton raramente é ensinada hoje ao lado dos conceitos metafísicos e teológicos com os quais era inextricavelmente ligada em sua mente. Isto talvez seja menos verdadeiro na teoria da relatividade de Albert Einstein ou na teoria da evolução de Charles Darwin – o preconceito modernista mais uma vez se impõe. Se vamos separar a teoria científica do contexto intelectual mais amplo em que surgiu, devemos ter o cuidado especial para não associar seu fundador com visões diretamente opostas às que ele ou ela mantinha. Já passou da hora do relógio de Newton parar seu tique-taque.

---

[7] *The Leibniz-Clarke Correspondence*, ed. H. G. Alexander (Manchester: Manchester University Press, 1956), 11-12 e 14.

MITO 14

Que a Igreja condenou a anestesia no parto usando a Bíblia

Rennie B. Schoepflin

De púlpito em púlpito, o uso de clorofórmio por Simpson foi condenado como ímpio e contrário à Santa Escritura; textos foram citados abundantemente, a declaração comum sendo que o uso de clorofórmio seria para "evitar parte da maldição primordial sobre a mulher".

– Andrew Dickson White, *A History of the Warfare of Science with Theology in Christendom* [A história do conflito entre a ciência e teologia na cristandade] (1896)

Quando médicos do século 19 começaram a usar clorofórmio para aliviar a dor no parto, a igreja calvinista escocesa o declarou uma "invenção satanista" com a intenção de frustrar o projeto de Deus.

– Deborah Blum, *New York Times* (2006)

ntre as evidências citadas para ilustrar as formas em que uma igreja retrógrada estancou os avanços da ciência está o persistente mito de que o cristianismo institucional se opôs ao uso de anestesia no parto. O livro de Gênesis relata os fatos iniciais da procriação: como punição por seu pecado, Deus amaldiçoou Adão, Eva e seus descendentes; a partir dali o homem plantaria e colheria pelo suor de sua fronte, e mulheres teriam filhos com dor e sofrimento. Supostamente lido por autoridades da igreja e fiéis piedosos como um comando divino por toda a eternidade, esta passagem proibia a administração de anestesia no parto, cujo uso revelava um ato contestador de humanos rebeldes para subverter o propósito de Deus. Para a igreja e seus fiéis, tal impiedade científica "contrária à Santa Escritura", poderia vir apenas do Príncipe dos Demônios como uma "invenção satânica" para arruinar o projeto de Deus. Para os defensores dos avanços da ciência, tal obscurantismo religioso apenas confirmou suas suspeitas sobre a ameaça da igreja ao progresso humano. Mas será esta a história completa, e se não, por que persiste, repetida igualmente por queixosos, fiéis e especialistas por mais de cem anos?

Logo após a descoberta da anestesia baseada em éter em 1846, o influente obstetra de Edimburgo James Young Simpson (1811-1870) rapidamente a adotou para aliviar a dor durante o parto.[1] Após Simpson descobrir as qualidades anestésicas do clorofórmio no final de 1847, ele se estabeleceu como o maior defensor no controle da dor no parto, ao advogar incansavelmente por sua segurança e eficácia contra oposição científica, e defendendo seu uso contra objeções religiosas e morais. Já em dezembro de 1874 ele havia publicado um panfleto intitulado "Answer to the Religious Objections Advanced against the Employment of Anaesthetic Agents in Midwifery and Surgery" [Resposta às objeções religiosas feitas contra o uso de agentes anestésicos na obstetrícia e cirurgia]. Direcionado principalmente aos profissionais da área da saúde, seu panfleto argumentava com base exegética, lógica, histórica e moral contra os que "acreditavam que a prática em questão deve em qualquer nível ser oposta e rejeitada com base religiosa".[2] Típico de muitos de seus contemporâneos médicos e cientistas, Simpson negou conflito inerente entre religião e ciência, e em 1848, em uma carta ao médico londrino Dr. Protheroe Smith ele afirmou que "a linguagem da Bíblia é, neste e outros pontos, estritamente e cientificamente correta".[3]

Teólogos e pastores das igrejas presbiteriana, anglicana e diversas igrejas dissidentes enviaram respostas esmagadoramente positivas para Simpson por seu panfleto de 1847. No entanto, objeções religiosas vieram de alguns pastores e de leigos também.[4] Simpson notou que em Edimburgo "alguns dentre os próprios ministros religiosos, por um tempo, se uniram ao grito contra a nova prática", mas que em meados de 1848 ele não mais "encontrou nenhuma objeção neste ponto, pois oposição religiosa, como as outras formas de oposição ao clorofórmio, não estão mais entre nós".[5] O reverendo Thomas Boodle de Surrey leu o panfleto de Simpson e relatou

---

[1] Para informação biográfica sobre Simpson, consultar J[ohn] Duns, *Memoir of Sir James Y. Simpson, Bart.* (Edinburgh: Edmonston and Douglas, 1873).

[2] W. O. Priestley e Horatio R. Storer, eds., *The Obstetric Memoirs and Contributions of James Y. Simpson, M.D. F.R.S.E.*, 2 vols. (Edinburgo: Adam and Charles Black, 1855), 1:608.

[3] Ibid., 1:624.

[4] Ibid., 1:623.

[5] Ibid., 1:622.

que "[ele] me aliviou das sérias objeções [religiosas?] que eu nutria", mas que ele desejava mais informações com relação à "segurança e conveniência" na obstetrícia.[6] Robert Gaye, clérigo da Igreja da Irlanda do Norte similarmente escreveu que "pode ser gratificante para você saber que a minha pobre opinião, e a opinião geral aqui entre todos que examinaram seu trabalho, clérigos e médicos – é que seu panfleto é profundamente interessante em um assunto sobre o qual duvidamos se alguma pessoa em sã consciência poderia ter uma outra opinião".[7] Simpson pode até ser culpado de exagero na declaração de que toda oposição ao clorofórmio acabou em meados de 1848; alguma evidência sugere que ela continuou até que a Rainha Vitória deu à luz o Príncipe Leopoldo sob anestesia em 1853.[8] Entretanto, nenhuma evidência sustenta a noção de que a oposição era generalizada ou orquestrada pelo cristianismo institucional.

A.D. Farr, historiador e físico que conduziu uma extensa pesquisa no assunto, encontrou apenas breve evidência publicada "ou de oposição teológica à anestesia por igrejas institucionais ou de qualquer oposição largamente defendida (ou expressa) por parte de indivíduos". Ele concluiu que "é quase certo que o panfleto de Simpson ... foi escrito para impedir futuras objeções que, neste caso, não surgiram, e que sua publicação foi subsequentemente mal-entendida por outros comentaristas como evidência de uma oposição que de fato não existiu".[9] Concordando ou não com a conclusão de Farr em relação à previsão de Simpson, ele sem dúvida estava correto em que a religião institucional no Reino Unido não realizou nenhum ataque formal ao uso de anestesia no parto.

---

[6] Carta de Thomas Boodle para J. Y. Simpson, 14 de janeiro de 1848, Royal College of Surgeons of Edinburgh, Surgeons' Hall Trust Collections, Arquivo RS Sl e RS S2, Publicações do Sir James Young Simpson, J.Y.S. 224, http://www.rcsed.ac.uk/site/PID=42200414410/ 761/default.aspx (acessado em 2 de agosto de 2007).

[7] Carta do Rev. Robert Gayle para James Y. Simpson, 17 de fevereiro de 1848, Royal College of Surgeons of Edinburgh, Surgeons' Hall Trust Collections, Arquivo RS Sl e RS S2, Papéis do Sir James Young Simpson, J.Y.S. 227, www.rcsed.ac.uk/site/PID=422004151120/761/default.aspx (acessado em 2 de agosto de 2007).

[8] A. D. Farr, "Religious Opposition to Obstetric Anaesthesia: A Myth?" *Annals of Science* 40 (1983): 166.

[9] A. D. Farr, "Early Opposition to Obstetric Anaesthesia", *Anaesthesia* 35 (1980): 906.

TERRA PLANA, GALILEU NA PRISÃO E OUTROS MITOS SOBRE CIÊNCIA E RELIGIÃO

Na primavera de 1847, Frances "Fanny" Appleton Longfellow (1817-1861), a segunda esposa de Henry Wadsworth Longfellow (1807-1882), se tornou a primeira mulher norte-americana a receber éter durante o parto, e em janeiro de 1848 o panfleto "Answer to the Religious Objections..." [Resposta às objeções religiosas ...] de Simpson havia chegado em Boston.[10] O médico e professor de obstetrícia de Harvard Walter Channing (1786-1876) rapidamente adotou o uso de éter e clorofórmio para controlar a dor e desconforto no parto em 1848, argumentando assertivamente sobre sua segurança e eficácia. Em seu amplamente lido *Treatise on Etherization in Childbirth* [Tratado sobre uso de éter no parto] (1848), Channing apresentou o argumento médico e científico em favor da administração de anestesia no parto e refutou diversas objeções religiosas e morais.[11]

Channing começa sua defesa enumerando diversos exemplos de supostos ensinos bíblicos que foram usados de modo inapropriado no passado, muitas vezes para justificar todo tipo de crenças e comportamentos contraditórios e obscuros: uma Terra estacionária, guerras, completa (e parcial) abstinência de álcool, pena de morte e submissão cega aos governantes. Em suas palavras: "e, finalmente, o uso de éter tem, para alguns, um obstáculo insuperável no terceiro capítulo de Gênesis". Ele ouvira que alguns cristãos apresentavam objeções ao uso de anestesia no parto fazendo referência à Gênesis 3:16, e mesmo sabendo do panfleto de Simpson, entendia que tais opiniões estavam "confinadas apenas a alguns ministros religiosos". Porém, examinando mais de perto, descobriu "que as pessoas estavam recebendo a doutrina e que médicos estavam entre seus advogados".[12]

Channing escreveu para George Rapall Noyes (1798-1868), professor de Hebraico e de línguas Orientais em Harvard, para solicitar sua interpretação da passagem de Gênesis sobre o parto. Noyes respondeu que "eu precisaria então também acreditar que máquinas facilitadoras de trabalho

---

[10] Sylvia D. Hoffert, *Private Matters: American Attitudes toward Childbearing and Infant Nurture in the Urban North, 1800-1860* (Urbana: University of Illinois Press, 1989), 82, 87.

[11] Walter Channing, *A Treatise on Etherization in Childbirth* (Boston: William D. Ticknor, 1848), "III. The Religious Objections to Etherization", 141-52, e "IV. The Moral Objection to Etherization", 152-56.

[12] Ibid., 141, 142.

estão em oposição à declaração 'com o suor do seu rosto você comerá o seu pão'; ou que o cultivo e limpeza da terra estão em oposição à declaração 'ela lhe dará espinhos e ervas daninhas'" se for para acreditar que Gênesis proíbe o uso de anestesia para aliviar a dor no parto. Para Channing, isto eliminou qualquer motivo bíblico justificável para condenar a anestesia no parto, mas como no caso de Edimburgo, "o interesse no nosso assunto se estendeu para além da profissão médica, e chegou até o púlpito". Channing relatou uma anedota sobre um pastor que havia recentemente pregado um sermão denominado "Deliver Us from Evil"[13] [Liberta-nos do mal] sobre os perigos da anestesia no parto. "Alguém disse para o amigo, ao sair da igreja, 'O que você achou do sermão?' – 'Bom', respondeu. 'Não é totalmente errado diminuir ou acabar com a dor. *Então podemos comer pastilhas de menta!'*"[14]

Após a Guerra Civil norte-americana, alguma oposição organizada ao uso de anestesia no parto pode ter surgido nos Estados Unidos, como revelado pelo fato da American Medical Association [Associação Médica Americana] em 1888 achar necessário dispensar "objeções religiosas à anestesia obstétrica como 'absurdas e fúteis.'"[15] Mas, assim como no Reino Unido, pouca ou nenhuma evidência apoia a alegação de que a igreja tenha feito ataques sistemáticos ou prolongados; pelo contrário, os registros revelam que muito da oposição religiosa e moral veio dos próprios médicos. Como a historiadora Sylvia D. Hoffert concluiu,

> Não há evidência para supor que mulheres gestantes ou membros de suas famílias estavam minimamente preocupados com qualquer questão religiosa, filosófica ou social sendo debatida por membros da comunidade médica. A sua própria experiência, ou o que conheciam sobre a experiência de outras mulheres, dizia que poderiam sofrer durante o parto, e estavam muito dispostas a tentar algo que poderia as aliviar nesta agonia antecipada.[16]

---

[13] Há um jogo de palavras em inglês com o termo *"deliver"*, que pode se referir tanto à "libertar" como ao termo usado para o parto de uma criança. [N. E.]

[14] Ibid., 145, 149. Óleo de menta é um leve analgésico.

[15] "Report of the Committee on Obstetrics", *Transactions of the American Medical Association* 1 (1848): 226, conforme citado em Hoffert, *Private Matters,* 103, n. 122.

[16] Hoffert, Private Matters, 90.

Nem todo médico estava tão confiante da segurança e eficácia da anestesia como Simpson e Channing ou, como vimos, tão despreocupado com as implicações religiosas. Mas ao contrário da visão muitas vezes repetida de que autoridades da igreja encabeçaram uma oposição à anestesia no parto, foram profissionais obstétricos – da Irlanda e Inglaterra até a França, Alemanha e Estados Unidos – que provaram ser seus grandes oponentes, mas por motivos médicos, e não religiosos.[17] Charles D. Meigs (1792-1869), professor de obstetrícia no Jefferson Medical College na Filadélfia por mais de quarenta anos, mostrou-se um dos oponentes mais influentes e declarados. Mas até mesmo as objeções de Meigs têm sido mal interpretadas por comentaristas, como se houvessem sido baseadas primariamente na religião e moralidade, e não na ciência.[18]

Meigs acreditava que a "anestesia na obstetrícia" era "desnecessária" e "imprópria", e uma violação das "operações das forças naturais e fisiológicas que a Divindade nos ordenou para gozar ou sofrer". A lei natural, e não uma restrição bíblica ou a autoridade da igreja, porém, informaram as objeções de Meigs. Ao invés de questionar a benevolência de Deus ao ordenar "mulheres à tristeza e dor que sofrem no parto", devemos, de acordo com Meigs, reconhecer que "existe uma conexão econômica entre o poder e dor do parto. Enquanto, portanto, podemos assumir o privilégio de controlar, verificar e diminuir as dores do parto quando se tornam grandes a ponto de serem adequadamente denominadas patológicas", ele escreveu, "nego que temos o direito profissional, para prevenir ou eliminá-la, de colocar a vida de mulheres sob o risco do *progresso* da anestesia, cujas leis não são, e provavelmente nunca serão, estabelecidas a ponto de poder serem previstas".[19] Para Meigs, a força necessária para liberar o bebê da mãe era

---

[17] Donald Caton, *What a Blessing She Had Chloroform: The Medical and Social Response to the Pain of Childbirth from 1800 to the Present* (New Haven, Conn.: Yale University Press, 1999), 25. Para uma discussão detalhada dos debates médicos sobre o clorofórmio, consultar A. J. Youngson, *The Scientific Revolution in Victorian Medicine* (Nova York: Holmes e Meier, 1979), cap. 3, "The Fight for Chloroform", 73-126.

[18] Por exemplo, consultar Hoffert, *Private Matters*, 87.

[19] Charles D. Meigs, *Obstetrics: The Science and the Art* (Philadelphia: Lea and Blanchard, 1849), 319.

inseparável da dor resultante; a dor não era devido a uma "maldição" bíblica, mas aos resultados naturais físicos da força mecânica sobre o tecido vivo. E quando estas não interferiam com os pulsos de força necessários para um parto natural, medidas de controles de dor deveriam ser aplicadas.

Quando Meigs se referiu à "profunda *embriaguez* da anestesia" e afirmou que "estar insensível por causa de uísque, gim, conhaque, vinho, cerveja, éter e clorofórmio é o que o mundo chama de 'estar de porre'",[20] suas preocupações eram médicas, não morais. Meigs temia que mulheres sob efeito da anestesia não estariam conscientes o suficiente para responder às perguntas dos médicos durante o parto – quando, por exemplo, precisavam manipular o bebê com o fórceps. Ecoando o antigo mandato hipocrático de "não fazer nenhum mal", ele concluía que o parto natural "é o ponto culminante das forças somáticas femininas. Não há, no parto natural, o elemento de doença – e, portanto, os bons antigos escritores não disseram nada mais verdadeiro ou sábio que seu velho ditado de que '*a intromissão na obstetrícia é ruim*.'"[21]

O estudo do historiador da medicina Martin S. Pernick sobre a mudança de atitudes norte-americanas com relação à dor e seu alívio fornece contexto essencial para o entendimento destas reações à anestesia e parto. Ele constatou que "uma grande variedade de curandeiros do século 19 concluíram que as dores e doenças de parto eram punições merecidas, e que seria imoral e insalubre remover estes castigos por anestesia". Apesar de concluir que "uma leitura literal da Bíblia teve lugar em tal opinião", ele também descobriu que "tais argumentos foram derivados mais das doutrinas de cura natural do que do livro de Gênesis. E os expoentes mais extremos desta visão não eram rígidos adeptos da predestinação, mas perfeccionistas radicais como hidropatas e grahamitas".[22] [23]

---

[20] Em inglês: *dead-drunk*. [N. E.]

[21] Ibid., 325.

[22] Os chamados *grahamitas* eram os seguidores da dieta rica em fibras de Sylvester Graham (1794-1851), um pastor presbiteriano considerado o pai do vegetarianismo nos EUA. [N. E.]

[23] Martin S. Pernick, *A Calculus of Suffering: Pain, Professionalism, and Anesthesia in Nineteenth-Century America* (Nova York: Columbia University Press, 1985), 55.

Apesar da esmagadora evidência de que médicos – e não ministros religiosos – do século 19 lideraram a oposição à anestesia no parto, e que seus objetivos se centravam em questões médicas e não religiosas, a visão oposta persiste. Por que tais conclusões falsas continuam? A razão central está no uso continuado e desmerecido dos textos de dois polemistas do século 19 como se fossem autoridades acadêmicas: John William Draper, *History of the Conflict Between Religion and Science* [A história do conflito entre religião e ciência] (1874), e Andrew Dickson White, *A History of the Warfare of Science with Theology in Christendom* [A história do conflito entre a ciência e teologia na cristandade] (1896). Ambos autores repetiram a alegação de que o uso da anestesia no parto foi desencorajado não por motivos fisiológicos, mas por razões bíblicas e pelo medo da impiedade.[24] Bertrand Russel se baseou nesses dois livros em sua obra *Religion and Science* [Religião e Ciência] (1935), sugerindo que "outra ocasião para a intervenção teológica prevenir a mitigação do sofrimento humano foi a descoberta da anestesia".[25] Perpetuando o mito, o médico patologista e escritor Thomas Dormandy afirmou em *The Worst of Evils: The Fight against Pain* [O pior dos males: a luta contra a dor] (2006) que, na luta contra o uso de clorofórmio, obstetras levantaram "objeções comparativamente leves" ao seu uso, e levantaram objeções mais fortes com "motivos morais e religiosos". Mas as objeções dos médicos eram irrisórias "comparadas com as profundas suspeitas religiosas expressas tanto por ministros da Igreja da Escócia quanto leigos devotos [sic]".[26]

Outro motivo está na natureza descentralizada da crença e prática no mundo moderno. Contrário às imagens monolíticas de ciência e religião promovidas por White e Draper, geralmente a eficácia da autoridade da igreja segue, e não determina, a crença e comportamento predominantes. Neste caso foi uma diversidade de leigos, e não médicos nem autoridades

---

[24] White, *Warfare of Science with Theology,* 2:62-63; John William Draper, *History of the Conflict between Religion and Science* (Nova York: D. Appleton, 1874), 318-19.

[25] Bertrand Russell, *Religion and Science* (Nova York: Oxford University Press, 1935), 105.

[26] Thomas Dormandy, *The Worst of Evils: The Fight against Pain* (New Haven, Conn.: Yale University Press, 2006), 247.

religiosas, que levantaram questões sobre uma perda de controle moral sob sedação e que encorajaram a crença na virtude do sofrimento no parto.

No outono de 1956, o Papa Pio XII (1876-1958), respondendo às preocupações levantadas pela Italian Society of the Science of Anesthetics [Sociedade Italiana da Ciência de Anestésicos], afirmou que um médico que usa anestesia em sua prática "não entra em contradição com a ordem moral nem com o ideal especificamente cristão"; pacientes "que desejam evitar ou mitigar a dor podem, sem encargo na consciência, usar os meios descobertos pela ciência que, em si, não são imorais. Determinadas circunstâncias podem impor outra linha de conduta, mas a obrigação cristã de renúncia e purificação interior não é obstáculo para o uso de anestésicos".[27] Esta declaração clara de talvez uma das mais conservadoras igrejas cristãs revela a continuada falência do mito de que a igreja usou bases bíblicas para condenar o uso de anestesia no parto.

---

[27] "Pope Approves Pain-Easing Drugs, Even When Use Might Shorten Life", *Los Angeles Times*, 25 de fevereiro de 1957, 1, 12.

MITO 15

Que a teoria da evolução orgânica é baseada em um raciocínio circular

Nicolaas A. Rupke

Criacionistas há muito insistem que a principal evidência para a evolução – o registro fóssil – envolve um caso sério de raciocínio circular.

– Henry M. Morris, "Circular Reasoning in Evolutionary Biology" [Raciocínio circular na biologia evolutiva] (1977)

Darwinistas modernos continuam usando a homologia como evidência para sua teoria. Mas ... se a homologia é *definida* como similaridade devido à ancestralidade comum, então é raciocínio circular usá-la como *evidência* para ancestralidade comum.

– Jonathan Wells, *Icons of Evolution: Science or Myth?* [Ícones da evolução: ciência ou mito?] (2000)

Pode a teoria darwiniana da evolução ser descartada como se fosse um simples caso de raciocínio circular? Acaso a ciência evolutiva se assemelha a um cão tolo correndo atrás do próprio rabo, girando empolgadamente em círculos, mas sem nunca alcançar o que realmente deseja – ou seja, a evidência factual que tanto lhe falta? Muitos criacionistas acreditam que sim. Alguns preferem outra metáfora para descartar a teoria darwiniana, como uma serpente mordendo o próprio rabo, usada pelo convicto antidarwiniano, escritor e criador do padre-detetive Padre Brown, G.K. Chesterton (1874-1936). Em *O Homem Eterno* (1925), Chesterton usou esta imagem como símbolo do que ele acreditava ser o raciocínio circular e autorrefutável[1] de muito da filosofia não cristã.[2] Mas a despeito de qualquer metáfora que escolham, criacionistas consideram que as fundações lógicas da teoria evolutiva são fatalmente falhas.

Tradicionalmente, os dois campos científicos mais importantes que fornecem evidências para evolução orgânica são a geologia e a biologia.

---

[1] No original, "*self-defeating*", termo normalmente usado em textos filosóficos e se refere a um argumento que se anula, ou seja, um argumento em que pelo menos uma de suas conclusões enfraquece uma das premissas. [N. E.]

[2] G. K. Chesterton, *The Everlasting Man*, em *The Collected Works of* G. K. *Chesterton*, vol. 2 (São Francisco: Ignatius Press, 1986), 266-67.

O primeiro nos deu a coluna geológica, também conhecida como tabela estratigráfica, que mostra a sucessão global de baixo para cima e de antigo para recente das formações rochosas que ao longo de muitos milhões de anos passaram a compor a crosta terrestre. A coluna geológica também exibe o registro fóssil, os restantes de formas de vida passadas que em sua grande maioria foram extintas. Este registro revela a tendência progressiva do simples para o complexo, "do unicelular para o homem". O primeiro livro em língua inglesa a apresentar a evolução orgânica, *Vestiges of the Natural History of Creation* [Vestígios da história natural da criação] (1844) – anonimamente impresso, mas escrito pelo editor Robert Chambers (1802-1871) em Edimburgo – se baseia quase inteiramente na longa e progressiva história da Terra e da vida, como indicados pela coluna geológica. Charles Darwin (1809-1882), também, apesar de mais discretamente que Chambers, recorreu ao registro fóssil em seu *A Origem das Espécies* (1859) ao tentar validar sua teoria de descendência com modificação.

Além disso, Darwin também recorreu a fenômenos biológicos como "a unidade de tipo", o fato de todas as espécies pertencentes a, por exemplo, vertebrados – animais com espinha dorsal e medula espinhal – serem feitas com um plano arquitetônico comum. Um órgão, como um membro anterior, em uma espécie vertebrada é correspondente a um órgão similar em outra espécie vertebrada, onde ocorre na mesma posição relativa, apesar de ter formato ou função diferente. Tais similaridades são denominadas *homologias*. O braço de um humano, por exemplo, é homólogo à barbatana de um peixe. Darwin afirmava que continuidades homológicas de uma espécie a outra se encaixavam maravilhosamente em sua teoria da evolução de todas as espécies de um ancestral comum.

"Não tão rápido", dizem criacionistas dos séculos 20 e 21. A lógica estrita mostra, insistem, que argumentos a favor da evolução a partir da coluna estratigráfica e da homologia são inválidos, porque representam instâncias de raciocínio circular bruto. De forma simples, estas provas da evolução são baseadas na suposição da evolução. Esta objeção foi levantada mais proeminentemente por George McCready Price (1870-1963), o adventista do Sétimo Dia que fundou a "geologia do dilúvio" (nomeada com base no

182 COLEÇÃO FÉ, CIÊNCIA & CULTURA

relato bíblico da arca de Noé e do dilúvio). Price alega em *The New Geology* [A nova geologia] (1923) que a coluna geológica é um artefato remendado baseado em uma crença *a priori* na progressão evolutiva da vida ao longo do tempo.[3] O argumento de Price contra a evolução ganhou popularidade com o movimento do criacionismo científico na década de 1960, que decolou na onda daquele que se tornou seu texto canônico, *The Genesis Flood* [O dilúvio de gênesis] (1961). Este livro, escrito por um professor de Antigo Testamento evangélico conservador, John C. Whitcomb (n.1924), e um professor de engenharia hidráulica ligado à Convenção Batista do Sul dos EUA, Henry M. Morris (1918-2006), expandiu significativamente o criacionismo de Terra jovem de Price, atribuindo à formação de praticamente toda a crosta sedimentar da Terra a um evento catastrófico único, o dilúvio bíblico.

A geologia diluviana tornava inútil a tabela estratigráfica padrão: seus proponentes argumentavam que ela não provava nem a longa história do acúmulo gradual de rochas nem a sucessão bem ordenada de fósseis. Morris, o fundador e primeiro presidente do Institute for Creation Research [Instituto de Pesquisas da Criação], defendia – assim como Price – que o aparente progresso de fósseis na coluna geológica, usado como prova da evolução, era um artifício produzido por geólogos que haviam aceitado a evolução e a usaram para datar formações de rochas e organizar a tabela estratigráfica. "Este é, obviamente, um raciocínio circular".[4] Dado o fato de que "a única evidência genuinamente histórica para a verdade da evolução é encontrada neste registro de fósseis", a teoria da evolução cai por terra como um castelo de cartas.[5] Morris e Whitcomb resumem o argumento: "A importância dos fósseis na datação das camadas geológicas é [para os que defendem a evolução] fundamental. É impressionante que o círculo vicioso de raciocínio para este procedimento não seja apreciado

---

[3] Consultar também George McCready Price, *Evolutionary Geology and the New Catastrophism* (Mountain View, Calif.: Pacific Press Publishing Association, 1926), 9-43.

[4] Henry M. Morris, "Science versus Scientism in Historical Geology", in *Scientific Studies in Special Creation*, ed. Walter E. Lammerts (Filadélfia: Presbyterian and Reformed Publishing Co., 1971), 116.

[5] Ibid., 114.

por paleontologistas. *Apenas os fósseis* são usados para atribuir um tempo geológico para um estrato rochoso, e ainda assim essa sequência de fósseis é tida como a maior prova da evolução orgânica!"[6]

As alegações de raciocínio circular se tornaram parte da coleção de argumentos dos criacionistas da Terra jovem contra Darwin e a evolução.[7] Além disto, esta linha de argumentação antidarwiniana tem sido adotada pelo movimento mais recente do design inteligente (DI), centrado no Discovery Institute. Proponentes do DI geralmente evitam tratar da questão da idade da Terra ou da validade da coluna geológica. Porém, eles também lutam contra darwinismo e visões neodarwinianas, apontando o que acreditam serem as fraquezas fatais da lógica de argumentação da evolução. Entre eles está Jonathan Wells (n. 1942), biólogo, teólogo e pastor da Unification Church, com formação em Berkeley e Yale, e membro do Center for Science and Culture [Centro para Ciência e Cultura] do Discovery Institute.[8] Em *Icons of Evolution* [Ícones da evolução] (2000) Wells discute "porque muito do que ensinamos sobre evolução está errado". Um dos "ícones" que ele cita, convencionalmente usado como prova da evolução, é o fenômeno da homologia. "Mas o que, precisamente, é a homologia?" pergunta Wells. Na seção *"Homology and Circular Reasoning"* [Homologia e raciocínio circular], ele explica que biólogos evolutivos definem o termo como a similaridade entre diferentes espécies que se dá devido à sua ancestralidade comum. Em outras palavras, a homologia indica a evolução e a evolução produz a homologia – o perfeito "argumento circular".

Considere o exemplo dos padrões ósseos nos membros anteriores, que Darwin via como evidência da ancestralidade comum dos vertebrados. Um neodarwinista que deseje determinar se membros anteriores dos vertebrados são homólogos deve primeiro determinar se eles [as espécies sendo comparadas]

---

[6] John C. Whitcomb, Jr. e Henry M. Morris, *The Genesis Flood: The Biblical Record and Its Scientific Implications* (Filadélfia: Presbyterian and Reformed Publishing Co., 1961), 203-4; consultar também 132-35; 169-70; 203-6.

[7] Para mais referências dos prós e contras, consultar Ronald L. Ecker, *Dictionary of Science and Creationism* (Buffalo, N.Y.: Prometheus Books, 1990), 101, 103.

[8] Para afiliações religiosas de Wells e outros criacionistas, consultar Ronald L. Numbers, *The Creationists: From Scientific Creationism to Intelligent Design*, exp. ed. (Cambridge, Mass.: Harvard University Press, 2006), 380-81 e *passim*.

derivam de um ancestral comum. Em outras palavras, deve haver evidência de um ancestral comum antes que membros possam ser denominados homólogos. Mas a partir disto, argumentar que membros homólogos apontam para ancestralidade é um círculo vicioso: A ancestralidade comum demonstra a homologia que demonstra a ancestralidade comum.[9]

Não fica mais fácil para os darwinistas – mantém Wells – quando usam o registro fóssil para determinar relações evolucionárias. "Infelizmente, a comparação fóssil não é mais objetiva que comparar amostras vivas... Qualquer tentativa de inferir relações evolucionárias entre fósseis baseado na homologia como ancestralidade comum 'leva rapidamente a um emaranhado de argumentos circulares de onde não há escapatória.'"[10]

Alguns evolucionistas têm respondido tais alegações com o esforço de se absolverem do pecado de estar correndo atrás do próprio rabo.[11] Mas isto tem se mostrado difícil. Criacionistas científicos não são tolos, e, estritamente falando, realmente têm a lógica do seu lado na maioria dos casos citados aqui. Além disto, conseguiram unir citações de evolucionistas preocupados, que apreensivamente admitem as práticas ilógicas das quais são acusados.[12] Muito provavelmente, diversos estudos paleontológico-estratigráficos não são confiáveis pois são fundados em um *petitio principii* (a falácia lógica de "petição de princípio").

Mesmo assim, a afirmação que a evolução é crucialmente baseada em argumentos circulares é um mito. Há um motivo simples por que o uso da sucessão fóssil e homologia em suporte da teoria da evolução não constituem um argumento circular, e o motivo é fornecido pela história. Tanto a coluna geológica quanto a teoria da homologia vertebrada adquiriram seu formato mais ou menos definido cerca de dez a vinte anos antes de *A Origem das Espécies* de Darwin ser publicada, e mesmo alguns anos antes de *Vestígios* criar uma "sensação vitoriana". Nenhum dos campos de evidência

---

[9] Wells, *Icons of Evolution*, 63.

[10] Ibid., 67-68. No final Wells está citando de Robert R. Sokal e Peter H. A. Sneath, *Principles of Numerical Taxonomy* (São Francisco: W. H. Freeman, 1963).

[11] For examplo, David L. Hull, "Certainty and Circularity in Evolutionary Taxonomy", *Evolution* 21 (1967): 174-89.

[12] Diversas citações são dadas por Morris, "Circular Reasoning", e por Wells, *Icons of Evolution*, 63-66.

foi, em seu estado formativo, gerado por uma crença na transmutação das espécies de Chambers ou na descendência com modificação de Darwin. Quando concebidas, a tabela estratigráfica e a homologia não tinham nenhuma relação com a teoria da evolução. Não apenas não tinham relação com o Darwinismo ou qualquer de suas hipóteses anteriores sobre a origem das espécies, mas, mais importante, ambas chegaram à sua forma madura no contexto da ciência criacionista, mesmo sendo criacionismo da Terra antiga. (Pelo menos este foi o caso do mundo de língua inglesa, onde foco minha atenção. Na Alemanha e na França os desenvolvimentos foram diferentes, apesar de não fundamentalmente diferentes com relação à inicial falta de importância da teoria da evolução.)[13]

Permita-me fornecer detalhes históricos específicos, primeiro com relação à coluna geológica.[14] Na Inglaterra, tão logo quanto em 1820, já havia esboço da tabela estratigráfica, uma tabela esqueleto da qual a versão seguinte, essencialmente completa, de 1840, cresceu por adições graduais e correções parciais. O clérigo anglicano e geólogo de Oxford William Buckland (1784-1856) produziu esta tabela inicial de formações rochosas. A linhagem do esboço da coluna de Buckland ia até a década de 1790. Durante aquela década uma escola de estratigrafia mineralógica se originou com o trabalho do mineralogista luterano Abraham Gottlob Werner (1749-1817), que ensinou na Freiberg Mining Academy na Saxônia. O interesse pelas ideias de Werner se espalhou pela Europa, chegando, entre outros lugares, a Edimburgo. Com base na superposição física e composição mineralógica das camadas, Werner reconheceu quatro grandes formações sucessivas, que interpretou como períodos da história da Terra.

Durante a primeira década do século 19, o paleontologista francês luterano Georges Cuvier (1769-1832) e seus colaboradores contribuíram

---

[13] Para um tratamento magistral dos desenvolvimentos relevantes que evidenciam a contribuição continental com a "reconstrução" do tempo geológico, consultar Martin J. S. Rudwick, *Bursting the Limits of Time: The Reconstruction of Geohistory in the Age of Revolution* (Chicago: University of Chicago Press, 2005).

[14] Tirado de Nicolaas A. Rupke, *The Great Chain of History: William Buckland and the English School of Geology, 1814-1849* (Oxford: Clarendon Press, 1983), 111-29. Consultar também Rachel Laudan, *From Mineralogy to Geology: The Foundations of a Science, 1650-1830* (Chicago: University of Chicago Press, 1987), 138-79.

com este novo campo com uma descrição clássica da sucessão de formas rochosas que ocorre na bacia parisiense. O trabalho de Cuvier foi notado pelos jovens geólogos de Oxbridge. A tabela de camadas de Cuvier também mostrava a superposição e composição mineralógica das rochas, mas adicionava a observação fundamental que diferentes unidades de rocha contêm diferentes conjuntos de fósseis. A década seguinte trouxe à atenção da Geological Society of London [Sociedade Geológica de Londres] o trabalho altamente detalhado e empírico do pesquisador William Smith (1769-1839), que documentou sequências de camadas na Inglaterra, País de Gales, Escócia e, como Cuvier, apontou para o valor dos fósseis na caracterização destas camadas. Neste tempo, porém, pouca coisa existia além de perfis rochosos locais e regionais não correlacionados. Até mesmo a tabela de Werner, apesar de sua alegação de aplicabilidade global, foi baseada em pouco mais do que o estudo de uma única região.

Diversos membros da Geological Society of London acreditavam que um padrão internacional de estratigrafia era impossível. Mas Buckland provou que estavam errados. O fim das guerras napoleônicas estimulou a viagem internacional, e Buckland visitou a Europa continental diversas vezes. Cooperando com colegas e estudantes, particularmente com o clérigo anglicano e geólogo William Daniel Conybeare (1789-1857), Buckland produziu uma tabela estratigráfica que uniu todas as diversas seções da superposição de camadas nas Ilhas Britânicas, tornando possível a comparação e correlação com sucessões rochosas na Saxônia de Werner, na Bacia Parisiense de Cuvier, na bacia de Viena, na região de São Petersburgo no Leste, e em partes da Itália e Sul da Europa. Buckland agrupou dados europeus no esforço de "provar sua correspondência com formações inglesas pela evidência de seções reais, e mostrar que uma ordem de sucessão constante e regular prevalece nos distritos alpino e transalpino, e geralmente ao longo do continente, e que esta ordem é a mesma que existe em nosso país".[15]

Portanto, o critério primário para a classificação e correlação estratigráfica foram a superposição e litologia, fato refletido em nomes de formação

---

[15] Citado em Rupke, *Great Chain of History*, 124.

TERRA PLANA, GALILEU NA PRISÃO E OUTROS MITOS SOBRE CIÊNCIA E RELIGIÃO   187

como "medidas de carvão" e "giz". Buckland era familiar com as descobertas de Cuvier e Smith de que unidades de rocha podem ser classificadas por seu conteúdo fóssil, mas essas descobertas não haviam ainda levado a um critério independente das idades relativas das camadas e, portanto, não estavam presentes na coluna geológica.

Ao longo da década de 1820 um significativo desenvolvimento aconteceu, a dizer, a correlação intercontinental da formação rochosa em uma extensão da camada da Britânia e Europa continental com outras partes do mundo. A pessoa que estabeleceu esta similaridade essencial das sucessões rochosas na Europa e América foi Alexander von Humboldt (1769-1859). Um dos frutos de sua famosa jornada exploratória à América equatorial foi uma monografia quase instantaneamente traduzida para o inglês sob o título *Geognostical Essay on the Superposition of Rocks, in Both Hemispheres* [Estudo geodiagnóstico da superposição de rochas em ambos os hemisférios] (1823). Neste trabalho ele descreveu "as mais marcantes analogias sobre a posição, composição, e os inclusos vestígios orgânicos nos leitos contemporâneos".[16] Deve ser notado que Humboldt, apesar de não ser criacionista como Cuvier e Buckland, não era evolucionista.[17]

Após o trabalho de Humboldt, rapidamente diversas magníficas, e em alguns casos multicoloridas, seções "ideais" da crosta terrestre foram impressas, uma delas na forma de um suplemento dobrável para o chamado Tratado de Bridgewater de Buckland intitulado *Geology and Mineralogy Considered with Reference to Natural Theology* [Geologia e mineralogia considerados com relação à teologia natural] (1836), "com a intenção de mostrar a ordem da deposição de rochas estratificadas". Cuvier havia observado não apenas que determinadas camadas contêm conjuntos de fósseis

---

[16] Alexander von Humboldt, *A Geognostical Essay on the Superposition of Rocks, in Both Hemispheres* (Londres: Longman, Hurst, Rees, Orme, Brown, and Green, 1823), 3.

[17] Humboldt parece ter acreditado na teoria da geração autógena das espécies. Consultar Nicolaas A. Rupke, "Neither Creation nor Evolution: The Third Way in Mid-Nineteenth-Century Thinking about the Origin of Species", *Annals of the History and Philosophy of Biology* 10 (2005): 143-72, em 161-62. Para mais sobre a "terceira teoria", consultar Rupke, "The Origin of Species from Linnaeus to Darwin", em *Aurora Torealis*, eds. Marco Beretta, Karl Grandin e Svante Lindqvist (Sagamore Beach, Mass.: Science History Publications, 2008), 71-85.

característicos, mas também que os vestígios mais profundos e, portanto, mais antigos, eram taxonomicamente inferiores, e que os conjuntos mais novos incluíam organismos sucessivamente superiores. Buckland interpretou isto como o "desenvolvimento progressivo" dos fósseis, como efeito de um globo que lentamente se esfriava, uma conclusão baseada na "geoteoria" do naturalista francês Comte de Buffon (1707-1788). Conforme postulado por Cuvier, no decorrer de uma sucessão de períodos geológicos, cada um terminou com uma catástrofe mundial, e a Terra se tornou progressivamente mais habitável para animais e plantas avançados e, finalmente, para os seres humanos. Durante os tempos iniciais mais quentes, répteis floresceram, enquanto mais tarde um mundo mais frio permitiu o reino dos mamíferos. Os últimos a surgirem na Terra foram os humanos, os mais avançados de todos.

Assim, organismos passados e presentes haviam sido, e eram, idealmente adaptados aos seus ambientes físicos. Em tais adaptações Buckland viu evidências convincentes do *design* divino. Quando em um passado geológico uma catástrofe mundial dizimou uma criação então vivente, Deus repovoou o mundo com novas espécies, adaptando-as perfeitamente para as condições físicas alteradas na superfície da Terra. Um *tour de force* da teologia natural, o Tratado de Bridgewater de Buckland demonstrou a perfeição da adaptação funcional dos fósseis, como as espécies extintas de amonitas e preguiças gigantes. Além disto, acreditava-se que a natureza descontínua do registro fóssil refutava qualquer ideia de uma transformação de espécies e, pelo contrário, provava repetidas revoluções de extinções seguidas de intervenções divinas criativas. A noção da progressão fóssil foi, absolutamente, uma conclusão tomada a partir das evidências da coluna estratigráfica, e não uma crença usada para construir a coluna.[18] Em suma – e repetindo – a teoria da evolução não tinha relação com a formulação da coluna geológica ao longo das décadas nas quais adquiriu sua forma mais ou menos definitiva.

---

[18] Sobre a história do progressionismo geológico, consultar Peter J. Bowler, *Fossils and Progress* (Nova York: Science History Publications, 1976).

O mesmo se aplica à homologia.[19] O indivíduo que estabeleceu de modo mais detalhado a homologia, especialmente para classes vertebradas de peixes, anfíbios, répteis, pássaros e mamíferos – incluindo humanos – foi o anatomista comparativo anglicano Richard Owen (1804-1892), um estudante de Buckland. Assim como seu patrono de Oxford, Owen utilizou trabalhos anteriores, principalmente da Europa continental, dando um toque natural-teológico particularmente britânico. O centro da anatomia comparativa na Inglaterra era o Museu Hunterian do Royal College de Surgeons, onde Owen trabalhou e ganhou a reputação como biólogo líder na Inglaterra.

Owen começou a trabalhar sistematicamente em questões de morfologia homológica em 1841, como parte de sua tarefa curatorial de organizar a coleção osteológica do Museu Hunterian. O catálogo lhe fornecia materiais para seu relato exaustivo da osteologia comparativa, apresentada por ele em 1846 para a British Association for the Advancement of Science [Associação Britânica para o Avanço da Ciência] na forma de um grande relatório, posteriormente publicado em forma de livro, com o título *On the Archetype and Homologies of the Vertebrate Skeleton* [Sobre o arquétipo e homologia do esqueleto vertebrado] (1848). Owen definiu e ilustrou um chamado arquétipo vertebrado – um plano ou planta arquitetônica – e formulou um significado específico para os termos *homologia* e *analogia*, que eram frequentemente usados como sinônomos.[20]

O arquétipo vertebrado representava o esqueleto generalizado e simplificado de todos os animais com coluna vertebral. Owen demonstrou que o esqueleto humano pode ser traçado – da cabeça aos pés, em suas extremidades, e tanto em seus componentes mais complexos quanto

---

[19] Detalhes podem ser encontrados em Nicolaas A. Rupke, *Richard Owen: Victorian Naturalist* (New Haven, Conn.: Yale University Press, 1994), 161-219.

[20] Um homólogo foi definido como "O mesmo órgão em diferentes animais sob toda variedade de forma e função". Um análogo, por outro lado, era "uma parte ou órgão em um animal que tem a mesma função que outra parte ou órgão em um animal diferente". Richard Owen, *On the Archetype and Homologies of the Vertebrate Skeleton* (Londres: Richard and John E. Taylor, 1848), 7.

mais simples – às estruturas ósseas não apenas de outros mamíferos, mas também de pássaros e répteis, e até mesmo às espinhas de peixe de um simples salmão em nosso prato de jantar. Todos os vertebrados pareciam estar ligados, osso a osso, por linhas invisíveis. Com os esforços de Owen, a homologia adquiriu a força de um fato sistemático, e não incidental.

Ao longo da década de 1830 até o início de 1840 Owen era um defensor vigoroso e bem conhecido da doutrina criacionista das espécies, e apoiador da crítica de Cuvier às ideias transformistas. Entretanto, o trabalho homológico de Owen abriu as portas para que ele mesmo saísse da concepção de criação especial[21] e fosse em direção ao pensamento das espécies como produtos de processos naturais. Ao buscar o sentido da forma orgânica não nos detalhes de adaptações específicas, mas em arquétipos gerais, o argumento do *design* foi colocado em um novo patamar, mais abstrato. Deus não era mais o projetista supremo das muitas adaptações funcionais de Buckland, mas o projetor do modelo arquitetônico de Owen. Owen foi encorajado por seus patronos anglicanos a acreditar que o arquétipo era uma ideia platônica, o plano de criação na mente do Criador.[22] O artifício divino deveria ser reconhecido não tanto nas adaptações específicas às condições externas das espécies individuais, mas como plano comum para os seres viventes.

Assim, o argumento do *design* não mais requeria a crença na criação especial das espécies, e Owen cautelosamente começou a formular uma teoria teísta da evolução. Em seu *On the Nature of Limbs* [Sobre a natureza dos membros] (1849) ele argumentou que as espécies vieram a existir por um processo preordenado de leis naturais.[23] Ainda assim, Owen permanecia um firme oponente às ideias francesas de transformação orgânica, e posteriormente rechaçou Darwin por atribuir a origem das espécies à seleção natural.

---

[21] "Criação especial" aqui se refere a noção de que cada tipo biológico em particular foi criado por um ato especial de Deus. [N. E.]

[22] Nicolaas A. Rupke, "Richard Owen's Vertebrate Archetype", *Isis* 84 (1993): 231-51, em 249.

[23] Rupke, "Richard Owen", 230-32 et seq.

Darwin foi um passo além de Owen, e trouxe o arquétipo vertebrado da mente de Deus para a Terra ao transformá-lo em um ancestral de carne e sangue, transferindo o vasto trabalho de Owen sobre homologias vertebradas para sua própria teoria da evolução por seleção natural.[24] Consequentemente, a homologia não apenas apontava para ancestralidade, mas, adicionalmente, se tornou também critério da ancestralidade – o raciocínio circular. Não obstante, ao incorporar o trabalho de Owen, Darwin usou um corpo de inferências homológicas que não haviam sido baseadas na ideia de ancestralidade. O critério de homologia de Owen – de uma posição relativa no plano geral de um esqueleto – deu a Darwin um argumento direto, não circular para a evolução. Como no caso da coluna geológica, a formulação da homologia e arquétipo vertebrado aconteceu sem absolutamente nenhuma intromissão da evolução. Pelo contrário, a homologia foi quem gradualmente alimentou especulações sobre uma origem não miraculosa, evolucionária, das espécies.

Não estou argumentando que a origem da coluna geológica é puramente factual como muitos paleontólogos e estratigrafistas poderiam preferir. A história também mostra que a coluna geológica, assim como o arquétipo vertebrado, foram tanto *construções* ideológicas como *reconstruções* factuais, moldadas, e – poderia se adicionar – deformadas pelas limitações e particularidades da época, como todo desenvolvimento científico costuma ser. Uma variedade de influências não empíricas ideológicas foi constitutiva nestas construções, incluindo o nacionalismo, eurocentrismo, criacionismo, idealismo germânico, teísmo cristão, progressismo social e outros "ismos".[25] Os cristãos estão certos quando chamam atenção para es-

---

[24] Charles Darwin, *On the Origin of Species by Means of Natural Selection* (Londres: John Murray, 1859), 206, 435. Sobre a incorporação do trabalho de Owen na biologia evolutiva darwiniana, consultar Adrian Desmond, *Archetypes and Ancestors: Palaeontology in Victorian London, 1850-1875* (Londres: Blonds and Briggs, 1982).

[25] Sobre a formação das representações iniciais da coluna estratigráfica por profissionais de escatologia cristãos, consultar Nicolaas A. Rupke, "'The End of History' in the Early Picturing of Geological Time", *History of Science* 36 (1998): 61-90. A importância do progressismo na geologia pré- e pós- *Origin* é discutida por Michael Ruse, *Monad to Man: The Concept of Progress in Evolutionary Biology* (Cambridge, Mass.: Harvard University Press, 1996). O significado do holismo romântico para o crescimento do programa de pesquisa homológica é evidenciado

tas influências, mas notavelmente o evolucionismo está ausente dos muitos "ismos" que originalmente ajudaram a moldar a coluna geológica e estabelecer a relação homológica dos vertebrados.

---

por Robert J. Richards, *The Romantic Conception of Life: Science and Philosophy in the Age of Goethe* (Chicago: University of Chicago Press, 2002).

MITO 16

Que a evolução destruiu a fé de Darwin – até que ele se converteu novamente em seu leito de morte

James Moore

A história circula há décadas. Charles Darwin, após uma carreira promovendo a evolução e o naturalismo, retornou ao cristianismo de sua juventude, renunciando à teoria da evolução antes de morrer. A história parece ser de autoria de uma "Lady Hope" ... muitos pesquisam a história e todos concluem que provavelmente é um "mito urbano" ... Cristãos esperam que a semente plantada antes tenha criado raízes no fim, e que ele tenha depositado a sua fé em Cristo antes de morrer.

– John D. Morris, "Did Darwin Renounce Evolution on His Deathbed?" [Darwin negou a evolução antes de morrer?] (2006)

Não há dúvida de que a integridade desta senhora era tão profundamente clara que seria equivalente à blasfêmia questionar sua palavra. Lady Hope era uma cristã, na melhor tradição evangélica ... É possível concluir com confiança que Lady Hope visitou Darwin logo antes de sua morte e que, durante sua visita, ela testemunhou a renovada fé de Darwin no Evangelho Cristão.

– L.R. Croft, *The Life and Death of Charles Darwin* [A vida e morte de Charles Darwin] (1989)

Meditando sobre a ausência de qualquer referência da família às visitas de Lady Hope ou da mudança de fé de Darwin, posso apenas sugerir que há um acordo deliberado entre a família para não dizer absolutamente nada sobre o que teria sido uma mudança de circunstâncias tardia e não desejada.

– Malcolm Bowden, *True Science Agrees with the Bible* [A verdadeira ciência concorda com a Bíblia] (1998)

Todo shopping center tem um departamento de achados e perdidos bem estocado. No grande shopping da história da ciência, os achados e perdidos são uma montanha de fés. É claro que cientistas não perdem ou recuperam suas crenças religiosas como guarda-chuvas, mas não é de todo descabida a suposição de que esse seria o caso na vida de Charles Darwin.

Há muitos anos estudiosos tentam localizar precisamente quando Darwin perdeu a fé. Alguns dizem que ele era agnóstico ou ateu quando viajou no H.M.S. *Beagle* em 1831. A maioria data sua apostasia aos meses após a viagem, em 1836-1837, ou ao período de seu casamento em 1839, ou até mesmo no fim de 1842, quando primeiramente escreveu a teoria da evolução. Todas estas datas presumem que, ao aceitar a evolução, Darwin deve ter colocado de lado as crenças religiosas nas quais havia sido criado e educado. Seu próprio testemunho raramente é considerado: "Não abri mão do cristianismo até os quarenta anos de idade".[1] Darwin fez quarenta em 1849, muito após desenvolver sua teoria da evolução por seleção natural.

---

[1] Citado em James R. Moore, "Of Love and Death: Why Darwin 'Gave Up Christianity'", em *History, Humanity and Evolution: Essays for John C. Greene,* ed. James R. Moore (Cambridge: Cambridge University Press, 1989), 195-229, em 196.

Enquanto estudiosos geralmente defendem a "perda de fé" precoce de Darwin, uma massa piedosa tem a esperança de que ele a encontrou novamente mais tarde na vida. Muitos evangélicos sem instrução alegam que, em idade avançada, Darwin viu a luz antes da morte e se arrependeu da evolução e retornou ao cristianismo. Nesta tradição, a fé extraviada de Darwin é o melhor item do departamento de achados e perdidos da história da ciência; a recuperação dela, um troféu da graça de Deus para ser exibido.

Começando em 1915, a história da fé reencontrada de Darwin se espalhou como fogo pela imprensa evangélica. Panfletos como "Darwin à beira da morte", "As últimas horas de Darwin", "Darwin, 'O Crente'" e "Darwin retorna à Bíblia" espalharam as chamas, e mais de cem novas erupções panfletárias foram detectadas nos oitenta anos seguintes. No século 21, a história ainda aparece em literatura criacionista e, ainda mais impressionante, nas colunas de correspondência do jornal *Times* de Londres.[2] Na América do Norte fundamentalista e, em algum grau, nas outras regiões do evangelicalismo ao redor do mundo, uma crença persiste de que Darwin abandonou o trabalho de sua vida e retornou à fé de sua juventude.

As tradições de "perdido" e "achado" não precisam ser vistas como em choque. Muitos fundamentalistas abraçam ambas, admitindo uma inicial perda da fé, mas convencidos de que Darwin se arrependeu de sua juvenil impetuosidade. Mas de forma geral as tradições discordam. A facção da perda precoce defende crenças "científicas" seculares e a evolução; a facção do encontro tardio defende crenças "bíblicas" tradicionais e o criacionismo. Ambos os lados, ironicamente, louvam a "grandeza" de Darwin enfatizando seu julgamento em uma área na qual ele rejeitava ter qualquer autoridade. No fim das contas, entretanto, as tradições se anulam. Como os proverbiais gatos de Kilkenny,[3] eles se consomem, deixando apenas os

---

[2]   Bowden, *True Science Agrees;* Christopher Chui, *Did God Use Evolution to "Create"? A Critique of Biological Evolution, Geological Evolution, and Astronomical Evolution* (Canoga Park, Calif.: Logos Publishers, 1993); Morris, "Did Darwin Renounce?"; Brian Eden, "Evolution *v* Creationism" [carta ao editor], *The Times* (Londres), 20 de agosto de 2003, respondendo a cartas de Cyril Aydon em 18 de agosto e Adrian Osmond em 12 de agosto mencionando referências à renúncia e um debate evolução *versus* criação.

[3]   A fábula dos gatos de Kilkenny é uma história irlandesa que diz que dois gatos combateram tão ferozmente um ao outro que no final da briga sobrou apenas o rabo de ambos animais. [**N. E.**]

rabos. Embora existam mais evidências sobre a perda precoce de fé de Darwin do que para sua recuperação da fé mais tarde na vida, ambas as tradições são mal fundamentadas e merecem expirar.

O que, então, historiadores e biógrafos sabem sobre a fé de Darwin? Como suas crenças religiosas se desenvolveram? Que sentido há em ver seu cristianismo como "perdido e achado"? Charles Robert Darwin (1809-1882), o segundo filho de um médico não religioso e de uma mãe unitaria-na[4] devota, foi batizado na Igreja da Inglaterra. Quando menino, ia à capela com a mãe e foi enviado para a escola dirigida pelo pastor. Ele, então, foi ensinado por um futuro bispo na escola Shrewsbury antes de estudar medicina na Universidade de Edimburgo. Ali ele teve suas primeiras aulas de zoologia, ministradas por um evolucionista convicto,[5] dedicado à abolição da igreja e a instauração de uma mudança social radical. A influência religiosa de Dr. Robert Grant foi mínima. Quando Charles largou a medicina, seu pai lhe recomendou que fosse para Universidade de Cambridge, se preparar para ser ministro da Igreja da Inglaterra. Charles foi para lá em 1828 sem hesitação.

Os professores de Cambridge não eram chegados ao radicalismo. Os reverendos John Stevens Henslow (1789-1861) e Adam Sedgwik (1785-1873) concordavam que tanto as espécies quanto a sociedade se mantinham estáveis pela vontade de Deus. Darwin aceitou seus ensinamentos e colheu as recompensas. De joelhos coletando besouros com os grupos botânicos de Henslow, ele tomou este professor como modelo: o pastor-naturalista. Após Darwin fazer uma viagem geológica com Sedgwik, Henslow lhe ofereceu um lugar no H.M.S. *Beagle*, e, em 1831, a trilha de Darwin para uma igreja no interior foi alterada por uma viagem ao redor do mundo.

---

[4]   O Unitarianismo é uma corrente teológica dentro do cristianismo que nega a trindade, afirmando que Deus é uno e não trino. Era relativamente comum na Inglaterra dos séculos 18 e 19 e contava com muitos adeptos famosos, dentre eles vários cientistas. Isaac Newton é normalmente considerado cristão Unitário. [N. E.]

[5]   Mesmo antes de Darwin formular sua teoria da evolução, a ideia da mudança das espécies ao longo do tempo (chamada na época de "transmutação") já era corrente. Faltava alguém elucidar o mecanismo como isso ocorria, mas não faltavam hipóteses. [N. E.]

Por cinco anos Darwin sonhou em viver a vida de sacerdote. Suas crenças e práticas religiosas se mantiveram ortodoxas e, assim como seus professores, ele não encontrava nada de ciência em Gênesis. O livro de Charles Lyell (1797-1875), *Principles of Geology* [Princípios da geologia] o convenceu de que a crosta da Terra havia sido formada ao longo de incontáveis eras pela atuação de leis naturais. Ele teorizava sobre ilhas e continentes e começou a se ver como geólogo. Enquanto isso, sua visão da vida na Terra foi transformada por três eventos. Caminhando pela primeira vez em uma exuberante floresta no Brasil, ele teve algo como uma experiência religiosa. "Ninguém permanece o mesmo nesta solitude, sem sentir que há mais no homem que o mero fôlego de seu corpo", ele confessou, mesmo sentindo que a humanidade e a natureza, de alguma forma, eram um.[6] No Chile, sobreviveu a um aterrorizante terremoto. O poder da natureza o maravilhava; nem mesmo uma catedral foi poupada. O que mais o tocou foi um encontro com aborígenes na Terra do Fogo. Estes nômades selvagens e nus poderiam ter vindo da mesma Mão que criou os fidalgos civilizados de Cambridge?

Antes do fim da viagem, Darwin viu que as espécies vivas – como raças de pessoas, plantas e animais – poderiam ter vindo a existir descendendo umas das outras. Tantas coisas, aparentemente, poderiam ser explicadas se a diversidade e distribuição das criaturas de Deus tivessem acontecido por processos naturais ao invés de por incontáveis milagres.

De volta em Londres, os melhores amigos de Darwin acreditavam em um Deus que governava através das leis naturais. Deus deve ter criado as espécies com alguma lei progressiva, e Darwin se dedicou a descobri-la. Em 1837 ele começou a ler vorazmente, fazendo muitas notas. A maioria dos cristãos se orgulhava em acreditar que os seres humanos foram criados de modo especial, mas para Darwin a lei divina da evolução era suficiente. Era "mais humilde" ter símios em nossa árvore familiar, e acreditar que selvagens e pessoas civilizadas foram igualmente "criadas a partir de ani-

---

[6] R. D. Keynes, ed., *Charles Darwin's "Beagle" Diary* (Cambridge: Cambridge University Press, 1988), 444.

TERRA PLANA, GALILEU NA PRISÃO E OUTROS MITOS SOBRE CIÊNCIA E RELIGIÃO **199**

mais".[7] Contudo ele percebeu que defender a criação pela evolução poderia ser perigoso. Se uma espécie muda, se um instinto pode ser adquirido, então "toda a estrutura cambaleia e cai".[8] O tecido original das crenças cristãs sobre a natureza, Deus e a humanidade teriam de ser repensados.

Darwin decidiu apresentar sua teoria a tradicionalistas enfatizando sua teologia superior. Um mundo povoado pela lei natural era "muito mais grandioso" do que um em que o Criador precisa constantemente interferir.[9] Agora era óbvio: a natureza "seleciona" os organismos adaptados, aqueles que eram estimados por pastores-naturalistas como prova do *design* de Deus. Estes organismos sobrevivem à luta pela vida, colocada como lei da natureza pelo reverendo Thomas Malthus (1766-1834), para transmitir suas vantagens. Isto foi denominado por Darwin de "seleção natural": através de "morte, fome, rapinagem e a oculta guerra da natureza", as leis de Deus trazem "o mais alto bem que podemos conceber, a criação de animais superiores".[10]

A igreja era agora a última coisa em sua mente. Com o apoio de seu pai, Darwin havia se casado com sua prima, Emma Wedgwood, e em 1842 se mudou com sua família crescente para uma antiga casa pastoral na área rural da cidade de Kent. Emma era uma cristã devota como sua tia, a mãe de Charles, unitariana por convicção, e anglicana na prática. Seus temores pelo destino eterno de Darwin permaneceram como uma triste sombra ao longo de sua vida juntos. Quando Charles teve um colapso após a morte de seu pai, em 1848, diversos eventos de desenrolaram. Uma estadia em um spa lhe fez muito bem, mas Charles voltou para casa e sua filha mais velha estava doente. Quando Annie, aos dez anos, morreu tragicamente na Páscoa de 1851, ele não encontrou conforto na crença de Emma. Após anos hesitando, Darwin finalmente se afastou do cristianismo (apesar de continuar acreditando em Deus). A morte de seu pai feriu sua fé, e a morte

---

[7]   Paul H. Barrett et al., eds., *Charles Darwin's Notebooks, 1836- 1844: Geology, Transmutation of Species, Metaphysical Enquiries* (Cambridge: Cambridge University Press, 1987), 300.

[8]   Ibid., 263.

[9]   Ibid., 343.

[10] Francis Darwin, ed., *The Foundations of the Origin of Species: Two Essays Written in 1842 and 1844* (Cambridge: University Press, 1909), 51-52.

de Annie encerrou a questão. Punição eterna era imoral. Ele admitiria publicamente e seria condenado.

O livro *A Origem das Espécies* (1859) não usa a palavra *evolução*, mas Darwin usa *criação* e seus cognatos mais de cem vezes. Abaixo do título estava uma citação sobre estudar o trabalho de Deus além de sua Palavra, e outra de um reverendo professor de Cambridge sobre "leis gerais" como sendo a forma de Deus operar. Darwin terminou com uma rapsódia sobre a "grandeza" de se ver a diversidade "mais bela e mais maravilhosa" da natureza como produto de "poderes... originalmente sopradas em algumas ou uma forma".[11] Esta referência brincava com os tradicionalistas, mas o tom e a terminologia – até mesmo o bíblico "soprar" – não eram insinceros. Do início ao fim, *A Origem das Espécies* foi um trabalho piedoso: "um grande argumento" contra a criação miraculosa, mas igualmente uma defesa teísta para a criação por leis.

Em seu muito esperado *A Origem do Homem* (1871), Darwin descreveu os seres humanos como evoluindo fisicamente pela seleção natural e então evoluindo intelectualmente e moralmente por efeitos herdados do hábito, da educação e da religião. "Com as raças mais civilizadas, a convicção da existência de uma Divindade que tudo vê tem influência potente sobre o avanço da moralidade", tanto que "o nascimento das espécies e do indivíduo são igualmente partes desta grande sequência de eventos, que nossa mente se recusa a aceitar como resultado do cego acaso".[12]

Darwin falou de modo mais pessoal em uma autobiografia escrita para sua família entre 1876 e 1881. Não disposto a abrir mão do cristianismo, ele havia tentado "inventar evidências" para confirmar os Evangelhos, o que prolongou sua indecisão. Assim como sua carreira como ministro religioso havia morrido uma lenta "morte natural", sua fé também foi mirrando gradualmente. Mas não houve retorno após o golpe de morte. Sua

---

[11] Charles Darwin, *On the Origin of Species by Means of Natural Selection, or the Preservation of Favoured Races in the Struggle for Life* (Londres: John Murray, 1859), 490.

[12] Charles Darwin, *The Descent of Man, and Selection in Relation to Sex*, 2 vols. (Londres: John Murray, 1871), 2:394, 2:396.

TERRA PLANA, GALILEU NA PRISÃO E OUTROS MITOS SOBRE CIÊNCIA E RELIGIÃO

hesitação se cristalizou em uma convicção moral tão forte que ele não via como alguém – nem mesmo Emma – "pudesse desejar que o cristianismo fosse verdade". Pois se fosse, "a linguagem pura e simples" do Novo Testamento "parece mostrar que os homens que não creem, e isto incluiria meu pai, irmão, e quase todos os meus amigos, serão punidos por toda eternidade. E esta é uma doutrina maldita". Em anos posteriores o teísmo residual evidente em *A Origem das Espécies* se desgastou, e agora "sem crença segura e persistente na existência de um Deus pessoal ou na existência futura como retribuição e prêmio", Darwin sentia que deveria "se contentar em permanecer agnóstico".[13]

Evangélicos, sempre lembrando do filho pródigo que "estava perdido, e foi encontrado" não estavam contentes. A confissão agnóstica de Darwin foi publicada em 1887, cinco anos após seu enterro na Abadia de Westminster. Ainda assim, em não mais do que trinta anos a história de sua confissão à beira da morte já estava circulando. A anedota apareceu primeiro em Boston em agosto de 1915, na revista batista de circulação familiar *Watchman-Examiner*. Patrocinada pelo editor, que a havia ouvido em uma conferência evangélica, a história foi escrita a seu pedido pela autora, conhecida como Lady Hope. Nascida com o nome de Elizabeth Cotton em 1842, ela era uma mulher destacada nos círculos do movimento da temperança,[14] era antiga associada do evangelista D. L. Moody, e viúva do almirante sir James Hope da Marinha Real. Na Grã-Bretanha ela continuou atuando com vigor, lendo a Bíblia de porta em porta e escrevendo panfletos e romances "água com açúcar". Após a morte do almirante em 1881, ela se casou com um milionário idoso, mas continuou usando seu título do primeiro casamento. Sua generosidade se tornou extravagante, seu estilo de vida esbanjador. Ela trocou a carroça da temperança por um carro

---

[13] Nora Barlow, ed., *The Autobiography of Charles Darwin, 1809-1882, with Original Omissions Restored* (Londres: Collins, 1958), 85-87.

[14] O movimento da temperança foi um movimento social do século 19 e início do século 20 que tinha como uma de suas agendas centrais a oposição ao consumo de bebidas alcoólicas, que contou com forte apoio de setores cristãos. Sua influência culminou nas leis de proibição total ("lei seca") dos anos 20 em várias partes do mundo. [N. E.]

motorizado e corria de um encontro evangélico para outro com velocidade profana. Os credores finalmente a pegaram; e sua falência foi história no *Times* de Londres. Após ser eximida das responsabilidades de suas dívidas, ela foi para Nova York em 1912, aparentemente para "superar a tristeza pela morte do marido". Menos plausível foi sua alegação de que, após a história no *Watchman-Examiner*, sua mudança foi para "evitar a perseguição pela família de Darwin".[15]

Os americanos não se importavam. A maioria nada sabia sobre Lady Hope, e os que sabiam a perdoavam. O importante era sua história, que tinha tom de verdade, como a Escritura. Aqui está Darwin, velho e acamado, segurando uma Bíblia aberta, sua cabeça iluminada por um pôr do sol de outono. Lady Hope cuida dele, deliciando-se no "brilho e alegria" de seu rosto; assentindo enquanto ele descreve o "jovem com ideias não formadas" que um dia fora, que ponderava "o tempo todo, sobre tudo"; sorridente ao ouvi-lo falar "da grandeza deste Livro" e de "CRISTO JESUS!... e sua salvação".[16] A imagem é familiar, irresistível e impressionante. Este é o drama do leito de morte – Darwin se converteu da evolução de volta ao cristianismo!

Histórias como esta atestavam a si mesmas e eram quase viciantes. Evangélicos, para quem o último e melhor teste da fé era à beira da morte, há muito eram fascinados por coleções de "palavras à beira da morte" e "momentos antes de morrer", "últimos dias" e "últimas palavras". Lady Hope tocou neste grande mercado de voyeurismo. Se Darwin não fosse seu personagem, a história ainda assim teria vendido. Sagazmente engendrada, não relatava nem uma cena de morte nem um arrependimento, mas copiava estas histórias com perfeição ao ressaltar o drama e minimizar a data, cerca de seis meses antes da morte de Darwin. Foi uma falsificação perfeita. Falida no exterior, Lady Hope buscou crédito espiritual nos Estados Unidos, e conseguiu, boa medida, recalcada e transbordante.

Apesar de muito ser ficção, a história original não pode ser descartada como pura invenção. Ela continha impressionantes elementos de autenticidade: a vista da janela, a casa de verão no jardim, o chamativo roupão de

---

[15] Citado em James R. Moore, *The Darwin Legend* (Grand Rapids, Mich.: Baker, 1994), 125, 131.

[16] Citado em ibid., 92-93.

Darwin e sua soneca da tarde. Além disto, Lady Hope abraçou a história, fornecendo privadamente mais detalhes convincentes até sua morte, em 1922. Ela dizia estar conduzindo reuniões sobre o "evangelho e a temperança" na vila onde Darwin morava, enquanto se hospedava com uma "senhora" que vivia "muito próximo" de sua casa, e que ela conhecia o "grande portão" que se abria para seu "passeio nas carruagens". O próprio Darwin solicitou que ela o visitasse "às três da tarde", seu horário de soneca, e ela o encontrou deitado em um "sofá" ao lado de uma "bela janela saliente", em um "quarto grande com teto alto", ao lado do "piso" do segundo andar.[17] Se ela tinha por objetivo uma autovalorização sensacionalista, por que Lady Hope não incorporou estes detalhes em sua história original?

O resultado (após muita pesquisa) é que: ou Lady Hope visitou Darwin em sua casa como ela alegava – independentemente do que discutiram – ou ela conseguiu fragmentos de informação íntima suficientes de seus trabalhadores domésticos, o que tornava uma história absurda plausível. Nenhuma das alternativas, provavelmente, será atraente aos proponentes das duas tradições – "perdido ou achado" – sobre a fé de Darwin, ou aos que desejam ter ambas ao mesmo tempo. Mas visto que as tradições, como os gatos de Kilkenny, tendem a se cancelar, um rumo alternativo pode nos ajudar a ir além do impasse ao pensarmos no cristianismo de Darwin.

Suponha que a fé religiosa de um indivíduo seja julgada mais por suas ações do que suas palavras, por feitos mais do que crenças; que ser um cristão é tanto ou mais sobre fazer do que crer. Suponha, em resumo, que a epístola de Tiago está correta, a "fé sem obras está morta", e que a teoria piedosa pode ser desafiada: "mostre-me sua fé sem suas obras, e te mostrarei minha fé pelas minhas obras". Aceitando isso (como muitos cristãos ao longo dos anos aceitariam), instantaneamente as tradições "perdido e achado" se tornam irrelevantes.

Os ingleses não permitem facilmente que alguém seja enterrado na Abadia de Westminster, seu santuário nacional, muito menos os restos mortais dos que afrontaram a monarquia, a igreja estabelecida ou o cristianismo. Os

---

[17] Referenciado em ibid., 95-97.

contemporâneos de Darwin, George Eliot (que viveu em pecado com seu parceiro George Lewes) e Herbert Spencer (que odiava todas as convenções sociais) foram excluídos, então como um declarado agnóstico entrou?

Darwin era uma figura do *establishment*. Batizado na igreja, estudou para ser ordenado ministro anglicano em Cambridge e, após sua viagem com o *Beagle*, ele retornou a uma antiga casa clerical. Seus filhos foram batizados e sua família frequentava a igreja. Ele pessoalmente saiu, mas contribuía generosamente para reparos na igreja e enviou seus filhos para serem ensinados por líderes da igreja. Pastores locais sempre tiveram seu apoio; o reverendo John Innes se tornou um amigo por toda vida. Em 1850 eles começaram uma sociedade beneficente para os trabalhadores da paróquia, sendo Darwin o guardião. Innes posteriormente o tornou tesoureiro das caridades locais e, com uma certidão dele em 1857, Darwin se tornou magistrado do condado, jurando sobre a Bíblia que manteria a paz da Rainha. Sua avó morrera alcóolatra e ele compartilhava a preocupação de Lady Hope com a embriaguez. Ele cedeu uma sala de aula da paróquia para seu colega, James Fegan, para reuniões evangelísticas, alterando o horário de jantar da família para que os servos pudessem participar, e Emma visitasse sua mãe na casa.[18] Ao longo dos anos, Darwin silenciosamente apoiou homens liberais da igreja e até enviou doações anuais para a Church Missionary Society [Sociedade Missionária da Igreja] para a missão anglicana na Terra do Fogo. Ele nunca publicou uma palavra diretamente contra o cristianismo ou contra a crença em Deus. O livro *A Origem das Espécies* foi o último grande trabalho na história da ciência no qual a teologia tinha papel ativo, e assim a Igreja da Inglaterra não temia "que o pavimento sagrado da Abadia estivesse cobrindo um inimigo secreto". O ensino de Darwin foi visto como compatível "com forte fé e esperança religiosa", e seu enterro em Westminster como sinal visível da "reconciliação da Fé e da Ciência".[19]

Se o cristianismo é o que o cristão faz, Darwin manteve a fé da Inglaterra vitoriana.

---

[18] Diário de Emma Darwin, 7 de novembro de 1881, Darwin Archive, Cambridge University Library, DAR 242:45.

[19] Citado em Moore, *Darwin Legend*, 52.

MITO 17

Que Huxley derrotou Wilberforce no debate sobre evolução e religião

David N. Livingstone

A primeira grande batalha em uma longa guerra.

– John H. Lienhard, "Soapy Sam and Huxley"
[Soapy Sam e Huxley]

A seção de zoologia e botânica da British Association for the Advancement of Science [Associação Britânica para o Avanço da Ciência] se reuniu sábado, dia 30 de junho de 1860, na biblioteca do novo museu universitário de Oxford. O livro de Charles Darwin, *A Origem das Espécies*, publicado em novembro do ano anterior, era o assunto de uma discussão presidida por John Stevens Henslow (1796-1861), professor de botânica na Universidade de Cambridge. O que supostamente aconteceu naquela tarde é frequentemente recontado, mas nunca de forma tão vívida quanto o relato de William Irvine, professor de inglês na Universidade de Stanford. Como condiz com um perito literário e um divertido contador de histórias, a prosa de Irvine é colorida, certamente picante, e totalmente memorável, como pode ser visto nos seguintes trechos:

> O bispo Wilberforce, amplamente conhecido como "Soapy Sam",[1] foi um dos homens cuja fibra moral e intelectual foi permanentemente afrouxada pelo sucesso e reconhecimento precoces de uma formidável formação como aluno de graduação. Após isto ele passou a ter sucesso em tarefas cada vez mais fáceis, e agora, aos

---

[1] No original inglês "Soapy Sam", seria como "o escorregadio Sam". É uma expressão que denota uma pessoa com discurso persuasivo, habilidoso, que não se deixa pegar descuidado. [**N. E.**]

TERRA PLANA, GALILEU NA PRISÃO E OUTROS MITOS SOBRE CIÊNCIA E RELIGIÃO **207**

54 anos, era um oportunista áspero, superficial e bem-humorado, um formidável palestrante para plateias das mais variadas... Finalmente, vencido pelo sucesso, ele se dirigiu a Huxley com uma atitude de falsa polidez, e "implorou saber, se era pelo lado de seu avô ou de sua avó que ele alegava ser descendente de um macaco?" Isto foi fatal. Ele abriu uma avenida para sua própria insignificância. Huxley bateu no seu joelho e surpreendeu o sério cientista ao seu lado ao exclamar brandamente, "o Senhor o entregou em minhas mãos". O bispo se sentou em meio a fortes aplausos e um mar de lenços brancos esvoaçando. Agora havia urros clamando por Huxley... Ele tocou na óbvia ignorância do bispo com relação às ciências envolvidas; explicou, clara e brevemente, as ideias principais de Darwin; e então, em tons ainda mais sérios e calmos, disse que não se envergonharia de ter um macaco como ancestral, mas que se "envergonharia de ser ligado a um homem que usou grandes dons para ofuscar a verdade". O furor foi imenso. O público hostil deu a ele quase tantos aplausos quantos o bispo havia recebido. Uma dama, usando um idioma agora perdido, expressou seu senso de crise intelectual ao desmaiar. O bispo havia sofrido um martírio súbito e involuntário, perecendo na avalanche distraída de seu próprio ridículo. Huxley havia cometido um assassinato forense com uma simplicidade artística maravilhosa, triturando a ortodoxia entre os fatos e o valor supremo vitoriano de se dizer a verdade. Lentamente, Joseph Hooker se levantou e brevemente lançou flores sobre o túmulo da reputação científica do bispo.[2]

Muitas vezes resumida, às vezes enfeitada, geralmente com pequenas variações, esta história é repetida para audiências populares há quase um século e meio. Foi parodiada no livro de Charles Kingsley, *Water Babies* [Bebês da água] de 1863, representada no drama televisivo da BBC, *The Voyage of Charles Darwin* [As viagens de Charles Darwin] em 1987, e recontada novamente na reunião da British Association [Associação Britânica] (BA) em 1988 em Oxford, pelo bispo Richard Harries e pela geóloga Beverly Halsted. Não é de se surpreender que ela estava incluída, mesmo

---

[2]   William Irvine, *Apes, Angels and Victorians: A Joint Biography of Darwin and Huxley* (Londres: Weidenfeld and Nicolson, 1956), 5-6.

208 COLEÇÃO FÉ, CIÊNCIA & CULTURA

que concisamente, no livro de Andrew Dickson White de 1896, *A History of the Warfare of Science with Theology* [A história do conflito da ciência com a teologia] (1896). De acordo com White, Wilberforce se parabenizou na reunião:

> porque não era descendente de um macaco. A resposta veio de Huxley, que disse substancialmente: "Se eu precisasse escolher, preferia ser descendente de um humilde macaco que de um homem que usa seu conhecimento e eloquência na representação errônea daqueles que aplicam sua vida na busca pela verdade". Este golpe reverberou pela Inglaterra, e até outros países.[3]

A observação de Sheridan Gilley sobre a representação da cena na "mitologia vulgar da tela da televisão" certamente tem uma vasta aplicação: nestes cenários "Huxley e Wilberforce não são personalidades, mas personificações de moralidades rivais em guerra: Huxley, o arcanjo Miguel do iluminismo, do conhecimento e da busca pura pela verdade; Wilberforce, o defensor sombrio das forças corrompidas da autoridade, do fanatismo e da superstição".[4]

Apesar das correções que foram publicadas ao longo dos anos por historiadores buscando expor seu caráter mitológico, a história continua tendo valor simbólico no mundo científico. Em 2004, quando o físico M. M. Woolfson apresentou uma animada – e reveladora – crítica dos problemas do conformismo e pressão dos colegas na pesquisa científica, ele pausou para contar "o debate que aconteceu ... entre Thomas Henry Huxley (1825-1895), apoiador de Darwin, e o bispo Samuel Wilberforce (1805-1873), veemente oponente às ideias de Darwin, de Oxford". Ele continuou dizendo que "os argumentos de Huxley eram mais persuasivos, e ele convenceu muitos membros imparciais da plateia, mas o debate terminou com consideravelmente mais da metade da plateia apoiando o bispo".[5] Como tática

---

[3] Andrew D. White, *A History of the Warfare of Science with Theology in Christendom*, 2 vols. (Nova York: D. Appleton, 1896), 1:70-71.

[4] Sheridan Gilley, "The Huxley-Wilberforce Debate: A Reconsideration", in *Religion and Humanism*, ed. Keith Robbins, *Studies in Church History* 17 (Oxford: Blackwell, 1981): 325-40, na 325.

[5] M. M. Woolfson, "Conform or Think?" *Astronomy & Geophysics* 45, 5 (2004): 5.8.

retórica para convidar que os leitores "considerem o que é melhor – se conformar ou pensar", a lição de história de Woolfson evocou uma resposta aguda do historiador Frank James, que insistiu que era "muito difícil saber o que aconteceu" naquela tarde, "não apenas devido à escassez de fontes contemporâneas, mas também porque podem não ter sido precisas". Além disto, não houve voto para determinar qual proporção da audiência apoiava cada posição. O mito, ele aponta, foi "criado 20 anos após e, apesar dos esforços dos historiadores, ainda é usado sem crítica até os dias de hoje".[6]

De fato, é impossível saber exatamente o que aconteceu no Museu de História Natural de Oxford naquele dia de verão, e muito da história que recebemos é pura invenção.[7] Ela foi construída muitos anos após o evento, e é em grande medida produto das grandes biografias vitorianas de personalidades como Darwin, Huxley e William Hooker (1785-1865), que foram publicadas décadas depois. O livro *Life and Letters of Thomas Henry Huxley* [A vida e cartas de Thomas Henry Huxley], que foi compilado por seu filho Leonard em 1900, talvez tenha sido o que tenha cristalizado mais que qualquer outro esta percepção padrão. Para ele, o encontro foi "um embate aberto entre a Ciência e a Igreja".[8] Além disto, enquanto Isabel Sidgwick, que estava presente no evento, trinta anos depois lembrou-se do comentário de Huxley sobre não se envergonhar de ter um macaco como ancestral, o único relato extenso à época do evento, que apareceu no *Athenaeum* duas semanas após a reunião, não continha referência a avôs, avós ou relações com macacos.[9] Mas, pela mesma moeda, o fato de que o *The Press*, em seu breve comentário em 7 de julho de 1860, relatou que Wilberforce realmente perguntou a Huxley "se ele preferiria ter um ma-

---

[6] Frank James, "On Wilberforce and Huxley", *Astronomy & Geophysics* 46 (fevereiro 2005): 1.9.

[7] Além das fontes citadas abaixo, consultar também Stephen Jay Gould, "Knight Takes Bishop?" *Natural History* 95 (May 1986): 18-33.

[8] Leonard Huxley, *Life and Letters of Thomas Henry Huxley*, 2 vols. (Londres: Macmillan, 1900), 1:181.

[9] Este ponto, com as citações extensivas acompanhantes, é feito em J. R. Lucas, "Wilberforce and Huxley: A Legendary Encounter", *Historical Journal* 22 (1979): 313-30; e em Josef L. Altholz, "The Huxley-Wilberforce Debate Revisited", *Journal of the History of Medi cine and Allied Sciences* 35 (1980): 313-16.

caco como avô ou avó" encoraja alguns a acreditarem que o relato de *Athenaeum* pode ter sido maquiado e "limpo" para preservar a reputação cavalheiresca da British Association (BA).[10]

Vistos de forma geral, relatórios daquele tempo são impressionantemente frágeis, e mesmo os que existem se contradizem. Para começar, cada lado tinha certeza de sua vitória. Huxley, o "buldogue" de Darwin, estava confiante que havia vencido o dia e acreditava que "foi o homem mais popular em Oxford por completas 24 horas após". Da sua parte, Wilberforce estava certo de ter acabado completamente com Huxley. Em contraste, o botânico Joseph Hooker congratulou-se *a si próprio* por consolidar a conquista: "eu o destruí em meio a aplausos. Eu o acertei na primeira tentativa com dez palavras tiradas de sua própria boca feia", escreveu ele para Darwin alguns dias após a reunião. "Sam foi emudecido – ele não tinha uma palavra a dizer em resposta, e a reunião terminou imediatamente".[11] Quanto a algum choque elétrico passando pela plateia como resultado da oratória explosiva de Huxley, é bom lembrar que sua voz era considerada fraca demais para alcançar um grande conjunto de ouvintes. E Hooker não hesita em mencionar isto. Independentemente do que ele pensava sobre a feiura da oratória do bispo e a validade da resposta do buldogue, ele se sentiu compelido a reportar a Darwin que Huxley "não conseguia estender sua voz para tão grande assembleia, ou comandar a plateia ... ele não fez alusão aos pontos fracos de Sam e tampouco colocou a questão de forma ou maneira que agitasse a audiência".[12]

No meio dessas impressões e não resoluções difusas, uma coisa é certa: a encenação do confronto como a *pièce de résistance* em uma guerra épica entre a ciência e a religião é completamente enganosa. Por um lado, alguns membros filiados à igreja na audiência apoiaram Huxley

---

[10] Consulte Frank A. J. L. James, "An 'Open Clash between Science and the Church'? Wilberforce, Huxley and Hooker on Darwin at the British Association, Oxford, 1860", em *Science and Beliefs: From Natural Philosophy to Natural Science, 1700-1900*, ed. David M. Knight e Matthew D. Eddy (Aldershot: Ashgate, 2005), 171-93.

[11] Excertos citados em Keith Stewart Thomson, "Huxley, Wilberforce and the Oxford Museum", *American Scientist* 88 (maio-junho 2000): 210-13.

[12] Citado em ibid.

no debate, mesmo Henry Baker Tristram tendo achado Wilberforce suficientemente convincente para que ele abandonasse o darwinismo.[13] Frederick Temple, posteriormente arcebispo de Cantuária, que pregou sobre as relações entre ciência e religião na University Church [a igreja da Universidade de Oxford] durante a reunião da BA, aceitava o domínio da lei natural, e, portanto, dava espaço para o desenvolvimento de uma leitura evolutiva da natureza, uma visão que ele posteriormente reiterou em suas Bamptom Lectures.[14] Além disto, um dos primeiros apoiadores de Darwin foi o escritor e pastor Charles Kingsley. Ao mesmo tempo, havia considerável oposição científica às propostas de Darwin. O fato de o próprio Darwin acreditar que poderia perceber a mão do anatomista Richard Owen (1804-1892) por trás da crítica mordaz de Wilberforce serve para confirmar que a briga era enfaticamente mais do que uma luta entre ciência e religião. Era também uma colisão de diferentes visões científicas. Na realidade, a cena da luta de sábado havia sido montada na quinta-feira anterior, quando Huxley havia enfrentado Owen sobre a questão da similaridade entre cérebros de macacos e de seres humanos. No sábado à tarde também, Lionel Beale, médico e professor do King's College em Londres, apontou diversas dificuldades na teoria de Darwin. Além disto, ao longo de sua crítica para o *Quarterly Review*, Wilberforce usou sistematicamente o testemunho de praticantes da ciência, e não apelou para a autoridade da Escritura.[15] Ele insistia que "nós fizemos objeção à visão com a qual lidamos somente com base científica... Não somos simpáticos aos que fazem objeção a fatos ou supostos fatos na natureza... por acreditarem que contradizem o que lhes parece ser ensinado na Revelação".[16]

---

[13] Consultar John Hedley Brooke, "The Wilberforce-Huxley Debate: Why Did It Happen?" *Science and Christian Belief* 13 (2001): 127-41.

[14] As Bampton Lectures são palestras de cunho teológico que acontecem normalmente a cada dois anos desde 1780 na Universidade de Oxford, fundadas e financiadas pelo clérigo John Bampton (1690-1751) e sempre publicadas em livro posteriormente. [**N. R.**]

[15] Este ponto é demonstrado em Sheridan Gilley e Ann Loades, "Thomas Henry Huxley: The War between Science and Religion", *Journal of Religion* 61 (1981): 285-308.

[16] Citado em Lucas, "Wilberforce and Huxley", 318.

A avaliação do próprio Darwin sobre a crítica do bispo sobre *A Origem das Espécies,* que foi publicada no *Quarterly* apenas um ou dois dias após o debate – uma crítica que havia sido escrita cerca de cinco semanas antes da reunião em Oxford – também é reveladora; ele concedeu que Wilberforce foi "incomumente astuto", escolhendo todas as "partes mais conjecturais" e elucidando reais "dificuldades".[17] De fato, a repulsa de Wilberforce à especulação científica como sendo grave violação da indução baconiana encontrou suporte no idoso geólogo Adam Sedgwick (1785-1873), que já havia escrito para Darwin lamentando que ele havia *"desertado* ... do verdadeiro método de indução, e inventou uma máquina tão absurda... quanto a locomotiva do bispo Wilkins que supostamente nos levaria até a lua".[18] Por todos estes motivos não é de surpreender que um biógrafo recente de Huxley, Adrian Desmond, conclui que qualquer ideia de uma vitória clara é errônea, e que o julgamento do *Athenaeum* de que Wilberforce e Huxley terminaram no mesmo patamar não é enganosa.[19]

Não há dúvida de que houve alguma contenda naquela tarde de junho, mas diversos fatores contextuais diminuem à significância do incidente. A primeira complicação gira ao redor da luta para profissionalizar a ciência durante a era vitoriana. O empreendimento científico estava em uma fraca posição em Oxford durante a primeira metade do século 19, e diversas facções faziam pressão para fortalecer as ciências naturais nos vinte anos anteriores. A reunião da BA de 1860 no novo museu marcou a dedicatória pública simbólica da nova catedral da ciência em Oxford, e fornecia o local emblemático perfeito para sinalizar que a ciência estava finalmente se livrando das amarras da autoridade tradicional. A emergência de uma classe de cientistas mais jovens e profissionais buscando tomar o poder cultural dos ministros religiosos mais velhos, amadores que eram tidos ao estudo

---

[17] Citado em Brooke, "Wilberforce-Huxley Debate", 139.

[18] Citado em Adrian Desmond e James Moore, *Darwin* (Londres: Michael Joseph, 1991), 487. Kenneth J. Howell usa as preocupações filosóficas de Wilberforce como referência para refletir sobre a perspectiva de ciência e religião do Papa João Paulo II. Consultar Howell, "Did the Bulldog Bite the Bishop? An Anglican Bishop, an Agnostic Scientist, and a Roman Pontiff", *Logos: A Journal of Catholic Thought and Culture* 6 (Verão de 2003): 41-67.

[19] Adrian Desmond, *Huxley: The Devil's Disciple* (Londres: Penguin, 1994).

da natureza (Wilberforce tinha 54 anos, Huxley tinha 35), significava que homens como Wilberforce – independentemente de suas realizações – não mais eram bem-vindos entre a nova estirpe de especialistas.[20] A necessidade de marginalizar a geração mais velha na economia do conhecimento emergente se manifestou no declínio dramático do número de clérigos anglicanos que obtinham a presidência da BA nas décadas finais do século 19. Como John Hedley Brooke apontou, 41 haviam presidido a Associação em suas primeiras três décadas e meia; e no período de 1866 até o virar do século, o número caiu para três. Em outras palavras, a disputa era entre estilos diferentes – e diferentes séquitos – de prática científica.

Havia, também, lutas entre facções rivais dentro da própria comunidade anglicana, que iluminam as maquinações da BA. Wilberforce, que não era nem um pouco popular entre seus colegas na igreja em 1860, especialmente em Oxford, estava cada vez mais angustiado pelas tendências liberais na Igreja da Inglaterra. Era com desgosto que ele encontrava colegas anglicanos escrevendo para o *Essays and Reviews* (1860), um influente tratado teológico que apoiava o novo método da alta crítica bíblica vindo da Alemanha; para ele isto representava nada menos que a completa capitulação à metafísica infiel continental. A união de forças entre ministros religiosos proeminentes como Temple, Rowland Williams e Henry Bristow Wilson com acadêmicos como Baden Powell, Mark Pattison e Benjamin Jowett para promulgar tal heresia levou Wilberforce a escrever uma refutação calorosa no *Quarterly Review*. Para Wilberforce, a oposição ao naturalismo darwiniano fazia parte da sua preocupação com os impulsos liberalizantes dentro da teologia. Esta não era a paixão peculiar do bispo de Oxford. Uma carta enviada para o *The Times* assinada pelo arcebispo de Cantuária (o evangelical John Bird Sumner) e mais 25 bispos da Igreja da Inglaterra ameaçava teólogos envolvidos com censura eclesiástica – um movimento que motivou Darwin a gracejar, usando seu provérbio preferido,

---

[20] Consultar Frank Miller Turner, "The Victorian Conflict between Science and Religion: A Professional Dimension", *Isis* 69 (1978): 356-76.

que "um banco de bispos é a flor do jardim do diabo".[21] Juntamente com John Lubbock (1803-1865), Charles Lyell (1797-1875) e outros membros da nova elite científica, Darwin assinou uma resposta apoiando o volume. Evolucionistas darwinianos e clérigos liberais estavam se unindo em um projeto cultural comum.

Se o decoro foi ou não quebrado durante a briga, isso também influencia como o evento foi visto. Questões de etiqueta e bom gosto certamente estavam na mente de alguns que refletiram sobre a ocasião. Frederic William Farrar (1831-1903), cônego da Abadia de Westminster, lembrou que o que o bispo falou não foi vulgar ou insolente, mas irreverente, particularmente quando parecia rebaixar o sexo mais frágil ao ponderar se alguém – independentemente do que pensasse sobre seu *avô* – estaria disposto a traçar sua descendência de um macaco a partir de sua *avó*. Na opinião de Farrar, todos reconheceram que o bispo "esqueceu como se portar como cavalheiro" e que Huxley "foi vitorioso no que diz respeito a *boas maneiras e boa educação*".[22] James Young Simpson concordou, observando em seu *Landmarks in the Struggle between Science and Religion* [Marcos na luta entre ciência e religião] (1925) que no debate "as honras... de boa cortesia" estavam com o buldogue, e não com o bispo.[23] Independentemente de suas palavras específicas, Wilberforce "usou a antiga fórmula de dar um insulto disfarçado de brincadeira amigável" e, como Janet Browne nota, o "escárnio foi entendido por todos os membros da plateia".[24] Ainda assim, enquanto escritores posteriores colocaram Huxley no lado da boa educação, à época tanto o *Athenaeum* quanto o *Jackson's Oxford Journal* o viram como indelicado. Os limites da civilidade e educação mudaram com o passar das décadas. Como colocado por Paul White, a franqueza de Huxley "ainda parecia indisciplinada e imprópria" em 1860, enquanto Owen, que "no passado

---

[21] Citado em Desmond e Moore, *Darwin*, 517.

[22] Citado em Lucas, "Wilberforce and Huxley", 327.

[23] James Y. Simpson, *Landmarks in the Struggle between Science and Religion* (Londres: Hodder and Stoughton, 1925), 192. Este Simpson foi o sobrinho-neto do James Young Simpson discutido no Mito 14.

[24] Janet Browne, *Charles Darwin: The Power of Place* (Londres: Jonathan Cape, 2002), 122.

TERRA PLANA, GALILEU NA PRISÃO E OUTROS MITOS SOBRE CIÊNCIA E RELIGIÃO 215

havia parecido honesto e educado, pareceu desonesto e sem educação" ao final do século.[25]

Todos estes comentários apontam para o significado da disputa como tendo sido um *evento retórico* e alertam para as conexões íntimas entre local e locução na comunicação científica.[26] De fato, o encontro em Oxford não foi a única vez que declarações na BA não atingiram as expectativas locais de decoro. Em Belfast, quatorze anos depois, tanto Huxley quanto John Tyndall (1820-1893) foram veementemente criticados por suas demonstrações de mau gosto. William MacIlwaine, falando ao Naturalists' Field Club em Belfast em novembro de 1874, deixou claro que achava que o famoso discurso de Tyndall – prometendo "tomar da teologia todo o domínio da teoria cosmológica" – era "imprudente" e "uma violação das leis do bom senso", enquanto o *Almanack* local declarou que tanto Tyndall quanto Huxley "exibiram profundo mau gosto" na reunião no verão anterior.[27] O que pode e não pode ser dito, pelo menos com impunidade, em arenas púbicas, molda a forma como eventos são percebidos. Seja por acidente ou de forma planejada, pressionar os limites da propriedade retórica tem o efeito de atrair atenção e assegurar audiência, enquanto ao mesmo tempo pode esconder questões substanciais sob uma nuvem de barulho superficial. Oratória picante e retórica empolgante na reunião da BA em Oxford permitiram que memórias falhas se tornassem mitos.

Ao narrar e reinterpretar uma história tão cheia de simbolismo, não seria inapropriado terminar com o que pode ter sido visto como simbólico – e irônico – silêncio. Naquela fatídica tarde de junho em 1860, John William Draper sofreu o infortúnio de apresentar um artigo que,

---

[25] Paul White, *Thomas Huxley: Making the "Man of Science"* (Cambridge: Cambridge University Press, 2003), 65.

[26] Consultar Lynn A. Phelps e Edwin Cohen, "The Wilberforce-Huxley Debate", *Western Speech* 37 (1973): 57-60; e J. Vernon Jensen, "Return to the Wilberforce-Huxley Debate", *British Journal for the History of Science* 21 (1988): 161-79.

[27] William MacIlwaine, Address, *Proceedings of the Belfast Naturalists' Field Club* (1874-75): 81-99, na 82; *McComb's Presbyterian Almanack, and Christian Remembrancer for 1875* (Belfast: James Cleeland, 1875), 84; John Tyndall, *Fragments of Science*, 6a ed. (Nova York: D. Appleton, 1889), 472-534, na 530.

supostamente, veja só, era tedioso e irritante. Foi uma tentativa de usar o vocabulário darwiniano para explicar o que ele chamava de desenvolvimento intelectual da Europa. Como popularmente se espalhou, sua declaração "Seja esse ponto A o homem, e seja esse ponto B o 'mócaco'[28] [pronunciado incorretamente]" foi tratada com a humilhação de gritos de "mócaco" vindos da plateia lá reunida apenas minutos antes de Wilberforce subir ao palco. Hooker descreve os esforços de Draper como devaneios de um "jumento ianque", e apenas permaneceu porque sabia que Wilberforce logo falaria. Não obstante, uma década e meia depois, quando Draper publicou seu épico *History of the Conflict Between Religion and Science* [A história do conflito entre religião e ciência], esta luta icônica entre Wilberforce e Huxley como os representantes das forças da religião e ciência é notável – mas somente por sua ausência.[29]

---

[28] Draper, talvez por ter vivido a maior parte da vida nos EUA (embora britânico), pronunciava a palavra "monkey" (macaco) como "mawnkey", e por isso a chacota. [N. E.]

[29] John William Draper, *History of the Conflict between Religion and Science* (Nova York: D. Appleton, 1874).

MITO 18

Que Darwin destruiu a teologia natural

Jon H. Roberts

A explicação da perfeição das adaptações por meio de forças materialistas (seleção) removeu Deus, por assim dizer, da sua criação. Ela eliminou os principais argumentos da teologia natural, e corretamente é dito que a teologia natural morreu como conceito viável no dia 24 de novembro de 1859.

– Ernst Mayr, *The Growth of Biological Thought* [O crescimento do pensamento biológico] (1982)

O dano mortal à teologia natural veio da hipótese de Darwin sobre a evolução pelo mecanismo de espécies... A evidência da operação do acaso, da brutalidade, do sofrimento e extinção mudou a visão do universo para muitos vitorianos, e destruiu a atitude de reverência e a imagem sagrada do mundo necessários à teologia natural.

– T.M. Heyck, *The Transformation of Intellectual Life in Victorian England* [A transformação da vida intelectual na Inglaterra vitoriana] (1982)

Apesar do ateísmo ser *logicamente* defensável antes de Darwin, Darwin fez com que fosse possível ser um ateu intelectualmente realizado.

– Richard Dawkins, *The Blind Watchmaker: Why the Evidence of Evolution Reveals a Universe without Design* [O relojeiro cego: por que a evidência da evolução revela um universo sem design] (1986)

urante o século anterior à publicação do livro *A Origem das Espécies* de Charles Darwin em 1859, a teologia natural, definida de modo geral como o esforço para se estabelecer a existência e os atributos de Deus através do uso da razão, teve um papel importante no discurso cristão, especialmente no mundo de língua inglesa. Cientistas, teólogos, e clérigos igualmente usavam as percepções da teologia natural para avançar diversos projetos, incluindo a defesa do teísmo contra alegações dos que não criam, a demonstração do valor da ciência, o estabelecimento de uma base comum entre cristãos de diferentes tradições eclesiásticas, e a promoção da piedade evocada pela maravilhosa benevolência e sabedoria incorporadas na criação.[1]

---

[1] John Hedley Brooke, "Indications of a Creator: Whewell as Apologist and Priest", em *William Whewell: A Composite Portrait,* ed. Menachem Fisch e Simon Schaffer (Oxford: Clarendon Press, 1991), 149- 73; John Hedley Brooke, "The Natural Theology of the Geologists: Some Theological Strata", em *Images of the Earth: Essays in the History of the Environmental Sciences,* ed. L. J. Jordanova e Roy S. Porter (Chalfont St. Giles: British Society for the History of Science, 1979), 39-41, passim; Jonathan R. Topham, "Science, Natural Theology, and the Practice of Christian Piety in Early-Nineteenth-Century Religious Magazines", em *Science Serialized: Representation of the Sciences in Nineteenth-Century Periodicals,* ed. Geoffrey Cantor e Sally Shuttleworth (Cambridge, Mass.: MIT Press, 2004), 37-66; e Aileen Fyfe, *Science and Salvation: Evangelical Popular Science Publishing in Victorian Britain* (Chicago: University of Chicago Press, 2004), 6-7.

Historicamente, a *teologia natural* serviu como termo guarda-chuva para diversos tipos de argumentos. Estes vão desde argumentos "ontológicos", puramente racionalistas, que defendem que o próprio sentido do conceito de Deus como Ser perfeito implica a existência de tal Ser, dado que a existência é um elemento inerente à perfeição, até argumentos "cosmológicos", que argumentam que partindo da contingência do universo se chega a existência de um "Ser necessário". Durante os três primeiros quartos do século 19 o argumento particular que dominou discussões sobre teologia natural na Grã-Bretanha e Estados Unidos era o argumento do *design*. Havia duas grandes versões deste argumento, ambas derivadas de seu vasto apelo ao uso de características do mundo orgânico. A primeira e provavelmente mais popular versão enfatizava a utilidade de virtualmente todas as características das plantas e dos animais para auxiliá-los a se adaptar aos ambientes onde se encontravam. Para proponentes desta forma "utilitária" do argumento do *design*, cada instância de adaptação parecia constituir testemunho adicional da sabedoria e bondade de Deus. A outra versão do argumento focou na existência disseminada de padrões inteligíveis no mundo orgânico. Partidários desta forma "idealista" do argumento do *design* mantinham que a história da vida poderia ser entendida como a realização material gradual de um plano premeditado e integrado que havia sido formulado por uma Deidade benevolente e racional. Alguns teólogos naturais usaram ambas as formulações do argumento de *design* em sua defesa do teísmo.[2]

Ao fornecer uma explicação naturalista tanto da adaptação quanto da "unidade de tipo" e outros padrões harmoniosos invocados pelos proponentes da forma idealista do argumento pelo *design*, a teoria de Charles Darwin (1809-1882) da descendência por meio de seleção natural desafiava tanto o conceito da adaptação por *design* quanto a noção de plano premeditado. Reconhecendo isto, diversos apoiadores e críticos de Darwin igualmente foram rápidos em sugerir que o trabalho de Darwin fatalmente comprometia o

---

[2] Jon H. Roberts, *Darwinism and the Divine in America: Protestant Intellectuals and Organic Evolution, 1859 - 1900* (Madison: University of Wisconsin Press, 1988), 10-11.

TERRA PLANA, GALILEU NA PRISÃO E OUTROS MITOS SOBRE CIÊNCIA E RELIGIÃO   **221**

argumento do *design*. O "buldogue de Darwin", Thomas Henry Huxley (1825-1895), assim afirmou em 1864 que "a teologia, como comumente entendida [significando *design* e propósito], recebeu seu golpe mortal pela mão do Sr. Darwin".[3] Do outro lado do espectro teológico, o preocupado Daniel R. Goodwin, reitor da Universidade da Pennsylvania, previu com certo pesar que ao destruir "os *marcos*, as *provas* do *design* e, consequentemente, a *evidência* de uma causa controladora inteligente", a teoria de Darwin "certamente produziria ateísmo e panteísmo" em seus apoiadores.[4]

Aparentemente tomando à letra tais declarações, diversos estudantes da controvérsia darwiniana concluíram que o trabalho de Darwin foi o golpe fatal para o empreendimento da teologia natural. Esta conclusão é injustificada. De fato, mesmo um exame superficial da história do pensamento cristão no mundo anglo-americano desde 1859 é suficiente para indicar que a teologia natural permaneceu um empreendimento constante, e muitas vezes até próspero. Deixando de lado a questão da validade dos argumentos que são colocados em nome da teologia natural e os usos dados a estes argumentos, traçarei brevemente aqui a persistência da teologia natural desde o aparecimento de *A Origem das Espécies*. Visto que parece ser razoável acreditar que a teoria de Darwin teve pouco impacto no destino da teologia natural nos trabalhos dos que rejeitaram a teoria, escolhi focar minha discussão aqui nas visões dos diversos teístas que *aceitaram* a hipótese de Darwin da transmutação.

Durante o último quarto do século 19, muitos proponentes da teoria da evolução orgânica – a teoria que a maioria dos cientistas e teólogos naquele tempo igualmente equiparavam com "darwinismo" – apresentaram uma variedade de argumentos que claramente se encaixavam no âmbito da teologia natural. Alguns desses argumentos continuaram exibindo o fascínio que os teólogos naturais do início do século 19 exibiram

---

[3]   Thomas H. Huxley, "Criticisms on 'The Origin of Species'" [1864], *Darwiniana*, in *Collected Essays by T. H. Huxley*, vol. 2 (1893; Nova York: Greenwood Press, 1968), 82.

[4]   Daniel R. Goodwin, "The Antiquity of Man", *American Presbyterian and Theological Review*, n.s., 2 (1864): 259. Consultar também Henry M. Harman, "Natural Theology", *Methodist Review*, 4th ser., 15 (1863): 182-90.

com o *design* do mundo orgânico. Dois dentre tais argumentos provaram ser especialmente populares. Um argumento, que foi inicialmente articulado pelo botânico de Harvard Asa Gray (1810-1888) em 1860, focou na questão da variabilidade. Proponentes deste argumento defendiam que enquanto a teoria de seleção natural de Darwin poderia explicar a sobrevivência do mais apto, ela não explicava a origem das variações nas quais a seleção natural operava. Assim, insistiam que a evolução não podia ser um confuso "método de tentativa e erro em todas as direções", mas precisava envolver a supervisão de uma "mente direcionadora".[5] Darwin achou este argumento tão irritante ao espírito de sua teoria que dedicou espaço para refutá-lo em *The Variation of Animals and Plants under Domestication* [A variação de animais e plantas sob domesticação] (1868).[6]

O outro argumento popular apresentado por partidários da teologia natural que usavam os *insights* da evolução foi baseado em uma cuidadosa análise do conceito de seleção natural. Notando que este conceito não era nada mais que, como Gray colocou, a "expressão generalizada dos processos e resultados da interação de coisas viventes na Terra com seu ambiente inorgânico e de uns com os outros", eles mantinham que era inconcebível que a "natureza automática e cega, sem uma vontade controladora, teria inadvertidamente passado por todas estas transformações com qualquer demonstração de sucesso ou regularidade".[7] Pelo contrário, teólogos naturais insistiam que a "união e conspiração das forças envolvidas na Evolução" – as "colocações úteis" e "arranjos encaixados" de eventos e processos que culminaram na emergência de uma "infinita variedade de adaptações orgânicas" durante o curso da história da vida – pode ser explicada ade-

---

[5] James T. Bixby, "The Argument from Design in the Light of Modern Science", *Unitarian Review and Religious Magazine*, 8 (1877): 21-23; Asa Gray, "Natural Selection Not Inconsistent with Natural Theology" [1860], *Darwiniana: Essays and Reviews Pertaining to Darwinism*, ed. A. Hunter Dupree (1876; Cambridge, Mass.: Harvard University Press, 1963), 121-22, 129; Anônimo, "Current Skepticism – The Scientific Basis of Faith", *Methodist Review*, 5th ser., 8 (1892): 953.

[6] Charles Darwin, *The Variation of Animais and Plants under Domestication*, 2 vols. (Londres: John Murray, 1868), 2:430-32.

[7] Asa Gray, *Natural Science and Religion: Two Lectures Delivered to the Theological School of Yale College* (Nova York: Charles Scribner's Sons, 1880), 47; Andrew P. Peabody, "Science and Revelation", *Princeton Review*, 4th ser., 54th yr. (1878): 766.

TERRA PLANA, GALILEU NA PRISÃO E OUTROS MITOS SOBRE CIÊNCIA E RELIGIÃO

quadamente apenas se forem vistas como produto de um "poder coordenador" divino.[8] O fato de que o processo evolutivo parecia ser mais "progressivo" – no sentido de que revelou o aparecimento de espécies cada vez "mais complexamente organizadas" parece constituir motivos adicionais para sugerir que a seleção natural "não apenas não está em conflito com o argumento do *design*, mas fornece uma nova ilustração para tal".[9] Uma convicção similar levou James McCosh, presidente do Princeton College, a afirmar que "o *design* sobrenatural produz a seleção natural".[10] Apologistas britânicos concordavam. O presbiteriano James Ivernach, da Scottish Free Church [Igreja Livre da Escócia], por exemplo, defendia que a seleção natural era "outra forma de indicar o *design*".[11]

Apesar da popularidade da alegação de que a teoria da história da vida de Darwin apenas fazia sentido se colocada dentro de uma estrutura teísta mais ampla, muitos defensores da crença em Deus, no final do século 19, decidiram se mover para além do mundo orgânico na estruturação de seus argumentos. Pode ser que o mais importante papel que o darwinismo teve em moldar os destinos da teologia natural foi em convencer muitos teístas a ampliar o escopo de seus argumentos de *design*, abrangendo não só seres vivos, mas também a inteligibilidade do mundo natural como um todo. Tais teístas apontaram que a existência de um universo repleto de padrões e ordem, a ponto de ser descrito em termos de leis naturais, não era uma necessidade lógica. Tampouco era um resultado que poderia ser razoavelmente esperado das interações entre partículas e forças agindo de forma aleatória.[12] Assim mantinham que "ordem é invariavelmente unida

---

[8] James McCosh, *The Religious Aspect of Evolution*, rev. ed (Nova York: Charles Scribner's Sons, 1890), 70; Bixby, "Argument from Design", 4-5, on 5; F. A. Mansfield, "Teleology, Old and New", *New Englander*, n.s., 7 (1884): 220. Consultar também J. Lewis Diman, *The Theistic Argumentas Affected by Recent Theories: A Course of Lectures Delivered at the Lowell Institute in Boston* (Boston: Houghton, Mifflin, 1881), 178-79.

[9] Diman, *Theistic Argument*, 165, 167.

[10] McCosh, *Religious Aspect of Evolution*, 7.

[11] James Iverach, citado em David W. Bebbington, "Science and Evangelical Theology in Britain from Wesley to Orr", em *Evangelicals and Science in Historical Perspective*, ed. David N. Livingstone et al. (Nova York: Oxford University Press, 1999), 132.

[12] Bixby, "Argument from Design", 23-26; George F. Wright, "Recent Works Bearing on the Relation

à inteligência", e que "o que é inteligível tem inteligência na sua estrutura".[13] A partir desta perspectiva, a regularidade com que a gravitação e outros processos naturais operavam fornecia testemunho eloquente para a onipresença do *design* divino. Parecia razoável concluir, então, como dito por um clérigo unitarista, que "quanto mais lei, mais Deus, mais mistério, maravilhamento, admiração e confiança".[14]

Em meados de 1880 muitos evolucionistas anglo-americanos conseguiram se convencer de que o darwinismo "não toca nas grandes verdades da teologia natural, tampouco pode tocá-las, exceto fornecendo novos materiais para provar tais verdades".[15] Lewis E. Hicks, professor de teologia no Denison College, que escreveu uma extensa análise do argumento do *design*, declarou em 1883 que "não há mais espaço para dúvidas sobre a questão de se a aceitação da evolução é destrutiva para todos os argumentos de *design*. Teólogos são praticamente unânimes no sentimento de que uma crença na evolução deixa o teísmo intacto".[16] Teólogos não estavam sozinhos. Apesar dos cânones do profissionalismo levarem um crescente número de cientistas a pararem de falar de Deus em suas publicações profissionais, isto não os impediu de abraçar a legitimidade da teologia natural em trabalho dedicados ao público geral. Por exemplo, o historiador natural Joseph Le Conte (1823-1901) da Universidade da Califórnia, talvez o mais influente teísta evolutivo na América do Norte, descreveu a ciência como um "sistema racional de teologia natural" no sentido de que aponta para além de si para uma Mente divina que serviu como a "energia" que

---

of Science to Religion: No. IV – Concerning the True Doctrine of Final Cause or Design in Nature", *Bibliotheca Sacra* 34 (1 877): 358.

[13] D. B. Purinton, *Christian Theism: Its Claims and Sanctions* (Nova York: G. P. Putnam's Sons, 1889), 31; George Harris, *Moral Evolution* (Boston: Houghton, Mifflin and Company, 1896), 185. Consultar George P. Fisher, "Materialism and the Pulpit", *Princeton Review*, 4th ser., 54th yr. (1878): 207-9.

[14] J. W. Chadwick, "The Basis of Religion", *Unitarian Review and Religious Magazine* 26 (1886): 255-56. Consultar também [G. F.] W[right], Review of *The Evolution of Man*, por Ernst Haeckel, *Bibliotheca Sacra* 36 (1879): 784; William North Rice, "Evolution" [1890], em *Twenty-Five Years of Scientific Progress and Other Essays* (Nova York: Thomas Y. Crowell, 1894), 86.

[15] Lewis F. Stearns, "Reconstruction in Theology", *New Englander*, n.s., 5 (1882): 86.

[16] L. E. Hicks, *A Critique of Design-Arguments: A Historical Review and Free Examination of the Methods of Reasoning in Natural Theology* (Nova York: Charles Scribner's Sons, 1883), 331.

estava imanente em toda criação.[17] Além disto, como Bernard Lightman mostra, alguns dos livros de ciência popular mais vendidos publicados no final do século 19 colocavam a teologia natural como um subtexto sutil, mas importante.[18]

Após 1900 a teologia natural gozou de continuado vigor em diversas comunidades de discurso importantes na Grã-Bretanha e América do Norte. Permaneceu forte entre filósofos da religião anglo-americanos e teólogos neo-escolásticos.[19] Diversos cientistas também publicaram declarações dando crédito à ideia de que o mundo natural atestava a existência de um Criador e Designer divino. Durante o início do século 20, diversos escritores religiosos britânicos, que apoiavam uma "nova" teologia natural, usaram o trabalho de biólogos e psicólogos que expressavam impaciência com o materialismo mecanicista.[20] Pouco tempo depois, alguns físicos bem conhecidos deram seu apoio à causa. Durante o início da década de trinta, Sir James Jeans (1877-1946), membro da Sociedade Real que ensinava matemática aplicada em Princeton e Cambridge antes de se tornar acadêmico independente, inferiu a partir de suas convicções que o cosmos parecia ser "mais como um grande pensamento do que uma grande máquina", e que havia sido projetado por uma "mente universal" que ele identificava como "o Grande Arquiteto do Universo".[21] Clérigos liberais às vezes também apelavam para dados tirados do mundo natural para tentar convencer seus membros da legitimidade da visão teísta do mundo. O proeminente pastor

---

[17] Joseph LeConte, *Evolution and Its Relation to Religious Thought* (Nova York: D. Appleton, 1888), 283.

[18] Bernard Lightman, "Victorian Sciences and Religions: Discordant Harmonies", *Osiris*, 2d ser., 16 (2001): 355-62. Consultar também Bernard Lightman, *Victorian Popularizers of Science: Designing Nature for New Audiences* (Chicago: University of Chicago Press, 2007).

[19] Sobre a persistência do argumento do *design* entre filósofos, consultar, por exemplo, F. R. Tennant, *Philosophical Theology*, 2 vols. (Cambridge: Cambridge University Press, 1930). Tratamentos úteis sobre a neoescolástica incluem Philip Gleason, *Contending with Modernity: Catholic Higher Education in the Twentieth Century* (Nova York: Oxford University Press, 1995), esp. 114-23, e William M. Halsey, *The Survival of American Innocence: Catholicism in an Era of Disillusionment, 1920-1940* (Notre Dame, Ind.: University of Notre Dame Press, 1980), 138-68.

[20] Peter J. Bowler, *Reconciling Science and Religion: The Debate in Early-Twentieth-Century Britain* (Chicago: University of Chicago Press, 2001), 122-59.

[21] James Jeans, *The Mysterious Universe*, rev. ed. (1932; Nova York: Macmillan Company, 1933), 186, 175, 17-53, 165, 186-87. Consultar também Arthur Eddington, *The Nature of the Physical World* (1928; Ann Arbor: University of Michigan Press, 1958), 276-82.

nova-yorkino, Harry Emerson Fosdick, por exemplo, justificou a credibilidade do teísmo por ele fazer mais sentido do que a crença de que "todo o processo criativo" pudesse ser descrito como "interações fortuitas entre alguns poucos elementos químicos".[22]

Não obstante a persistência de expressões de fidelidade à teologia natural por uma variedade de pensadores, o interesse nesta busca diminuiu razoavelmente durante os primeiros dois terços do século 20. Isto se deu largamente porque muitos teístas evolutivos na América do Norte e Grã-Bretanha durante este período passaram a acreditar que as conclusões da teologia natural não eram adequadas para fomentar devoção ao Deus do cristianismo. Tirando muita inspiração de teólogos alemães como Friedrich Schleirmacher e Albrecht Ritschl, estes protestantes concluíram que a fundação da visão de mundo cristã residia não nas inferências retiradas do mundo natural, mas no âmbito dos sentimentos e valores. Durante a década de 1920 em diante, a crescente influência da nova ortodoxia e outras teologias que se inspiraram na perspectiva de Karl Barth levou muitos teístas anglo-americanos a considerarem a teologia natural como uma abordagem inadequada e até enganosa sobre o Deus revelado por Jesus através da Palavra de Deus.[23]

Apesar do empreendimento de tentar provar a existência de Deus e seus atributos usando argumentos derivados do mundo natural continuar em baixa para muitos proponentes da visão de mundo judaico-cristã, os últimos quarenta anos têm assistido um ressurgimento de esforços para demonstrar a legitimidade e importância da teologia natural. A teóloga Nancey Murphy deu voz ao fundamento desses esforços em 1990, quando afirmou que ao organizar uma "estratégia apologética eficaz", era essencial explorar os recursos da teologia natural e da teologia revelada de igual

---

[22] Harry Emerson Fosdick, *Adventurous Religion and Other Essays* (Nova York: Cornwall Press, 1926), 212-13.

[23] Para uma discussão mais extensa das questões abordadas neste parágrafo, consultar Jon H. Roberts, "Science and Religion", em *Wrestling with Nature: From Omens to Science,* ed. Peter Harrison, Ronald L. Numbers e Michael Shank (Chicago: University of Chicago Press).

forma.[24] Apesar de Murphy não estar sozinha entre teólogos que expressam interesse na teologia natural, muitos dos bem conhecidos defensores de argumentos a favor do teísmo tirados do mundo natural nos anos recentes têm sido cientistas (embora geralmente os que também possuem credenciais em teologia). Em contraste com muitos teólogos anglo-americanos que focaram grande parte de sua atenção nos anos recentes à natureza do encontro divino-humano, cientistas apoiadores da teologia natural enfatizam que, nas palavras do físico e teólogo britânico John Polkinghorne, "Há mais sobre Deus do que suas relações com os homens".[25] Apesar de terem pouca simpatia com as alegações de partidários do movimento do "Design Inteligente" de que "o *design* pode ser rigorosamente reformulado como teoria científica", eles argumentam que "se Deus é o Criador do mundo, ele certamente não o deixou sem marcas de seu caráter, por mais veladas que sejam".[26] Polkinghorne, por exemplo, insiste que a inteligibilidade do universo, em conjunto com o fato de sua estrutura precisa e "cuidadosamente entretecida"[27] permitir a emergência da vida contra toda probabilidade razoável, fornece base forte para a afirmação da existência de uma Mente divina "digna de adoração e a base da esperança".[28] Da mesma forma, o falecido bioquímico e sacerdote anglicano Arthur Peacocke sugere que "pela existência do tipo de universo que temos, considerado à luz das ciências naturais", é apropriado "inferir a existência de um Deus criador como a melhor explicação para tudo o que existe".[29]

---

[24] Nancey Murphy, *Theology in the Age of Scientific Reasoning* (Ithaca, N.Y.: Cornell University Press, 1990), 18.

[25] John Polkinghorne, *One World: The Interaction of Science and Theology* (Princeton, N.J.: Princeton University Press, 1986), 81.

[26] William A. Dembski, "Introduction", em *Mere Creation: Science, Faith and Intelligent Design,* ed. William A. Dembski (Downers Grove, Ill.: InterVarsity Press, 1998), 16; Polkinghorne, *One World,* 78.

[27] A expressão usada no original é *"tightly knit".* [**N. E.**]

[28] Polkinghorne, *One World,* 79; John Polkinghorne, *The Faith of a Physicist: Reflections of a Bottom-Up Thinker; The Gifford Lectures for 1993-4* (Princeton, N.J.: Princeton University Press, 1994), 43; John Polkinghorne, *Belief in God in an Age of Science* (New Haven, Conn.: Yale University Press, 1998), 10-11.

[29] Arthur Peacocke, *Theology for a Scientific Age: Being and Becoming-Natural, Divine and Human,* rev. ed. (Minneapolis: Fortress Press, 1993), 134.

Desde a publicação de *A Origem das Espécies*, o destino da teologia natural teve altos e baixos na cultura anglo-americana. A teoria de Darwin foi claramente importante para convencer teólogos naturais de que seria fundamental alterar os tipos de argumentos usados para fazer inferências a partir da natureza em direção ao Deus da natureza. Ela parece ter tido um papel insignificante, no entanto, na mudança de *status* da teologia natural.

MITO 19

Que Darwin e Haeckel foram cúmplices da biologia nazista

Robert J. Richards

O racismo evolutivo [de Haeckel]; seu chamado ao povo alemão por pureza racial e devoção completa a um estado "justo"; esta crença que leis duras e inexoráveis da evolução governavam a civilização humana e a natureza de igual forma, dando a raças favorecidas o direito de dominar as outras; o misticismo irracional que sempre esteve em estranha comunhão com suas solenes palavras sobre a ciência objetiva – tudo contribuiu para o surgimento do nazismo.

– Stephen Jay Gould, *Ontogeny and Phylogeny*
[Ontogenia e filogenia] (1977)

Não importa quão torto tenha sido o caminho de Darwin para Hitler, é claro que o darwinismo e a eugenia abriram o caminho para a ideologia nazista, especialmente a ênfase nazista na expansão, na guerra, na luta e exterminação racial.

– Richard Weikart, *From Darwin to Hitler*
[De Darwin a Hitler] (2004)

m 1971, Daniel Gasman viu publicada a sua dissertação *Scientific Origins of National Socialism: Social Darwinism in Ernst Haeckel and the German Monist League* [Origens científicas do nacional socialismo: darwinismo social em Ernst Haeckel e a liga monista alemã], que ele havia escrito na Universidade de Chicago dois anos antes. Este livro argumentava que Ernst Haeckel (1834-1919), o grande defensor do darwinismo na Alemanha, tinha uma responsabilidade especial por contribuir com a biologia de extermínio nazista. Gasman empilhou a evidência: o monismo darwiniano de Haeckel (que mantinha que nenhuma distinção metafísica separava homens e animais) era racista; que ele era um virulento antissemita; e que a liderança nazista adotou seus conceitos monistas e visões raciais. Sem crítica, inúmeros historiadores aceitaram a alegação de Gasman, sendo o mais proeminente de todos, pelo menos entre os historiadores da biologia, Stephen Jay Gould.

Em seu livro *Ontogeny and Phylogeny* [Ontogenia e filogenia] (1977), Gould investigou as consequências da "lei biogenética" de Haeckel, o princípio de que o embrião de uma criatura avançada recapitula os mesmos estágios morfológicos que o filo passou em sua descendência evolutiva. De acordo com a lei de Haeckel, o embrião humano, por exemplo, começa a vida como um tipo de criatura de uma célula, e avança pelas formas de invertebrado, peixe e símio, e finalmente de ser humano em particular.

Gould argumentou que o princípio da recapitulação sustentava uma interpretação progressista injustificada da teoria evolutiva e tinha implicações racistas. Ele salientou que Charles Darwin (1809-1882) havia evitado adotar o princípio, mas reconheceu que muitos biólogos subsequentes o aceitaram como parte de sua herança darwiniana. A lei, na visão de Gould, não era o legado mais duradouro de Haeckel. Mais propriamente, "como Gasman argumenta, a maior influência de Haeckel foi, no fim, em outra, trágica direção – o nacional socialismo".[1]

A tese de Gasman tem sido usada por fundamentalistas religiosos como uma alavanca para remover a teoria darwiniana de aprovação pública. Coloque "Haeckel" e "Nazista" em qualquer busca na *web* e terá milhares de resultados, a maioria de *sites* criacionistas e de design inteligente que utilizam o darwinismo de Haeckel como uma fogueira digital de hereges.

A maioria dos historiados, salvo Richard Weikert (citado acima), se recusam a acusar Darwin por cumplicidade em crimes dos nazistas. Gasman, Gould, e muitos outros historiadores têm se empenhado na distinção dos conceitos de Darwin e de Haeckel. No século 19, um indivíduo de autoridade singular, porém, não viu diferenças entre as doutrinas dos dois biólogos – a saber, o próprio Darwin. Assim que se conheceram, Darwin escreveu a Haeckel para dizer: "estou satisfeito que tão distinto naturalista confirma e expõe minhas visões; e vejo claramente que você está entre os poucos que claramente entende a seleção natural".[2] Sua troca de correspondências inicial levou a uma longa amizade, com Haeckel visitando Darwin diversas vezes em sua casa na vila de Downe. Em *A Origem do Homem*, Darwin afirmou seu entendimento compartilhado da teoria evolutiva: "Quase todas as conclusões às quais cheguei são confirmadas por este naturalista [Haeckel], cujo conhecimento em muitos pontos é mais completo que o meu".[3] Apesar de suas ênfases serem diferentes, Haeckel e

---

[1] Gould, *Ontogeny and Phylogeny*, 77.
[2] Charles Darwin para Ernst Haeckel, 9 de março de 1864, *The Correspondence of Charles Darwin*, ed. Frederick Burkhardt et al., 15 vols. (Cambridge: Cambridge University Press, 1985-), 12:63.
[3] Charles Darwin, *The Descent of Man, and Selection in Relation to Sex*, 2 vols. (Londres: John Murray, 1871), 1:4.

Darwin essencialmente concordavam sobre as questões técnicas da teoria evolutiva.[4]

Se a acusação de cumplicidade com os nazistas permanece contra Haeckel, deve, então, ser estendida para incluir Darwin e a teoria da evolução de forma mais geral? Haeckel simplesmente colocou o materialismo evolutivo de Darwin e o racismo em seu carrinho e entregou sua mensagem tóxica para Berchtesgaden, como Weikart recentemente defendeu?[5] Permita-me responder a estas questões pela consideração de suas partes subsidiárias: Darwin era um teórico progressista, acreditando que algumas espécies eram mais "elevadas" que outras? Era ele um racista, mostrando que alguns grupos de humanos eram mais avançados que outros? Era ele especificamente antissemita, colocando os judeus em uma classe de seres humanos inferiores? A teoria darwiniana rompeu com a tradição humanitária na ética, facilitando, assim, uma moralidade nazista depravada baseada em conveniência egoísta? E, finalmente, os nazistas explicitamente abraçaram o darwinismo de Haeckel?

A Europa do século 19 testemunhou tremendos avanços científicos, tecnológicos e comerciais, que pareciam confirmar suposições religiosas sobre sinais de favor divino. A descoberta de fósseis cada vez mais complexos em camadas ascendentes de formações geológicas indicavam que o desenvolvimento progressivo havia sido a história geral da Terra. Darwin acreditava que sua teoria poderia explicar estes fatos presumidos de progresso biológico e social, visto que "como a seleção natural trabalha somente pelo e para o bem de cada ser, todo dote corporal e mental tenderá a progredir para a perfeição".[6] Ele não somente pensava que o desenvolvimento progressivo das espécies individuais poderia ser lido no registro fóssil, mas, como seu discípulo Haeckel, também acreditava que o avanço progressivo poderia ser detectado no embrião em desenvolvimento, que foi deixado como uma "imagem" dinâmica dos estágios morfológicos as-

---

[4] Argumento isto em mais detalhe em meu *The Tragic Sense of Life: Ernst Haeckel and the Struggle over Evolutionary Thought* (Chicago: University of Chicago Press, 2008), cap. 5.

[5] Weikart, *From Darwin to Hitler*.

[6] Charles Darwin, *On the Origin of Species* (Londres: John Murray, 1859), 489.

cendentes percorridos ao longo da história evolutiva.[7] Darwin também empregou a lei biogenética.

Esta visão progressivista das espécies animais era consistente com a crença que diversos grupos humanos também poderiam ser organizados em uma hierarquia de baixo para cima. Porém, o esforço para classificar e avaliar as raças humanas começou muito antes de Darwin e Haeckel escreverem. Em meados do século 18, Carolus Linnaeus (1707-1778) e Johann Friedrich Blumenback (1752-1840) começaram a sistematicamente classificar as raças humanas e avaliar seus atributos. No início do século 19, Georges Cuvier (1769-1832), o mais ilustre biólogo do período, dividiu as espécies humanas em três variedades: a raça caucasiana, a mais bela e progressiva; a raça mongol, cujas civilizações haviam estagnado; a raça etíope, cujos membros apresentavam "crânio reduzido" e características faciais de um macaco. Este último grupo permaneceu "bárbaro".[8] O fato de que diferentes grupos de seres humanos podiam ser organizados em hierarquia do mais baixo ao mais alto era, portanto, lugar comum na biologia, assim como na mente das pessoas em geral. A constituição dos Estados Unidos reconheceu este tipo de hierarquia quando afirmou os direitos de propriedade dos detentores de escravos e estipulou que africanos residentes deveriam ser contados com sendo três quintos de uma pessoa para o propósito de se decidir representação parlamentar.

Darwin, por sua parte, simplesmente buscou explicar os fatos presumidos das diferenças raciais. Para ele os grupos humanos podiam ser vistos tanto como variedades de uma espécie única humana quanto como espécies diferentes. A decisão era completamente arbitrária, visto que nenhum limite real poderia ser traçado entre espécies e variedades ou raças.[9] Ele pensava que a referência a *raças* humanas se conformava melhor com o uso padrão, enquanto Haeckel preferia considerar diferentes grupos como *espécies* distintas. Apesar de Darwin reconhecer a existência de raças mai

---

[7] Ibid., 450.

[8] Georges Cuvier, *Le Régne animal*, 2d ed., 5 vols. (Paris: Deterville Libraire, 1829-1830), 1:80.

[9] Darwin, *Descent of Man*, 1:235.

elevadas e mais baixas, ele certamente não acreditava que isto justificava um tipo de tratamento menos que humano para os mais baixos na escala. De fato, suas convicções abolicionistas foram fortemente confirmadas quando visitou os países escravocratas na América do Sul no *Beagle*, no início da década de 1830; posteriormente ele torceu pela derrota dos estados escravocratas do Sul durante a Guerra Civil norte-americana.[10] Haeckel, em suas viagens para o Ceilão (hoje Sri Lanka) e Indonésia, geralmente formava relações mais próximas e íntimas com nativos, e até membros das classes intocáveis, do que com coloniais europeus. Quando acadêmicos descuidados ou fundamentalistas cegos acusam Darwin ou Haeckel de racismo, eles simplesmente revelam para um mundo atônito que estes pensadores viveram no século 19.

Em um volume recente, Gasman reitera a alegação, agora amplamente aceita, que o antissemitismo virulento de Haeckel praticamente começou o trabalho dos nazistas: "Para Haeckel, os judeus eram a fonte original da decadência e morbidade do mundo moderno, e ele buscava sua imediata exclusão da vida e sociedade contemporâneas".[11] Esta acusação, que tentava ligar as convicções de Haeckel com o tipo particular de racismo nazista, sofre a inconveniência de não ter absolutamente nenhum fundamento. A realidade é bem contrária, conforme revelada por uma conversa que Haeckel teve em meados da década de 1890 sobre antissemitismo. Ele foi abordado pelo escritor e jornalista austríaco Hermann Bahr, que estava investigando líderes intelectuais europeus sobre o fenômeno do antissemitismo. Haeckel mencionou que ele tinha diversos alunos que eram muito antissemitas, mas que ele próprio tinha bons amigos judeus, "homens admiráveis e excelentes", e que estes relacionamentos removeram dele este preconceito. Ele reconheceu o nacionalismo como a raiz do problema para estas sociedades que não alcançaram o ideal do cosmopolitismo; e ele entendia que tais sociedades poderiam recusar a entrada para os que não se

---

[10] Consultar Charles Darwin para Asa Gray, 19 de abril de 1865, em *Correspondence of Charles Darwin*, 13:126.

[11] Daniel Gasman, *Haeckel's Monism and the Birth of Fascist Ideology* (Nova York: Peter Lang, 1998), 26.

conformassem com costumes locais – por exemplo, os judeus russos orto-doxos, não por serem judeus, mas por não aceitarem ser assimilados. Ele então ofereceu um elogio aos judeus instruídos (*gebildeten*) que sempre foram vitais à vida social e intelectual na Alemanha: "Vejo estes refinados e nobres judeus como elementos importantes da cultura germânica. Não se deve esquecer que eles sempre apoiaram bravamente a iluminação e li-berdade contra forças reacionárias, e foram oponentes incansáveis, sempre que preciso, contra os obscurantistas".[12] Um desses indivíduos iluminados era seu amigo Magnus Hirschfeld (1868-1935), médico e sexólogo, que via Haeckel como um "herói espiritual alemão".[13] Durante o período nazista Hirschfeld teve de fugir para salvar sua vida à luz das chamas de seu insti-tuto que queimava. Na virada do século, à medida que a mancha tenebrosa do antissemitismo começou a se espalhar, Haeckel defendeu sua posição de *Judenfreundschaft* (simpatia com os judeus).[14]

Talvez as propostas éticas de um darwinismo materialista e utilitarista "quebraram com a tradição humanitária" – nas palavras de uma acusação – e, consequentemente, sancionaram o tipo de moralidade egoísta, de que o poder faz o direito, que foi simpático aos nazistas.[15] Darwin, em *A Origem do Homem*, desenvolveu uma teoria ética explícita baseada na seleção na-tural; mas ele acreditava que esta proposta derrubava o egoísmo utilitário e que a seleção natural, operando em grupos proto-humanos, teria incu-tido altruísmo entre seus membros.[16] Haeckel endossou o conceito ético de altruísmo de Darwin, que ele acreditava ser um fundamento melhor para a moralidade cristã tradicional.[17] Além disto, durante a guerra fran-co-prussiana de 1870-1871, Haeckel descreveu um fenômeno desprezível que chamava de "seleção militar", onde os mais corajosos e brilhantes eram

---

[12] Hermann Bahr, *Der Antisemitismus* (Berlim: S. Fischer, 1894), 69.

[13] Hirschfeld para Haeckel, 17 de dezembro de 1914, em Correspondence of Ernst Haeckel, Ernst--Haeckel-Haus, Jena.

[14] Eu discuto o suposto antissemitismo de Haeckel com mais detalhes em meu *Tragic Sense of Life*.

[15] Jürgen Sandmann, *Der Bruch mit der humanitaren Tradition: Die Biologisierung der Ethik bei Er-nst Haeckel und anderen Darwinisten seiner Zeit* (Stuttgart: Gustav Fischer, 1990).

[16] Darwin, *Descent of Man*, 1:161-67.

[17] Ernst Haeckel, *Der Monismus ais Band zwischen Religion und Wissenschaft* (Bonn: Emil Strauss, 1892), 29.

massacrados nos campos de batalha enquanto os fracos e covardes eram colocados para cuidar dos quartos e, portanto, perpetuar seu caráter moral mais baixo. Ele cultivava a esperança de que "no longo prazo, o homem com o mais perfeito entendimento, não o homem com o melhor revólver, irá triunfar... [e que] seu legado para sua descendência serão as propriedades do cérebro que promoveram sua vitória".[18]

Apesar de Haeckel ser um filo-semita e expressar uma disposição antimilitar, será que os nazistas ainda assim tentaram recrutá-lo – ou pelo menos sua reputação, visto que ele faleceu uma década e meia antes dos nazistas tomarem o poder – e com isto abraçar seu darwinismo? Durante a década de 1930, o aparato nazista tentou alinhar a nova dispensação política com as visões dos proeminentes intelectuais alemães dos séculos anteriores. Por exemplo, Alfred Rosenberg, chefe de propaganda do partido, declarou que Alexander von Humboldt (1769-1859), decano dos cientistas alemães um século antes, era apoiador dos ideais dos Nacionais Socialistas, apesar de Humboldt ter sido amigo cosmopolita de judeus e homossexual.[19] Haeckel também foi alistado na causa nazista por alguns acadêmicos ambiciosos, como Heinz Brucher, que alegava que o monismo evolutivo de Haeckel facilmente se encaixava com as atitudes raciais de Hitler.[20] Mas quase imediatamente, em meados da década de 1930, os guardiões oficiais da doutrina do partido reprimiram qualquer sugestão de acordo entre o darwinismo de Haeckel e o tipo de biologia defendida pelos seus membros. Gunther Hecht, que representava o departamento de Raça-Política do Partido Nacional Socialista (*Rassenpolitischen Amt der NSDAP*), publicou este aviso:

A posição comum do monismo materialista é completamente rejeitada filosoficamente pela visão völkisch-biológica do Nacional Socialismo... o partido e seus

---

[18] Ernst Haeckel, *Natürliche Schopfungsgeschichte,* 2d ed. (Berlim: Georg Reimer, 1870), 156.

[19] Nicolaas Rupke, *Alexander von Humboldt: A Metabiography* (Frankfurt am Main: Peter Lang, 2005), 81-104.

[20] Consultar, por exemplo, Heinz Brücher, *Ernst Haeckels Blutsund Geistes-Erbe: Eine kulturbiologische Monographie* (Munique: Lehmanns Verlag, 1936).

representantes não devem somente rejeitar parte do conceito haeckliano – outras partes ocasionalmente foram defendidas – mas, de forma mais geral, toda disputa política interna que envolve os detalhes da pesquisa e ensino de Haeckel deve cessar.[21]

Kurt Hildebrandt, filósofo político em Kiel escrevendo no mesmo órgão do partido, igualmente dispensou como "ilusão" a presunção de Haeckel que a "filosofia chegou a seu pico na solução mecanicista para os quebra-cabeças do mundo através da teoria de descendência de Darwin".[22] Estes avisos foram reforçados por um decreto oficial do ministro saxônico para livrarias e bibliotecas condenando o material como inapropriado para a "formação e educação nacional-socialista no Terceiro Reich". Entre os trabalhos suprimidos estavam os escritos por "traidores", como Albert Einstein; por "liberais democratas", como Heinrich Mann; literatura por "todo autor judeu, independentemente de sua esfera"; e materiais por indivíduos advogando "o iluminismo científico superficial de um darwinismo e monismo primitivos", como Ernst Haeckel.[23]

A biologia nazista formulou teorias de impureza racial e executou horrenda profilaxia eugênica. Mas estas noções raciais e atos criminosos raramente estavam ligados a conceitos evolutivos específicos sobre a transmutação das espécies e a origem animal de todos os seres humanos, mesmo que o *slogan* "luta pela existência" tenha deixado trilhas de vapor em alguma literatura biológica do Terceiro Reich. O assim compreendido materialismo da biologia darwiniana e do monismo haeckeliano dissuadiu os que cultivaram o ideal místico de uma transcendência da vontade. Justificativas pseudocientíficas para o racismo eram onipresentes no início do século 20, e o antissemitismo doente do próprio Hitler não precisa-

---

[21] Günther Hecht, "Biologie und Nationalsozialismus", *Zeitschrift für die Gesamte Naturwissenschaft* 3 (1937-1938): 280-90, em 285. Esta publicação tinha o subtítulo *Organ of the Reich's Section Natural Science o f the Reich's Students Administration*.

[22] Kurt Hildebrandt, "Die Bedeutung der Abstammungslehre für die Weltanschauung", *Zeitschrift für die Gesamte Naturwissenschaft* 3 (1937-1938): 15-34, at 17.

[23] "Richtilinien für die Bestandsprüfung in den Volksbüchereien Sachsens", *Die Bücherei* 2 (1935): 279-80.

vam do suporte de teóricos evolucionistas do século anterior. Weikart e conservadores cristãos tentaram traçar um caminho de Darwin para Hitler através de Haeckel, mas seus esforços tropeçam sobre as muitas barreiras notadas neste capítulo. Enquanto tentam passar pelo impenetrável matagal de fatos, falham em notar as grandes avenidas que levaram ao Terceiro Reich que passam pelos escombros da Primeira Guerra Mundial – o caos econômico, a turbulência política, e o miasma antissemita generalizado criado por apologistas cristãos. São necessárias causas complexas para dar conta de fenômenos históricos complexos como o advento no regime nazista – um axioma historiográfico ignorado pelos que perpetuam o mito da cumplicidade darwiniana com os crimes dos nazistas.

MITO 20

Que o julgamento de Scopes terminou em derrota para o antievolucionismo

Edward J. Larson

Os antievolucionistas venceram o julgamento de Scopes; porém, de forma mais importante, foram derrotados, esmagados pela onda do cosmopolitismo.

– William E. Leuchtenburg, *The Perils of Prosperity, 1914-1932* [Os perigos da prosperidade, 1914-1932] (1958)

D e todos os mitos sobre ciência e religião discutidos neste volume, apenas um foi iniciado por um evento histórico que aconteceu nos Estados Unidos. Em 1925, o estado de Tennessee proibiu o ensino da teoria da evolução humana em escolas públicas. Respondendo ao convite da American Civil Liberties Union [União Americana pelas Liberdades Civis], que era oposta ao estatuto com base na liberdade de expressão, líderes na cidade de Dayton, Tennessee, decidiram testar este novo estatuto no tribunal, organizando um julgamento amigável de um professor de ciências local chamado John Scopes. Acontecesse o que acontecesse, eles queriam publicidade para sua comunidade. Scopes concordou com o plano, e logo centenas de repórteres foram a Dayton para cobrir um evento que seus participantes experientes da mídia chamaram de "a batalha real entre ciência e religião". William Jennings Bryan, três vezes candidato presidencial do partido democrata e ex-secretário de estado, um já lendário orador com visões políticas progressistas e visões religiosas conservadoras, se voluntariou para auxiliar a acusação. O famoso advogado de defesa e secularista Clarence Darrow se uniu à defesa. Isto é fato: o mito tomou asas a partir de substância praticamente surreal.[1]

---

[1] Para a história completa, consultar Edward J. Larson, *Summer for the Gods: The Scopes Trial and America's Continuing Debate over Science and Religion* (Nova York: Basic Books, 1997).

TERRA PLANA, GALILEU NA PRISÃO E OUTROS MITOS SOBRE CIÊNCIA E RELIGIÃO

Com o tom estabelecido pelo colunista H. L. Mencken, jornalistas cobrindo o julgamento começaram a embelezar os eventos em Dayton à medida que aconteciam. Em muitos relatos, Scopes se tornou vítima dos habitantes ignorantes da cidade que queriam eliminar opiniões religiosas dissidentes. Apesar de ser uma boa história, estes relatos tornaram o evento excessivamente local e pessoal. Legisladores de Tennessee haviam banido o ensino da evolução humana em escolas públicas em resposta a uma cruzada nacional feita por cristãos conservadores. As pessoas de Dayton não tinham parte neste episódio mais amplo, e Scopes não era sua desafortunada vítima. Noticiários iniciais pelo menos acertaram o veredito. Scopes perdeu com base em um testemunho não refutado de que ele havia ensinado sobre evolução humana usando o livro-texto de ciências prescrito pelo estado e recebeu uma multa de cem dólares. Alguns artigos também notaram corretamente que ele recebeu ofertas para publicar um livro, convites para palestrar, e uma bolsa de estudos para a Universidade de Chicago. Cinco dias após sua vitória e seis dias após ter sido questionado de forma bizarra por Darrow no tribunal, Bryan morreu de apoplexia em Dayton, uma condição possivelmente advinda do julgamento extenuante, que foi conduzido sob calor opressivo. Relatos da mídia da época sugerem que o tribunal serviu principalmente para intensificar interesses e firmar posições dos dois lados da controvérsia pública sobre o ensino da evolução. Estes relatórios da época geralmente estavam corretos; no fim, porém, o mito se afastaria bruscamente da realidade.

Uma recontagem inicial do julgamento de Scopes aparece no livro best-seller de Frederick Lewis Allen de 1931, sobre a história da década de 1920, *Only Yesterday* [Apenas ontem]. Allen escreveu o seguinte sobre a interrogação de Darrow a Bryan: "foi um encontro selvagem, e trágico para o ex-secretário de estado. Ele estava defendendo o que mais prezava... e estava sendo coberto de humilhação". Com relação ao julgamento em si, Allen notou, "Teoricamente, o fundamentalismo venceu, pois a lei permaneceu. Mas na realidade o fundamentalismo perdeu... a opinião civilizada geral via o julgamento de Dayton como um entretenimento, e a lenta caminhada, se afastando da certeza fundamentalista, continuou a avançar".[2] Estes se

---

[2] Frederick Lewis Allen, *Only Yesterday: An Informal History of the Nineteen-Twenties* (1931;

tornaram os dois principais elementos do mito Scopes: que o julgamento desacreditou Bryan e que pôs fim ao movimento antievolução. Apesar de não ser verdade para aqueles participantes da crescente subcultura conservadora cristã, parecia assim para os religiosos liberais e norte-americanos secularizados, e repetiram isto para si mesmos.

Na década de 1960 o mito havia se tornado elemento presente nos livros-texto de história mais importantes nos Estados Unidos. Em *The American Pageant* [O concurso americano], o historiador da Universidade de Stanford, Thomas A. Bailey, comentou sobre o julgamento de Scopes: "Na melhor das hipóteses, os fundamentalistas tiveram uma vitória vazia, pois os absurdos do julgamento ridicularizam sua causa. Um crescente números de cristãos acharam possível reconciliar as realidades da religião com as descobertas da ciência moderna".[3] No texto colegiado que ditou tendência, *History of the American Republic* [História da república americana], os historiadores Samuel Eliot Morison, Henry Steele Commager, e William E. Leuchtenburg apontaram: "apenas alguns dias após sua provação, Bryan estava morto, e com ele morria grande parte da antiga América ... A cruzada fundamentalista, embora agora tenha um mártir, não tem mais a força de outrora".[4] Em *The American Republic* [A república americana], Richard Hofstadter, William Miller e Daniel Aaron ressaltaram o "questionamento impiedoso" de Darrow a Bryan. "O escárnio nacional dali em diante tirou muito da dor dos ataques fundamentalistas", notaram.[5] O livro de Hofstadter, que ganhou o prêmio Pulitzer, *Anti-Intellectualism in American Life* [Anti-intelectualismo na vida americana], adicionou em 1962: "Hoje a controvérsia da evolução parece tão remota quanto a era de Homero para os intelectuais do Oriente".[6]

New York: Harper and Row, 1964), 171.

[3] Thomas A. Bailey, *The American Pageant: A History of the Republic,* 2d ed. (Boston: Heath, 1961), 795.

[4] Samuel Eliot Morison, Henry Steele Commager e William E. Leuchtenburg, *History of the American Republic,* 6th ed., 2 vols. (Nova York: Oxford University Press, 1969), 2:436.

[5] Richard Hofstadter et al., *The American Republic,* 2d ed., 2 vols. (Englewood Cliffs, N.J.: Prentice-Hall, 1970), 2:389.

[6] Richard Hofstadter, *Anti-Intellectualism in American Life* (Nova York: Random House, 1962), 129.

O duradouro *show* na Broadway de 1955 e o filme de 1960, *O Vento Será Tua Herança* [Inherit the Wind] cristalizou o mito moderno de Scopes. Na versão do filme, oficiais da cidade, liderados por um fanático (e inteiramente fictício) pastor fundamentalista, detêm Scopes por ensinar seus alunos sobre a teoria darwiniana da evolução humana. "Amaldiçoamos o homem que nega a Palavra?" O pastor pergunta para os habitantes da cidade em certo ponto. "Sim", respondem em uníssono. "Eliminamos o pecador do nosso meio?" ele pergunta, incitando uma afirmação mais forte do grupo. "Chamamos as chamas do inferno sobre o homem que pecou contra a Palavra?" grita. A multidão urra em aprovação.[7] Limitada a algumas cenas, a peça começa com Scopes preso, explicando para sua namorada: "Você sabe por que eu fiz. Estava com o livro nas mãos, a *Civic Biology* [Biologia cívica] de Hunter. Abri, e li para minha turma de segundo ano o capítulo 17, *A Origem das Espécies*, de Darwin". Por fazer seu trabalho, Scopes "é ameaçado com multa e aprisionamento", de acordo com o *script*.[8] O julgamento que segue se torna praticamente uma inquisição religiosa, com Bryan ferozmente interrogando a namorada do réu – que por acaso é a filha "bonita, mas não linda" do pastor[9] – com relação às dúvidas religiosas de Scopes. Nada disso aconteceu no julgamento real. As cenas finais de *O Vento Será Tua Herança* colocam o verniz final sobre o mito Scopes: Bryan é desmascarado e o antievolucionismo é desacreditado.

Na peça e no filme, o desmascarar de Bryan culmina com seu interrogatório às mãos de Darrow como testemunha surpresa da defesa para fechar o julgamento. É claro que Bryan não precisava depor, mas ele o fez e é ali que a recontagem histórica é muito mais rica que a fictícia. "Eles não vieram aqui para julgar este caso", Bryan explica no início de seu testemunho *real*. "Vieram para julgar a religião revelada. Estou aqui para

---

[7] Jerome Lawrence e Robert E. Lee, *Inherit the Wind* (Nova York: Bantam, 1960), 58-59.

[8] Ibid., 7, 64. *Inherit the Wind* usa pseudônimos com som similar nos nomes dos diversos personagens no julgamento de Scopes. Para evitar confusão desnecessária, os nomes reais são usados neste artigo mesmo quando discutindo as ações dos personagens em *Inherit the Wind*.

[9] Lawrence e Lee, *Inherit the Wind*, 4 (direções de cena com relação à filha do ministro).

defendê-la, e podem me perguntar o que quiserem".[10] O episódio forneceu um veículo pronto para a criação de mitos.

Pensando que o julgamento estava quase terminando, exceto pela muito esperada oratória final, e ouvindo que rachaduras haviam aparecido no teto abaixo do tribunal superlotado no segundo andar, o juiz moveu a seção para o lado de fora, no gramado do foro. Quando a defesa chamou Bryan como testemunha, a multidão rapidamente cresceu de quinhentas pessoas que evacuaram o tribunal para estimadas três mil pessoas espalhadas pelo gramado – quase o dobro da população normal da cidade. Um jornal de Tennessee reportou: "Assim começou uma avaliação que tem poucos, se algum, paralelo na história dos tribunais. Na realidade, foi um debate entre Darrow e Bryan sobre história bíblica, agnosticismo e a crença na religião revelada".[11] Darrow fez as velhas perguntas que o mais simplório dos céticos faz: Jonas viveu dentro de uma baleia por três dias? Como Josué esticou o dia fazendo o Sol (e não a Terra) parar? Deus criou Eva da costela de Adão? Tais perguntas, explicou Darrow posteriormente, compeliram Bryan a "escolher entre suas crenças toscas e a inteligência comum dos tempos modernos".[12] Darrow questionou Bryan como uma testemunha hostil, enchendo-o de perguntas sem lhe dar chance de se explicar. Às vezes parecia que Bryan estava na linha de fogo:

"Você alega que tudo que está na Bíblia deve ser interpretado literalmente?

"Eu acredito que tudo na Bíblia deve ser aceito como é dado ali; parte da Bíblia é dada de forma ilustrativa...

"Mas quando você lê aquilo ... a baleia engoliu Jonas ... como você interpreta isso literalmente?

"... acredito em um Deus que pode criar uma baleia e pode criar um homem e fazer com que ambos façam o que ele desejar...

---

[10] *World's Most Famous Court Case: Tennessee Evolution Case* (Dayton, Tenn.: Bryan College, 1990), 288 (reimpressão da transcrição do julgamento).

[11] Ralph Perry, "Added Thrill Given Dayton", *Nashville Banner*, 21 de julho de 1925, 2.

[12] Clarence Darrow, *The Story of My Life* (Nova York: Grosset, 1932), 267.

"Mas você acredita que ele os fez – que ele fez um peixe que era grande o suficiente para engolir Jonas?

"Sim senhor. E permita-me adicionar: um milagre é tão fácil de acreditar quanto o outro.

"Para mim... é tão difícil quanto.

"É difícil acreditar para você, mas fácil para mim... Quando você vai além do que o homem pode fazer, você chega no âmbito dos milagres; e é tão fácil acreditar no milagre de Jonas quanto em qualquer outro milagre na Bíblia".[13]

Tais afirmações eram exóticas para muitos norte-americanos no século 20, mas concordavam com a fé de milhões. Bryan concedeu diversos pontos de interpretação bíblica geralmente aceitas por conservadores cristãos de seu tempo. Usando a astronomia copernicana, por exemplo, Bryan sugeriu que Deus estendeu o dia para Josué parando a Terra, e não o Sol. Da mesma forma, em linha com o pensamento evangélico do século 19, Bryan afirmou que os dias da criação em Gênesis representam longos períodos de tempo e que o universo tinha incalculáveis milhões de anos, levando ao seguinte diálogo, com Darrow fazendo as perguntas:

"Você tem alguma ideia do intervalo de tempo destes períodos?
"Não, não tenho.
"Você acredita que o Sol foi criado no quarto dia?
"Sim.
"E houve tarde e manhã sem o Sol?
"Estou simplesmente dizendo que foi um período.
"Houve tarde e manhã por quatro períodos sem o Sol, você acha?
"Acredito que a criação foi como lá é contada, e se não posso explicá-la vou aceitá-la".[14]

Darrow nunca fez uma pergunta direta para Bryan com relação à teoria da evolução. Ele sabia que, dada a oportunidade, Bryan responderia com

---

[13] *World's Most Famous Court Case*, 285.
[14] Ibid., 302.

respostas verborrágicas sobre supostas lacunas no registro fóssil e as supostas consequências sociais adversas do pensamento darwiniano. Bryan argumentaria que, se alguém disser a alunos que eles são descendentes de animais inferiores, eles se comportarão como macacos. Descreva-os como feitos à imagem de Deus, e se comportarão mais como anjos.

À medida que Darrow avançou em suas várias linhas de questionamento, Bryan cada vez mais admitia que simplesmente não tinha as respostas. Ele não tinha uma ideia fixa do que teria acontecido com a Terra se ela tivesse parado para Josué, ou sobre a antiguidade da civilização humana, ou até mesmo com relação à idade da Terra. "Você já descobriu onde Caim arrumou sua esposa?" perguntou Darrow. "Não senhor; deixo que os agnósticos procurem por ela", Bryan respondeu desafiadoramente.[15] A multidão calorosamente comemorou a resposta de Bryan. Darrow recebeu poucos aplausos, mas infligiu maior dano. "O único propósito do Sr. Darrow é difamar a Bíblia, mas responderei suas perguntas", Bryan exclamou próximo ao fim. "Faço objeção a sua declaração", gritou Darrow. "Estou examinando suas ideias tolas que nenhum cristão inteligente na Terra acredita".[16] O juiz já havia ouvido o bastante. Mais de duas horas após o início do depoimento de Bryan, o juiz abruptamente adiou o julgamento e nunca permitiu que a arguição continuasse.

O Vento Será Tua Herança reconstruiu este encontro histórico. Na peça teatral e no filme, Bryan ataca a evolução apenas com limitadas bases bíblicas, e denuncia toda a ciência como "ímpia", ao invés de atacar apenas a assim chamada falsa ciência da evolução.[17] Ao invés de reconhecer a interpretação de "dia-era" em Gênesis, o Bryan de *O Vento Será Tua Herança* mantém sob suposta autoridade bíblica que Deus criou o universo em seis dias, começando "dia 23 de outubro do ano 4004 a.C. às...hmmm, 9 da manhã!"[18] Ao final de seu testemunho no palco, Bryan está aturdido. "Mãe", ele fala para sua esposa. "Estão rindo de mim, mãe!"[19]

---

[15] Ibid.
[16] Ibid., 304.
[17] Lawrence and Lee, *Inherit the Wind,* 63.
[18] Ibid., 85.
[19] Ibid., 91.

Os escritores representam a atenção da multidão em Bryan como lentamente diminuindo durante seu testemunho e sendo quebrada por completo um dia depois, quando ele faz objeção no tribunal à pequenez da penalidade imposta a Scopes. Embora o Bryan real originalmente ter recomendado que o estatuto antievolução do Tennessee não tivesse penalidade criminal e ter oferecido pagar a multa de Scopes, o Bryan fictício protesta: "Quando as questões são tão titânicas, o tribunal deve ordenar punição mais drástica... para fazer deste transgressor um exemplo!"[20] Os outros atores ignoram Bryan quando ele tenta, após o julgamento, fazer um discurso inflamado contra a teoria da evolução, provocando seu colapso fatal. Ele é carregado recitando incoerentemente um discurso de posse presidencial. "A poderosa Lei da Evolução explode com o pálido sopro de uma bombinha molhada", explicam as direções de cena.[21] Para garantir que a plateia compreendesse este ponto, os escritores fizeram Scopes perguntar para Darrow após ser condenado, "Eu ganhei ou perdi?" Darrow responde, "Você ganhou... milhões de pessoas dirão que você ganhou. Lerão nos jornais de hoje que você esmagou uma lei ruim. Você fez dela uma piada!"[22] Quando Darrow ouve que Bryan morreu, esta versão do mito famosamente faz Darrow citar a Bíblia: "Quem causa problemas à sua família herdará somente vento; o insensato será servo do sábio".[23] Enquanto isso, o julgamento encorajou a filha do pastor a abandonar seu pai e sair da cidade com Scopes. No fim, sozinho no tribunal, Darrow pega a cópia de *A Origem das Espécies* da defesa, e a Bíblia do juiz. Após "equilibrá-las pensativamente, como se suas mãos fossem balanças", descrevem as notas de cena, o advogado "as enfia na maleta, lado a lado", e sai calado.[24] A mensagem era clara: mesmo em Dayton, o julgamento de Scopes terminou em derrota para Bryan e seu tipo de antievolucionismo baseado na Bíblia, mas em triunfo para o melhor em ciência *e* religião. Na verdade, *O Vento Será Tua Herança*

---

[20] Ibid., 103.
[21] Ibid.
[22] Ibid., 109.
[23] Ibid., 113.
[24] Ibid., 112-15.

reconta o julgamento como um caso de tolerância religiosa e retrata uma ciência enobrecida e um cristianismo esclarecido como confortavelmente compatíveis.

Quando o julgamento ocorreu, pessoas geralmente não viram desta forma. Logo após o julgamento, por exemplo, a maioria dos editoriais de jornais mostravam o julgamento como inconclusivo e previam que a controvérsia antievolução aumentaria como resultado. Quando Bryan morreu inesperadamente em Dayton, logo após o julgamento, foi tratado como celebridade por milhões. Multidões fizeram filas na via férrea quando um trem especial levou seu corpo para Washington para ser enterrado no Cemitério Nacional de Arlington. Milhares passaram pelo caixão aberto, primeiro em Dayton e então em diversas grandes cidades ao longo da rota do trem, e finalmente na capital nacional. A elite política dos Estados Unidos foi ao funeral, com senadores e membros de gabinete servindo como carregadores do caixão. Baladas de música *country* coletavam o lamento enquanto líderes fundamentalistas competiam para continuar a cruzada de Bryan contra o ensino da evolução. Diversos estados e incontáveis distritos escolares responderam ao julgamento e morte de Bryan com a imposição de suas próprias restrições ao ensino da evolução, especialmente após 1927, quando o Supremo Tribunal de Tennessee manteve sua lei estatal como constitucional. Meses após o fim do julgamento, Mencken ridicularizou Bryan, "Seu lugar na hagiografia [a história dos santos] do Tennessee está seguro. Se o barbeiro da vila guardou alguns de seus cabelos, ele está curando cálculo biliar com eles hoje".[25] Logo foi aberta uma faculdade antievolucionista em homenagem a Bryan em Dayton, que se expandiu com o tempo.

O crescimento do Bryan College acompanhou desenvolvimentos maiores na igreja norte-americana. A ala do protestantismo conservador e antievolucionista se expandiu às custas de sua ala mais de centro e modernista. O criacionismo científico, comprometido em promover argumentos científicos em favor de uma leitura mais literal de Gênesis daquela que

---

[25] H. L. Mencken, "Editorial", *American Mercury* 6 (1925): 159.

até o próprio Bryan fazia, criou raízes entre fundamentalistas e pentecostais. No início do século 21 pesquisas públicas indicaram que metade dos norte-americanos afirmavam que Deus separadamente criou os primeiros humanos nos últimos dez mil anos, com ainda maior proporção deles apoiando a inclusão de ideias criacionistas nos cursos de biologia de escolas públicas. Os anos desde o julgamento de Scopes são marcados por esforços nos níveis local e estatal para limitar o ensino da evolução em escolas púbicas norte-americanas. O antievolucionismo não morreu em Dayton; a cruzada de Bryan continua.

MITO 21

Que Einstein acreditava em um Deus pessoal

Matthew Stanley

Einstein viu toda sua vocação – o entendimento do funcionamento do universo – como uma tentativa de entender a mente de Deus.

– Charles Krauthammer, *Washington Post* (2005)

A crença de Einstein em um designer inteligente derivou não de um viés religioso preconcebido, mas de *insights* fenomenais do universo que ele teve como o mais brilhante cientista que já viveu. Seu reconhecimento de um criador refuta as alegações recentes de ateus de que a crença em qualquer tipo de deus é não científica.

– Stephen Caesar, *"Investigating Origins: Einstein and Intelligent Design"* [Investigando origens: Einstein e o design inteligente] (2007)

Uma lenda urbana curiosa tem surgido frequentemente em caixas de e-mail há muitos anos. Nela, um professor ateu tenta provar que não há Deus, apenas para ser calmamente refutado por um estudante corajoso. O devoto agente de sua derrota é identificado como ninguém menos que o mais famoso cientista da era moderna: Albert Einstein (1897-1955).[1]

A lenda – completamente falsa – busca usar a autoridade de Einstein para a existência de Deus. À primeira vista ele parece se encaixar bem nessa história. Em diversas ocasiões ele se identificou como uma pessoa religiosa, e frequentemente fazia pronunciamentos aparentemente sábios sobre as ações e intenções de Deus. Mas ele também era claro que rejeitava completamente o tipo de Deus pessoal (um Deus com características reconhecidamente humanas, que responde orações e cuida da criação) defendido pelo aluno fictício na lenda urbana. Além disto, ele tinha pouco interesse pelas tradições religiosas ou crenças de sistemas ortodoxos.

O que, então, acontece aqui? Como Einstein dispensaria um Deus pessoal e praticamente toda a tradição teísta Ocidental enquanto ainda se

---

[1] Diversas versões desta história existem, com diferentes pessoas no papel do aluno. Uma forma comum da variação com Einstein pode ser vista em http://www.snopes.com/religion/einstein.asp.

declarando religioso? A resposta está no que ele via como a natureza da religião, sua religiosidade pessoal, e suas visões do relacionamento apropriado entre ciência e religião.

A rejeição de Einstein a um Deus pessoal era baseada nas ideias que perturbam teólogos há séculos. Ele não conseguia aceitar um Deus benevolente, onisciente, onipotente que governava sobre um mundo cheio de mal e sofrimento. Ele também sentia que a existência de tal deidade removeria a necessidade da responsabilidade pessoal. Mas o cerne de seu argumento era que as leis físicas tão diligente e impressionantemente compiladas por gerações de cientistas não pareciam deixar espaço para a intervenção divina:

> Quanto mais o homem é imbuído com a regularidade ordenada de todos os eventos, mais firme se torna sua convicção de que não há espaço deixado ao lado desta regularidade ordenada para causas de outra natureza. Para ele, nem regra humana ou regra da vontade divina existirão como causa independente de eventos naturais.[2]

Para Einstein, as leis da natureza eram completamente causais. Ou seja, todo evento no mundo físico é causado por outro evento físico, e esta causa é descrita de forma precisa por leis científicas. Esta "regularidade" explicava, pelo menos em princípio, toda ocorrência e fenômeno no universo. Não há espaço vazio de causação onde a mão de Deus poderia ter agido.

Ele admitia que um Deus que intervém nunca poderia ser refutado enquanto houvesse áreas que a ciência não entendia precisamente, mas ele vigorosamente defendia uma visão de mundo construída somente sob leis físicas imutáveis:

> Eu não posso provar que não há um Deus pessoal, mas se eu fosse falar dele, seria um mentiroso. Não acredito no Deus da teologia que recompensa o bem e pune

---

[2] Albert Einstein, "Science and Religion", em *Ideas and Opinions* (Nova York: Crown Publishers, 1954), 41-49, em 46-47 e 48.

o mal. Meu Deus criou leis que cuidam disto. Seu universo não é regido por fantasias, mas por leis imutáveis.[3]

Para Einstein, o julgamento divino e eficiência da oração pareciam completamente implausíveis à luz da consistência da ciência.

Einstein não via isto como um simples conflito entre ciência e religião, onde leis da ciência destroem as ideias de um Deus pessoal. Pelo contrário, ele pensava que ir além deste conceito era simplesmente um estágio de maturidade religiosa. Ele postulou que as origens da religião poderiam ser encontradas nos medos existenciais do homem primitivo, que o levou a criar "seres ilusórios" que posteriormente se desenvolveram em um Deus interventivo e antropomórfico.[4]

O estágio mais alto da religião era um em que este Deus antropomórfico era descartado em favor do "sentimento religioso cósmico". Einstein disse que todos os grandes líderes religiosos na história (dentre os quais ele incluía Demócrito, Francisco de Assis e Baruch Espinoza) operavam neste estágio, em que o "indivíduo sente a futilidade dos desejos e buscas humanas, e a ordem sublime e maravilhosa se revela na natureza e no mundo do pensamento... ele deseja experimentar o universo como um todo único e significativo". Religiões evoluídas a este ponto não tinham dogma, igreja centralizada ou Deus pessoal. É neste ponto que a ciência tem um papel, ao "purificar o impulso religioso da impureza de seu antropomorfismo" através da construção da rede causal que torna um Deus pessoal impossível. Esta visão de Deus é claramente incompatível com as suposições básicas do monoteísmo ocidental. De fato, a visão de Einstein sobre o estágio final da evolução religiosa até mesmo classifica um grande número de crenças e práticas tradicionais como sendo não religiosas: "Enquanto você ora a Deus e pede algum benefício, você não é religioso".[5]

---

[3] Max Jammer, *Einstein and Religion* (Princeton, N.J.: Princeton University Press, 1999), 122-23. Jammer é a melhor fonte para as visões de Einstein sobre religião e sobre os usos religiosos das ideias de Einstein.

[4] Albert Einstein, "Religion and Science", em *Ideas and Opinions*, 6-40, em 37.

[5] Ibid., 38; Einstein, "Science and Religion", 48; Jammer, *Einstein and Religion*, 149.

Junto com um Deus antropomórfico, Einstein também queria descartar a ideia de que tal entidade era necessária para o comportamento moral. Moralidade, ele argumentou, era uma "preocupação exclusivamente humana sem autoridade sobre-humana por trás dela". Um suposto legislador divino não daria mais peso à moralidade; poderia inclusive ser contraprodutivo: "O fundamento da moralidade não deve depender de mito nem ser ligado a nenhuma autoridade, para que dúvidas sobre o mito ou a legitimidade da autoridade comprometam o fundamento do julgamento sadio e da ação".[6] No fim, Einstein rejeitou um Deus pessoal como implausível, primitivo, e até mesmo perigoso para a humanidade.

Se Einstein era tão hostil com relação a uma divindade pessoal, como entender a frequente invocação a Deus nas suas falas? Ele certa vez descreveu seu objetivo como cientista da seguinte forma: "Quero saber como Deus criou este mundo. Não estou interessado neste ou naquele fenômeno, no espectro deste ou daquele elemento. Eu quero saber Seus pensamentos, o resto é detalhe".[7] Em debates sobre a mecânica quântica nas décadas de 1920 e 1930 ele fez pronunciamentos como "Deus não joga dados" com frequência suficiente para irritar seus colegas. Como a facilidade de Einstein com este tipo de linguagem se encaixava com sua rejeição de um Deus pessoal?

Colocado em contexto, estes comentários quase certamente eram metafóricos, como se torna aparente quando Einstein clareia suas ideias. Certa vez perguntaram a ele exatamente o que ele quis dizer com "o Senhor é sutil, mas não é malicioso". Ele respondeu, "A natureza esconde seu segredo por causa de sua inerente imponência, mas não como manobra de engano". O "Senhor" da primeira versão é facilmente transformado em "Natureza" na segunda, sugerindo uma interpretação muito menos sobrenatural de seu significado. Da mesma forma, considere um comentário feito para sua assistente: "Meu real interesse é em saber se Deus teria criado o mundo de outra forma; em outras palavras, se a exigência de simplicidade lógica

---

[6] Helen Dukas, ed., *Albert Einstein: The Human Side* (Princeton, N.J.: Princeton University Press, 1979), 39,95.

[7] Jammer, *Einstein and Religion,* 123.

admite margem para a liberdade". O físico-historiador Max Jammer aponta que claramente "em outras palavras" mostra que a referência a Deus na primeira parte era retórica.[8] Em quase todos os casos o termo *Deus* parece ter funcionado para Einstein como um tipo de marcador linguístico, fornecendo uma forma evocativa e memorável de se referir à ordem e compreensibilidade do universo. É claro que era justamente esta ordem que fundamentava seu sentimento religioso cósmico, mas tem pouca semelhança com as noções tradicionais de Deus.

A rejeição de Einstein à teologia convencional é clara, mas como, então, devemos relacionar esta rejeição com sua alegada religiosidade? Felizmente, ele faz isto de forma clara para nós em uma carta para um correspondente que ficou surpreso ao ver o grande professor descrito como crente religioso:

> É claro que era mentira o que você leu sobre minhas convicções religiosas, uma mentira que tem sido repetida sistematicamente. Eu não acredito em um Deus pessoal, e nunca neguei isso, mas expresso claramente. Se há algo em mim que pode ser denominado religioso então é a admiração sem limites pela estrutura do mundo no que nossa ciência pode revelar.

Esta confusão vem do que Einstein queria dizer com *religioso*. A religiosidade de Einstein tem muito pouco do que convencionalmente é entendido por religião. Em suas próprias palavras ele foi criado por "pais (judeus) completamente não religiosos", mas quando criança ele brevemente participou da religiosidade tradicional por sua própria vontade. Isto terminou aos doze anos, quando a leitura de livros de ciência popular o convenceu que as histórias da Bíblia provavelmente não eram verdadeiras. Ele deu crédito a este breve período de fervor religioso por inspirá-lo em uma busca para ir além do "meramente pessoal" para algo maior.[9]

---

[8] Abraham Pais, 'Subtle is the Lord . . .': The Science and the Life of Albert Einstein (Oxford: Clarendon Press, 1982), vi; Jammer, Einstein and Religion, 124.

[9] Dukas, Albert Einstein, 43; Albert Einstein, Autobiographical Notes, ed. P. A. Schilpp (La Salle, Ili.: Open Court Press, 1979), 3-5.

Esta atitude era a base do que Einstein entendia por religião. Ele descreve a pessoa religiosa como aquela que "se libertou dos grilhões de seus desejos egoístas e se preocupa com pensamentos, sentimentos e aspirações as quais ele abraça por causa de seu valor supra-pessoal". Note que esta descrição não faz referência a Deus, sobrenatural, escrituras ou práticas ou comunidades religiosas. Muitos de seus correspondentes tinham objeção ao uso do termo *religião*, mas Einstein insistia que era o melhor termo disponível:

> Eu bem entendo sua aversão ao uso da palavra "religião" quando o que se quer dizer é uma atitude emocional ou psicológica, que é mais óbvia em Espinoza. Eu não encontrei expressão melhor que "religioso" para a confiança na natureza racional da realidade no que está disponível e acessível para a razão humana... no que me importa, os ministros religiosos podem capitalizar nisso.

Esta noção de religião não era fundada na revelação ou ação divina, mas em seu maravilhamento de que o mundo era compreensível. Quando a famosa pergunta foi feita "Você acredita em Deus?" por telegrama em cinquenta palavras ou menos, ele respondeu: "Acredito no Deus de Espinoza, que se revela na harmonia regida por leis do mundo, não em um Deus que se preocupa com o destino e ações da humanidade".[10] Einstein repetidamente se alinhava à visão religiosa de Espinoza (1632-1677), que ele interpretava como apresentando um Deus panteísta completamente sem personalidade ou vontade e manifesto apenas na natureza ordenada do cosmos. É crítico entender as referências ocasionais de Einstein a uma "inteligência" superior no universo dentro deste contexto.[11] O Deus de Espinoza certamente tinha inteligência em algum sentido, mas explicitamente não é a inteligência de um ser que tem vontade e pode causar ações. Neste tipo de teologia monística, não há separação entre Deus e o mundo, então esperar que a deidade direcione milagres ou intervenções se torna absurdo.

---

[10] Einstein, "Science and Religion", 44-45; Einstein para Maurice Solovine, 1 de janeiro de 1951, em Albert Einstein, *Letters to Solovine,* trad. Wade Baskin (Nova York: Philosophical Library, 1987), 119; Gerald Holton, "Einstein's Third Paradise", *Dcedalus* 132 (2003): 26-34, em 31.

[11] Albert Einstein, "The Religious Spirit of Science", em *Ideas and Opinions,* 40.

Deus *é* a natureza e suas leis, ao invés de ser o criador delas. Espinoza parece ser um dos grandes influenciadores de Einstein no pensamento sobre a religião e Deus, e podemos ver o trabalho deste filósofo holandês ecoado fortemente na insistência de Einstein pelo determinismo no mundo. Ambos argumentavam que a fundação da religião estava na racionalidade, ordem e compreensibilidade do mundo, não nos atos milagrosos de uma divindade antropomórfica.

Por mais incomum que o conceito religioso de Einstein fosse, ele o levava a sério. Na falta de um Deus inspirador, ele baseava sua religiosidade no sentimento religioso cósmico mencionado anteriormente. Este era o estado em que o "indivíduo sente a futilidade dos desejos e buscas humanas e a ordem sublime e maravilhosa se revela na natureza e no mundo do pensamento". Einstein disse que era este o lugar das pessoas realmente religiosas após descartarem um Deus pessoal. Este "espanto extasiante" sobre a ordem misteriosa do universo também era o "princípio guia" do trabalho dos cientistas.[12] A fé, então, era crucial para o avanço da ciência. Mas era fé na racionalidade, não na intervenção divina.

De forma interessante, a religiosidade de Einstein tinha o mesmo fundamento de sua rejeição de um Deus pessoal: a ideia da causalidade universal. A mesma ordenação cósmica que fornecia espanto extasiante não permitia espaço para uma divindade. Este sentimento religioso cósmico mais poderosamente se manifestava não na tradição religiosa, mas na prática da ciência. "Desta forma, a busca da ciência nos leva a um sentimento religioso especial, que certamente é diferente da religiosidade de um mais ingênuo". Isto, disse Einstein, resolvia qualquer ideia de conflito entre ciência e religião. A ciência dependia da religião para a fé em um universo compreensível, e a religião dependia da ciência para a descoberta da maravilhosa ordem do universo. Estas ideias estão por trás de seu aforismo que "a ciência sem a religião é manca, a religião sem a ciência é cega".[13] E enquanto a ciência

---

[12] Einstein, "Religion and Science", 38; Einstein, "Religious Spirit of Science", 40.

[13] Einstein para Phyllis, 24 de janeiro de 1936, em *Dear Professor Einstein*, ed. Alice Calaprice (Amherst, N.Y.: Prometheus Books, 2002), 128-29; Einstein, "Science and Religion", 46.

e a religião compartilhavam uma visão do universo, Einstein era firme de que não havia sobreposição em seu conteúdo. Quando perguntaram quais as implicações da relatividade sobre a religião, ele certa vez respondeu: "Nenhuma. A relatividade é uma questão puramente científica e não tem nenhuma relação com a religião".[14] A influência da religião sobre a ciência e vice-versa era puramente uma questão de uma atitude de reverência com relação ao cosmos. Einstein acreditava que de uma forma importante isto significava que cientistas modernos substituíam os líderes religiosos antigos. Como a ciência era a melhor fonte do sentimento religioso cósmico, "os trabalhadores cientistas sérios são os únicos profundamente religiosos" no século 20.[15]

Agora podemos entender por que Einstein se considerava religioso. De fato, ele não se importava com o ateísmo e se irritava com a sugestão de que todos os cientistas naturalmente faziam parte deste grupo.[16] Quando recebeu um livro ateísta, ele protestou que os argumentos ali se aplicavam somente a um Deus pessoal. Mas é importante lembrar que a religiosidade de Einstein era muito diferente da religião ortodoxa. Além de negar um Deus pessoal, ele rejeitou os fundamentos do teísmo ocidental como vida após a morte e livre-arbítrio humano.[17] Ele era também razoavelmente hostil com relação à religião organizada e suas instituições. Ele certa vez escreveu que fantasias do homem primitivo trouxeram "sofrimento sem medida" quando "se cristalizaram na organização religiosa". Ele via a

---

[14] A. S. Eddington, *Philosophy of Physical Science* (Cambridge: Cambridge University Press, 1939), 7. Nem todos concordavam que a relatividade não tinha significado religioso. Eddington, que relatou a resposta de Einstein, apontou que a seleção natural também era uma teoria puramente científica, mas claramente tinha implicações religiosas. Para mais sobre como a relatividade funcionou em contextos religiosos, consultar Jammer, *Einstein and Religion,* 153-266, e Matthew Stanley, *Practical Mystic: Religion, Science, and A. S. Eddington* (Chicago: University of Chicago Press, 2007), 153-247. É especulado que o compromisso de Einstein com a causalidade na mecânica quântica e um universo estático na cosmologia pode ser ligado à religião de Spinoza (consultar Jammer, *Einstein and Religion,* 62-63).

[15] Einstein, "Religion and Science", 40.

[16] Jammer, *Einstein and Religion,* 48; e Einstein para Solovine, 30 de março de 1952, em *Letters to Solovine,* 131-33.

[17] Jammer, *Einstein and Religion,* 50-51; Albert Einstein, "The World as I See It", em *Ideas and Opinions,* 11; e Dukas, *Albert Einstein,* 81.

influência de instituições religiosas como primariamente negativa e sendo perpetuada pela doutrinação de crianças "por meio de uma máquina educacional tradicional".[18]

A rejeição de Einstein à religião organizada pode ser vista como estranha à luz de seu apoio público por uma pátria judaica. Mais uma vez, a aparente inconsistência vem de seu entendimento idiossincrático do que significava ser judeu. Seu abraço de sua identidade judaica veio mais tarde na vida; ele declarou que não tinha nenhuma filiação religiosa até ser forçado pela burocracia austro-húngara. Ele nunca teve um *bar mitzvah* e nunca participou de cultos judaicos; ele tinha um par de filactérios mas nunca os usou. Einstein celebrava o legado ético da tradição hebraica, mas de forma geral ele achava que ser judeu significava ser parte de uma comunidade unida por "sangue e tradição, não apenas religião". Ele apoiava o sionismo como forma de um grupo oprimido encontrar sobrevivência e segurança. Ele foi estimulado a tal pensamento pelos ataques antissemitas contra ele pelos nazistas, que acusaram Einstein de corromper a ciência com seu "pensamento talmúdico". Estes ataques, feitos contra alguém sem nenhum interesse nas Escrituras ou nos dogmas associados com elas, teriam sido cômicos se não fossem tão perigosos. Einstein repetidamente disse que o sionismo deveria ser apoiado como uma forma dos judeus se defenderem, e não por motivo escritural ou teológico. De fato, ele chegou a questionar se o judaísmo era mesmo uma religião:

> O judaísmo não é um credo... está preocupado com a vida como a vivemos e podemos, até certo ponto, entendê-la, e nada mais. Me parece, portanto, que é duvidoso se pode ser chamado de religião no senso aceito da palavra, particularmente porque nenhuma "fé" a não ser na santificação da vida no senso suprapessoal é exigido do judeu.[19]

---

[18] Homer W. Smith, *Man and His Gods* (Boston: Little, Brown and Co., 1953), ix; Einstein, *Autobiographical Notes*, 3.

[19] Albrecht Fölsing, *Albert Einstein: A Biography* (Nova York: Viking, 1997), 41, 273; Jammer, *Einstein and Religion*, 25-27; Albert Einstein, "A Letter to Dr. Hellpach, Minister of State", em *Ideas and Opinions*, 171-72, em 171; Jammer, *Einstein and Religion*, 59-60; Albert Einstein, "Is There a Jewish Point of View?" em *Ideas and Opinions*, 185-87, em 186.

Assim como com sua definição como sendo uma pessoa "profundamente religiosa", sua identidade como judeu dependia de seu conjunto peculiar de definições.

MITO 22

Que a física quântica provou a doutrina do livre-arbítrio

Daniel Patrick Thurs

Moralistas têm sido rápidos em concluir do trabalho de [Werner] Heisenberg e outros que como o determinismo (ou seja, o materialismo e o mecanicismo) já era, pode-se falar de "livre-arbítrio" novamente. O argumento tem sido demolido repetidamente por Heisenberg, Niels Bohr e pelo falecido Sir Arthur Eddington.

– Waldemar Kaempffert, *New York Times*

O campo atualmente parece dividido entre os que temem que a mecânica quântica pode ter validado a existência da mente ou livre-arbítrio e aqueles que esperam que ela valide a mediunidade ou alienígenas.

– Denyse O'Leary, "The ID Report"

Diferentemente de muitos mitos neste livro, este – a ideia de que a mecânica quântica fornece justificativa científica para uma crença no livre-arbítrio – é difuso. Ele não teve tempo de criar a pátina de um mito estabelecido, em parte porque alegações sobre a relação da teoria quântica com a religião são comparativamente recentes. Tampouco, como outros mitos, tem a vantagem de ter uma celebridade famosa (como Einstein) ou um evento dramático (como o julgamento de Scopes) para levá-lo ao espaço público. Além disto, ele lida com um espaço da ciência um tanto quanto obscuro, que não é ensinado em escolas primárias ou secundárias. Portanto, há menos em jogo em termos de autoridade social ou cognitiva em sua reafirmação ou negação. Finalmente, este mito não fornece um conflito empolgante. Ao invés de exibir a guerra entre a ciência e a religião em detalhe sangrento, a maioria das alegações sobre as implicações religiosas da física quântica buscam, nas palavras do físico e autor Amit Goswami, "fazer a ponte sobre a antiga lacuna entre ciência e espiritualidade".[1]

Não obstante, a ideia de que a mecânica quântica tem sido usada para demonstrar a existência do livre-arbítrio circula em livros impressos, em

---

[1] Amit Goswami, com Richard Reed e Maggie Goswami, *The Self-Aware Universe* (Nova York: Putnam, 1993), xvi.

filmes, e especialmente na internet. E sua propagação se dá por um bom motivo. Em um sentido, é a absoluta verdade. Uma grande variedade de pensadores espirituais, de cientistas e filósofos a padres e místicos usam a teoria quântica para justificar o livre-arbítrio, além de uma mistura de outras visões religiosas. A legitimidade de tal uso, porém, é outra questão. Este é um tópico de debate, embora o seja entre grupos e indivíduos com divergentes relacionamentos com a ortodoxia. "Místicos quânticos" da Nova Era, alguns com treinamento em ciência, mas com relações tênues com a comunidade científica, rotineiramente usam as implicações metafísicas da teoria quântica, enquanto céticos, frequentemente com muitas ligações com instituições científicas, denunciam isso como "charlatanismo quântico". Se o historiador *enquanto historiador* tem alguma função, é a de expor as raízes de tal controvérsia, e não entrar nos detalhes ou defesa dos argumentos de um ou outro lado.

Tal visão sem dúvida não satisfaz o desejo de ver mais um mito chegar ao fim. Como consolo, posso oferecer duas alegações como sacrifício, e ambas refletem truísmos sobre ciência e religião. Teólogos quânticos muitas vezes defendem que suas conclusões são intrínsecas à teoria, frequentemente se apoiando em um senso de que a ciência e a religião compartilham uma essência que foi mais bem exposta pela mecânica quântica. Alternativamente, céticos tipicamente ressaltam o abismo entre ciência e religião, e assim apresentam todas as tentativas de misturá-las como imposições confusas sobre a ciência sóbria. O registro histórico sugere uma situação mais complexa. As revelações religiosas da nova física têm muito mais relação com os contextos nos quais apareceram do que com a teoria em si. Neste sentido, tais interpretações *foram* imposições, mas o mesmo pode ser dito de qualquer interpretação de uma equação matemática. Além disso, tais imposições não foram simplesmente frutos de pessoas de fora da ciência. Os fundadores da teoria quântica são responsáveis por sua fatia de especulações filosóficas e religiosas. Para ver o sentido completo destas especulações, é importante dizer algumas palavras primeiramente sobre a mecânica quântica em si, e segundo sobre a discussão cultural mais geral que já estava em andamento quando os fundadores da quântica tornaram suas visões públicas.

Como no caso da evolução, a discussão da teoria quântica tende a focar nas implicações da aleatoriedade. O principal veículo desta aleatoriedade é o teorema popularmente conhecido como o princípio da incerteza de Heisenberg, que afirma a impossibilidade de se determinar simultaneamente, entre outras coisas, a posição e a momento[2] de partículas atômicas. Começando na década de 1920, Niels Bohr (1885-1962), Werner Heisenberg (1901-1976) e outros colocaram o princípio da incerteza no centro da chamada interpretação de Copenhague da física quântica, representando o microcosmo como uma composição de possibilidades que competem entre si e se sobrepõem, todas contidas em uma função de onda do sistema. O ato da observação induzia aquela função de onda a colapsar através de um "salto" quântico instantâneo, embora misterioso, em uma única realidade. Outras interpretações também apareceram, particularmente durante a década de 1950, incluindo a interpretação de muitos mundos de Hugh Everett (1930-1982) e a reformulação determinística de David Bohm (1917-1992) das ideias quânticas. Mas como ambos tendiam a descartar o papel do acaso no universo ao invés de lidar de frente com as questões estatísticas, nenhum atraiu muita atenção religiosa.[3]

As primeiras tentativas de usar a interpretação de Copenhague para proveito religioso não tiveram que esperar muito. O líder nestes esforços iniciais foi o astrônomo britânico Arthur Stanley Eddington (1882-1944).[4] O livro de Eddington *Nature of the Physical World* [A natureza do mundo físico], que apareceu em 1928, foi baseado em uma série de palestras que aconteceram no ano anterior, alguns meses antes da publicação do princípio da incerteza de Heisenberg.[5] Neste trabalho, Eddington, um devoto

---

[2] O termo "momento" em física quântica se refere à quantidade de movimento das partículas. [N. E.]

[3] Para elaborações posteriores sobre a interpretação de muitos mundos, consultar Bryce S. DeWitt e Neill Graham, eds., *The Many-Worlds Interpretation of Quantum Mechanics* (Princeton, N.J.: Princeton University Press, 1973); sobre o desenvolvimento das ideias de Bohm, consultar David Bohm, *Wholeness and the Implicate Order* (Londres: Routledge and Kegan Paul, 1981).

[4] Sobre as visões de Eddington com relação a ciência e religião, consultar Allen H. Batten, "A Most Rare Vision: Eddington's Thinking on the Relation between Science and Religion", *Quarterly Journal of the Royal Astronomical Society* 35 (1994): 249-70; e Matthew Stanley, *Practical Mystic: Religion, Science, and A. S. Eddington* (Chicago: University of Chicago Press, 2007).

[5] Allen H. Batten, "What Eddington Did *Not* Say", *Isis* 94 (2003): 658.

quaker com tendências ao misticismo, apresentou um dos primeiros estudos da teoria quântica em geral e terminou com uma extensa discussão sobre suas implicações filosóficas e religiosas. Ele continuou tratando da relação entre a física moderna e a religião em outros trabalhos na década de 1930, quando foi acompanhado pelo colega astrônomo Sir James Jeans (1877-1946), o físico norte-americano Arthur A. Compton (1892-1962) e uma variedade de autores menos conhecidos.

As grandes questões com as quais estes autores lutavam incluíam a viabilidade do materialismo, a possiblidade do livre-arbítrio humano, e a capacidade de Deus intervir no mundo natural. Compton, que recebeu o Prêmio Nobel de física em 1927, era particularmente franco sobre as últimas duas, alegando que o "incrível mundo do átomo aponta... para a ideia de que há um Deus".[6] Da mesma forma, ele usou o princípio da incerteza para argumentar a favor do livre-arbítrio. Eddington, orientando-se também pelo princípio da incerteza, fez uma tentativa no assunto do livre-arbítrio em *Nature of the Physical World* [A natureza do mundo físico], apesar de seu tratamento do tópico ter sido um pouco improvisado. De fato, o real impulso desta nova onda de especulação quântica não foi a criação de uma nova teologia natural – certamente não era a preocupação primária de Eddington – mas sim uma alegação mais modesta de que os sonhos vitorianos de um universo puramente materialista finalmente haviam se dissolvido. Ao invés de diretamente apoiar a religião, a aceitação da incerteza como princípio científico ajudou a abrir espaço para a espiritualidade no mundo moderno.

Nem todos estavam felizes com tais conclusões. Em seu livro *Philosophy and the Physicists* [Filosofia e os físicos] (1931) a filósofa L. Susan Stebbing (1885-1943) criticou Eddington por diversos erros filosóficos. Da mesma forma, o filósofo William Savery (1875-1945) e o físico Charles G. Darwin (1887-1962) criticaram a tentativa de Eddington de aplicar o princípio da incerteza à questão do livre-arbítrio.[7] Mas o recuo do que

---

[6]   "Sees Deity Ruling World of Chance", *New York Times*, 27 de março de 1931, 27.

[7]   Consultar, por exemplo, William Savery, "Chance and Cosmogony", *Proceedings and Addresses of the American Philosophical Association* 5 (1931): 176; e Charles G. Darwin, *The New Conceptions of Matter* (Londres: G. Bell and Sons, 1931), 118.

muitos viam como a "arrogância vitoriana antiga e alegremente obsoleta" fazia sentido particularmente nos Estados Unidos, onde o movimento antievolucionista havia crescido no final da década de 1920, e onde o humilhante impacto da Grande Depressão, que alguns acreditavam ser culpa de um avanço impiedoso da ciência e tecnologia, estava sendo sentido.[8] Um correspondente de uma revista norte-americana alegou em 1929 que, se a teoria quântica fosse verdade, restauraria a "esperança por algo além".[9]

Porém, especulações sobre o sentido da física quântica não estavam se difundindo pela cultura popular. A teoria quântica muitas vezes era ofuscada pela relatividade. Em contraste com a máquina literária que produzia diversos relatos populares da relatividade, havia poucas popularizações das ideias quânticas até após a Segunda Guerra Mundial – com a notável exceção do livro de George Gamow, *Mr. Tompkins in Wonderland* [Sr. Tompkins no país das maravilhas] (1940). Da mesma forma, durante as décadas de 1920 e 1930, a maioria das discussões públicas sobre ciência e religião não monopolizadas pelo debate sobre a evolução centrava-se nos comentários de Einstein sobre Deus e os profundos mistérios. Na década de 1950, a física quântica e suas implicações filosóficas passaram a receber mais atenção. As primeiras dicas de uma enorme nova onda de interesse nas implicações religiosas da teoria quântica chegaram em 1975, quando o físico Fritjof Capra (n. 1939) publicou *O Tao da Física*. Seu livro detalhava o que Capra alegava ser uma miríade de ligações entre a física moderna, particularmente a mecânica quântica, e o misticismo oriental.

Escritores anteriores, como C. H. Hsieh, autor do *Quantum Physics and the I Ching* [A física quântica e o I Ching] (1937), haviam feito conexões similares,[10] mas o trabalho de Capra trouxe tais ideias ao público em massa. O livro de Gary Zukav, *The Dancing Wu Li Masters* [Os mestres dançantes de Wu Li] (1979), uma visão geral similar da física quântica no contexto da

---

[8] "The Scientific Mind", *New York Times*, 15 de fevereiro de 1931, 67.

[9] William P. Montague, "Beyond Physics", *Saturday Review of Literature*, 23 de março de 1929, 801.

[10] Para uma breve menção do livro de Hsieh, consultar Wolfgang Pauli, "Modern Examples of 'Background Physics,'" em *Atom and Archetype*, ed. C. A. Meier, trad. David Roscoe (Princeton, N.J.: Princeton University Press, 2001), 188.

TERRA PLANA, GALILEU NA PRISÃO E OUTROS MITOS SOBRE CIÊNCIA E RELIGIÃO **269**

filosofia oriental, apareceu logo após o de Capra. Na década de 1990 a fusão entre a mecânica quântica e o misticismo oriental havia sido adotada pelo movimento da Nova Era. Invocações da física quântica salpicavam a retórica de curandeiros e profetas, como Deepak Chopra e Ramtha, a entidade espiritual supostamente recebida pela médium espiritual Judy Zebra Knight e a inspiração para o filme de 2004 *Quem Somo Nós?* Com o tempo, noções de ligações entre a mecânica quântica e o pensamento oriental chegaram ao Oriente. Tenzin Gyatso, o décimo-quarto Dalai Lama (n. 1935), tem se interessado particularmente por esta nova física, até mesmo introduzindo *workshops* sobre teoria quântica em colégios monásticos tibetanos.[11]

As preocupações que dominaram esta segunda onda de interesse religioso na física quântica foram muito diferentes das que circularam na década de 1930. Em escritos budistas, taoístas e hindus, Deus e o livre-arbítrio receberam pouca atenção. Além disso, Capra e os que o seguiam não estavam contentes em mostrar que a física quântica cria espaço para a religião; eles buscavam demonstrar a convergência positiva da ciência moderna com ideias místicas. Advogados de uma mecânica quântica orientalizada argumentavam pela interligação universal de eventos pelo apelo ao entrelaçamento de funções de onda descrevendo diferentes partes de sistemas mais amplos, mesmo se nenhuma linha de causação física os ligasse. Da mesma forma, rotineiramente afirmam o suposto enfraquecimento, se não completa eliminação, da linha entre sujeitos e observadores. Esta ideia chegou à sua forma mais extrema no que Amit Goswami denominou "Universo Autoconsciente" – ou seja, a ideia que a consciência humana foi responsável pelo colapso da função de onda e a criação da realidade.[12]

O momento destas conexões foi ideal. O trabalho de Capra harmonizou-se com os movimentos contraculturais ocidentais e sua atração a todas as coisas esotéricas. A década de 1970 também viu mudanças na psicologia na tentativa de justificar o estudo sério da consciência, além de curiosidade aumentada sobre o fenômeno da telepatia.[13] Nas décadas de 1980 e 1990,

---

[11] The Dalai Lama, *The Universe in a Single Atam* (Nova York: Morgan Road Books, 2005), 58.

[12] Goswami, *Self-Aware Universe,* 141.

[13] Henry P. Stapp, *Mind, Matter, and Quantum Physics* (Berlin: Springer-Verlag, 1993), 20-21.

ideias sobre os poderes da mente humana se encaixavam bem com os movimentos da Nova Era e de autoajuda. Um *site* recente dedicado à "criação consciente" na vida declarou que estudos em mecânica quântica "descobriram que os pensamentos e expectativas de do sujeito do experimento estavam causando o resultado do experimento!"[14] Os místicos quânticos também passaram a depender do crescente capital cultural do conceito de "estranheza" desde o fim da década de 1960 e início de 1970 para questionar crenças tradicionais. A estranheza quântica[15] se tornou um meio poderoso de promover a iluminação, demonstrar a qualidade ilusória da realidade percebida, e quebrar divisões estabelecidas entre ciência e religião.

Ao fazer isso, teólogos quânticos receberam críticas do exército de céticos que surgiu após a Segunda Guerra Mundial para combater a pseudociência em suas muitas formas, do criacionismo à astrologia. O físico Victor Stenger (n. 1935) tem sido um crítico particularmente loquaz do misticismo quântico.[16] Em anos recentes os intérpretes místicos da física quântica também tiveram de compartilhar o palco com diversos apologistas cristãos, desejosos por preencher o espaço aberto por ideias quânticas com o apoio positivo às crenças religiosas. Em 1988, o físico e teólogo Robert J. Russel (n. 1946) propôs que a aleatoriedade do microcosmo fornecia uma lacuna pela qual Deus poderia agir no mundo natural, uma ideia adotada por outros teólogos e filósofos cristãos.[17] Uma interpretação ocidentalizada das implicações religiosas da física quântica também obteve um alcance popular através de trabalhos como o de Paul Davies, *God*

---

[14] Apryl Jensen, "Quantum Physics and You-How the Quantum Science of the Unseen Can Transform Your Life!" em http://www.creatingconsciously.com/quantumphysics.html (acessado em 5 de julho de 2007).

[15] (orig. *strangeness*) é uma propriedade das partículas subatômicas expressa com um número quântico que descreve a decomposição das partículas nas reações fortes e eletromagnéticas de curta duração. [N. R.]

[16] Consultar, por exemplo, Victor J. Stenger, *The Unconscious Quantum* (Amherst, N.Y.: Prometheus Books, 1993); e Stenger, "Quantum Quackery", *Skeptical Inquirer* 21 (1997): 37-40.

[17] Robert J. Russell, "Theology and Quantum Theory", in *Physics, Philosophy, and Theology: A Common Quest for Understanding*, ed. Robert J. Russell, W. R. Stoeger, and G. V. Coyne (Notre Dame, Ind.: University of Notre Dame Press, 1988). Consultar também Gregory R. Peterson, "God, Determinism, and Action: Perspectives from Physics", *Zygon* 35 (2000): 882.

and the New Physics [Deus e a nova física] (1984), apesar de não chegar à influência cultural das alternativas místicas.

Estes exemplos devem deixar claro que interpretações religiosas da nova física variam consideravelmente de acordo com o contexto em que aparecem. Mas tais interpretações seriam uma violação de seu núcleo científico? Para decidir sobre isso, podemos olhar para os fundadores da física quântica – os que presumidamente a conheciam melhor – para achar uma versão mais purificada do escopo e implicações da teoria. Figuras como Bohr, Heisenberg e Wolfgang Pauli (1900-1958) certamente debateram sobre as verdadeiras implicações da teoria. Advogados das interpretações metafísicas sobrepõem os escritos de tais pioneiros da teoria com passagens da Bíblia, a sabedoria de Buda e as observações do *I Ching* para mostrar sua excepcional similaridade.[18] É desnecessário dizer que os críticos ofereceram suas próprias correções. Em uma biografia recente sobre Bohr, Abraham Pais repetidamente ressaltou o que ele alegava ser a falta de interesse de Bohr pela filosofia e misticismo oriental.[19]

É certo que os fundadores da mecânica quântica estavam muito mais preocupados com os detalhes científicos e técnicos de seu trabalho do que com os aspectos metafísicos, particularmente durante os inebriantes dias da década de 1920 quando a teoria quântica estava se desenvolvendo rapidamente. Não obstante, eles tinham algo a dizer sobre as aplicações filosóficas e até mesmo religiosas de suas ideias. Se as memórias de Heisenberg de 1971 são confiáveis, ele, Bohr, Pauli e Paul Dirac (1902-1984) trocavam pontos de vista entre si sobre a relação entre ciência e religião desde 1927.[20] Não foi até o fim da Segunda Guerra Mundial que produziram muitos textos filosóficos, e mesmo assim às vezes de forma desorganizada e incompleta. Embora Bohr tentasse aplicar o seu princípio da complementariedade – a noção de que a realidade poderia ser descrita apenas

---

[18] Consultar, por exemplo Thomas J. McFarlane, ed., *Einstein and Buddha: The Parallel Sayings* (Berkeley, Calif.: Seastone, 2002), que inclui dizeres não somente por Einstein, mas também Bohr, Heisenberg, Pauli, Max Planck, Erwin Schrödinger e outros físicos do século 20.

[19] Abraham Pais, *Niels Bohr's Times* (Oxford: Clarendon Press, 1991), 24, 310-11, 420-425.

[20] Werner Heisenberg, "Science and Religion", em *Physics and Beyond* (Nova York: Harper and Row, 1971).

pela justaposição de múltiplas, mesmo que contraditórias, formas de ver o mundo – ao problema do livre-arbítrio, nem ele nem os outros fundadores invocaram claramente o princípio da incerteza nesse assunto.[21]

Muitos ecoaram o desconforto com o materialismo puro, que foi um tema majoritário na interpretação religiosa inicial da teoria quântica. Heisenberg, que havia sido inspirado a estudar ciência após um encontro inicial com a filosofia idealista de Platão, sentia que "a interpretação de Copenhague da teoria quântica havia levado os físicos para longe das visões materialistas simplistas que prevaleciam na ciência natural do século 19".[22] Ele também enfatizou a imagem humilde da ciência, dizendo que "o que observamos não é a natureza em si, mas a natureza exposta ao nosso método de questionamento" e notando em um texto publicado em inglês em 1971 que a física estava "passando por uma transformação fundamental, o traço mais característico do qual é o retorno à sua autolimitação original".[23] Bohr também estava pronto para estender suas ideias sobre a complementariedade para o relacionamento entre ciência e religião, de uma forma que reconhecia ambas como perspectivas necessárias no mundo.[24] Pauli, como lembrou Heisenberg, previu que uma relação adversa entre conhecimento e fé estaria fadada a "terminar em lágrimas".[25]

Em outras áreas suas alegações não eram sempre tão consistentes e robustas como os céticos teriam preferido. Tanto Bohr quanto Heisenberg explicitamente negaram que o observador tivesse uma função na criação da realidade. Em *Physics and Philosophy* [Física e filosofia] (1958) Heisenberg

---

[21] Pais, *Niels Bohr's Times,* 440-41.

[22] David Cassidy, *Uncertainty: The Life and Science of Werner Heisenberg* (Nova York: W. H. Freeman and Company, 1992), 46-48; Werner Heisenberg, *Physics and Philosophy* (Nova York: Harper and Brothers, 1958), 128.

[23] Heisenberg, *Physics and Philosophy,* 58; Heisenberg, "If Science Is Conscious of Its Limits...", em *The Physicist'sConception of Nature* (Nova York: Harcourt and Brace, 1955), reimpresso em *Quantum Questians,* ed. Ken Wilbur (Boston: New Science Library, 1985), 73.

[24] Heisenberg, "Science and Religion". Para uma lista de outras áreas, da biologia à psicologia, às quais Bohr estava disposto a aplicar a complementaridade, começando no final da década de 1920, consultar Pais, *Niels Bahr's Times,* 438-47.

[25] Heisenberg, "Science and Religion". Ken Wilbur compilou uma variedade de escritos sobre os fundadores da física quântica para demonstrar suas visões sobre a relação entre ciência e religião. Consultar Wilbur, *Quantum Questions.*

TERRA PLANA, GALILEU NA PRISÃO E OUTROS MITOS SOBRE CIÊNCIA E RELIGIÃO

advertiu que "a introdução do observador não deve ser mal interpretada para implicar que alguns tipos de características subjetivas devem ser incluídas na descrição da natureza", e notou que "o observador tem, na verdade, a única função de registrar decisões, ou seja, processos no espaço e no tempo, e não importa se o observador é um aparato ou um ser humano".[26] Ao mesmo tempo, ele frequentemente fazia declarações que pareciam sugerir que a antiga noção de um universo objetivo havia sido eliminada pela física quântica. Ele enfatizava "um elemento subjetivo na descrição de eventos atômicos" e apoiou a "velha sabedoria" de que "ao buscar por harmonia na vida, não se deve esquecer que no drama da existência somos jogadores e expectadores".[27]

Finalmente, muitos dos líderes na área da mecânica quântica desviaram-se ao menos um pouco para a heterodoxia religiosa, e às vezes traziam consigo sua ciência. A noção de que a consciência humana fazia funções de onda colapsarem foi sugerida primeiramente não por um guru da Nova Era, mas pelo físico ganhador do Prêmio Nobel Eugene Wigner (1902-1995) em 1967, apesar de ele logo retirar sua sugestão.[28] A preocupação com a mente humana também ocupou Wolfgang Pauli, que começou uma correspondência de 36 anos com Carl Jung em 1932, incluindo tópicos como misticismo oriental e OVNIs.[29] Bohr e Heisenberg também davam palpites com amplas ideias orientais.[30] Em sua distinção como cavaleiro dinamarquês em 1947, Bohr escolheu um brasão que incluía o símbolo *yin-yang* como sinal de complementariedade. Heisenberg notou explicitamente que as contribuições japonesas à física "podem ser uma indicação de um certo relacionamento entre ideias filosóficas na tradição do oriente e a substância filosófica da teoria quântica".[31]

Carl von Weizsäcker (1912-2007), o estudante de Heisenberg que instruiu o atual Dalai Lama em teoria quântica, aparentemente acreditava que

---

[26] Heisenberg, *Physics and Philosophy*, 137.
[27] Ibid., 58.
[28] Stapp, *Mind, Matter, and Quantum Physics*, 129-30.
[29] Para a correspondência reunida de Pauli and Jung, consultar Meier, *Atom and Archetype*.
[30] Heisenberg, *Physics and Philosophy*, 187. 29.
[31] Ibid., 202.

seu mentor teria ficado "feliz em ouvir dos paralelos claros e ressonantes entre a filosofia budista e" a física moderna.[32] Weizsäcker quase certamente exagerou nas incursões que Heisenberg teve na filosofia oriental, assim como seu interesse na filosofia de forma geral. Ele estava, no entanto, usando a noção persistente de que há uma conexão fundamental entre física quântica (e seus fundadores) e ideias religiosas ou metafísicas. Sem qualificação séria, isto claramente não é verdade. Mas tampouco é verdadeira a afirmação de uma teoria quântica pristina para a qual céticos e destruidores de mitos podem recorrer. Apesar da noção generalizada de que a ciência e religião são inteiramente distintas, pelo menos quando não estão em guerra aberta, sua relação histórica, mesmo no mundo moderno, tem sido mais complexa. Uma visão clara da interpretação vigente das ideias quânticas fornece uma corretiva importante para as duas representações demasiadamente entusiasmadas de guerra e harmonia, e um campo valioso de onde podemos adquirir muitos *insights* sobre as interações sutis entre conceitos científicos e religiosos no século 20.

---

[32] Dalai Lama, *Universe in a Single Atom*, 65.

MITO 23

Que o "design inteligente" representa um desafio científico à evolução

Michael Ruse

O resultado é tão evidente e tão significativo que deve ser classificado como uma das grandes conquistas na história da ciência. A descoberta [do design inteligente] compete com as descobertas de Newton e Einstein, Lavoisier e Schroedinger, Pasteur e Darwin.

– Michael J. Behe, *A Caixa Preta de Darwin*
[Darwin's Black Box] (1996)

"Os dois lados [design inteligente e evolução] devem ser propriamente ensinados ... para que as pessoas possam entender o conteúdo do debate. Parte da educação é expor as pessoas à diferentes escolas de pensamento... Você me pergunta se as pessoas devem ou não ser expostas a diferentes ideias, e a resposta é sim".

– George W. Bush, falando a grupo de jornalistas (2005)

O design inteligente é o vencedor no debate público sobre origens biológicas não somente porque tem o apoio de ideias inteligentes, argumentos e evidência, mas também porque não transforma este debate em uma controvérsia Bíblia-ciência. O design inteligente, diferente do criacionismo, é uma ciência por si só, e pode se sustentar com os próprios pés.

– William A. Dembski, "Why President Bush Got It Right about Intelligent Design" [Por que o presidente Bush estava correto sobre o design inteligente] (2005)

Precisamos responder a duas perguntas: O que é o design inteligente (DI), e, ele é uma ciência? Respondendo à primeira, a alegação é que na história da vida deste planeta, em algum momento ou momentos, uma inteligência interveio para que a vida avançasse. Isto era necessário, argumentam teóricos do DI, porque a vida demonstra "complexidade irredutível", e a lei cega – especialmente a teoria evolutiva de Darwin que depende da seleção natural – não pode explicar tal complexidade. Apenas uma inteligência é capaz de fazer isto.

A expressão *design inteligente* começou a circular após o Supremo Tribunal dos EUA julgar, em 1987, que era inconstitucional a exigência de ensino do "criacionismo científico", mas permitia a possibilidade voluntária de ensino de alternativas à evolução – se feita por motivos seculares. Esperando se aproveitar desta oportunidade, uma pequena organização cristã no Texas lançou um livro-texto antievolução, *Of Pandas and People: The Central Question of Biological Origins* [Sobre pandas e pessoas: a pergunta central sobre as origens biológicas] (1989), escrito pelos criacionistas Dean H. Kenyon, biólogo na Universidade Estadual de San Francisco, e Percival Davis, professor de biologia em uma faculdade comunitária na Flórida. Kenyon e Davis originalmente pretendiam escrever um texto criacionista adequado para escolas públicas, denominado *Biology and Creation* [Biologia e criação], mas quando o Supremo Tribunal decidiu contra o criacionismo científico, eles rapidamente substituíram as palavras "criação" e "criacionistas" por "design inteligente" e "proponentes do *design*", e deram um novo título ao seu trabalho. Em texto, Kenyon e Davis definiram o DI como um marco de referência que "localiza a origem de novos organismos em uma causa não material: em um manual, um plano, um padrão desenvolvido por um agente inteligente"; em particular, um dos seus colaboradores chamou isto de "uma forma politicamente correta de se referir a Deus".[1]

O DI atraiu pouca atenção antes do início da década de 1990, quando então um professor de direito em Berkeley, Phillip E. Johnson (n. 1940) publicou o curto livro *Darwin on Trial* [Darwin no banco dos réus] (1991). Altamente crítico ao pensamento evolutivo moderno, Johnson repetiu argumentos comuns desde *A Origem das Espécies* – a inadequação da seleção natural, lacunas no registro fóssil, o problema da origem da vida, e assim por diante. Por mais familiares que os argumentos fossem, Johnson sabia como montar uma acusação, e logo ficou claro que seu livro era um trabalho mais polido que os habituais folhetos antievolucionistas. Quando chegou ao fim, Johnson se sentiu justificado em condenar o antigo evolucionista, e o conduziu para fora algemado.[2]

Por mais que Johnson não gostasse de Darwin, e particularmente da evolução, ele viu sua aceitação generalizada como sintomático de uma aceitação mais ampla do naturalismo – ou, como estava começando a ser chamado, naturalismo metodológico – que injustamente influenciava a

---

[1] Percival Davis e Dean H. Kenyon, *Of Pandas and People: The Central Question of Biological Origins*, 2a ed. (1989; Dallas: Haughton Publishing, 1993), 14, 160-61; Robert T. Pennock, *Tower of Babel: The Evidence against the New Creationism* (Cambridge, Mass.: MIT Press, 1999), 276 (politicamente correto). A história do livro *Pandas* aparece no testemunho de Barbara Forrest em *Tammy Kitzmiller, et al. v. Dover Area School District*, et al, 5 de outubro de 2005, cuja transcrição pode ser encontrada no *website* do National Center for Science Education, www2.ncseweb.org. Para uma breve história do design inteligente, consultar Ronald L. Numbers, *The Creationists: From Scientific Creationism to Intelligent Design*, exp. ed. (Cambridge, Mass.: Harvard University Press, 2006), cap. 17, "Intelligent Design".

[2] Phillip E. Johnson, *Darwin on Trial* (Downers Grove, Ill.: InterVarsity Press, 1991). Este e parágrafos subsequentes são extraídos de Michael Ruse, *The Evolution-Creation Struggle* (Cambridge, Mass.: Harvard University Press, 2005), 250-55.

TERRA PLANA, GALILEU NA PRISÃO E OUTROS MITOS SOBRE CIÊNCIA E RELIGIÃO

ciência a nem ao menos considerar explicações teístas. "O naturalismo governa o mundo acadêmico secular por completo, o que é ruim o suficiente", lamentou Johnson. "O que é muito pior é que ele governa muito do mundo cristão também". Como antídoto a este veneno, Johnson desenvolveu uma estratégia chamada "a cunha":[3]

> Um tronco é um objeto aparentemente sólido, mas uma cunha pode finalmente parti-lo quando ela penetra por uma pequena rachadura e gradualmente alarga a ruptura. Neste caso, a ideologia do materialismo científico é o tronco aparentemente sólido. A rachadura que aumenta é a importante, mas raramente reconhecida, diferença entre fatos revelados pela investigação científica e a filosofia materialista que domina a cultura científica.

Ele próprio se tornaria a "ponta da Cunha da Verdade" e "faria a penetração inicial no monopólio intelectual do naturalismo científico".[4]

Darwin on Trial [Darwin no banco dos réus] foi um sucesso de vendas, e naturalmente atraiu muita atenção negativa também. Uma crítica justificável a Johnson foi que ele se comportava demais como um advogado – ele concentrou-se na acusação e não deu nenhuma atenção à defesa. O que Johnson poderia oferecer como substituto ao darwinismo? Uma resposta veio cinco anos depois em *Darwin's Black Box* [A caixa preta de Darwin] (1996), escrito pelo bioquímico da Universidade de Lehigh, Michael Behe (n. 1952). Neste livro, Behe convida seus leitores a focarem em algo que ele denominava "complexidade irredutível" – um sistema onde todas as partes são intrincadamente combinadas de forma que, se qualquer parte é removida, o sistema para de funcionar. "Um sistema irredutivelmente complexo não pode ser produzido diretamente (isto é, por melhorias contínuas da função inicial, que continua trabalhando pelo mesmo mecanismo) por

---

3 No original, "the wedge". [N. E.]

4 Phillip E. Johnson, "Foreword", no *The Creation Hypothesis: Scientific Evidence for an Intelligent Designer*, ed. J. P. Moreland (Downers Grove, Ill.:InterVarsity Press, 1994), 7-8; Phillip E. Johnson, *Defeating Darwinism by Opening Minds* (Downers Grove, Ill.: InterVarsity Press, 1997), 92 (log). Para uma história crítica do documento "a cunha", consultar Barbara Forrest e Paul R. Gross, *Creationism's Trojan Horse: The Wedge of Intelligent Design* (Nova York: Oxford University Press, 2004), esp. 3-47.

pequenas e sucessivas modificações ao sistema precursor, porque qualquer precursor de um sistema irredutivelmente complexo em que falte alguma parte, ele é, por definição, não funcional". Behe argumentou, certamente com alguma razão, que qualquer "sistema biológico irredutivelmente complexo, se houver algo assim, seria um desafio poderoso à evolução darwiniana. Como a seleção natural somente pode atuar em sistemas que já estão em funcionamento, então se um sistema biológico não pode ser produzido gradualmente, ele teria de surgir como unidade integrada, de uma só vez, para que a seleção natural tivesse algo sobre o que agir".[5]

Mas tais sistemas existem? Behe pensava que sim. Ele destacou um exemplo familiar para os que trabalham com microrganismos. Para se movimentarem, algumas bactérias usam um cílio, um tipo de chicote que contém sua própria unidade de força e trabalha através de um movimento de remada. Outras bactérias vão por uma diferente rota, usando um flagelo (outro apêndice estilo chicote) como propulsor. "O filamento [a parte externa] do flagelo da bactéria, diferentemente do cílio, não contém proteína motora; se for quebrada, o filamento boia rigidamente na água. Portanto, o motor que gira o propulsor-filamento deve estar localizado em outro lugar. Experimentos demonstram que ele está localizado na base do flagelo, onde a microscopia eletrônica mostra a ocorrência de diversas estruturas anelares". É necessário haver uma conexão entre a parte externa do flagelo (o filamento) e o motor, e eis que a natureza o fornece: uma "proteína gancho" está ali para fazer o trabalho conforme necessário. O sistema é altamente complexo em si, e somado a isto está o fato de o motor ter sua própria fonte de energia. Energia é criada continuamente pela célula, ao invés de, mais convencionalmente, usar energia armazenada em diversas moléculas complexas. Para Behe, nada disso poderia ter evoluído ou aparecido de forma gradual, parte por parte. Tudo precisava estar lá, em funcionamento, em um ato criativo, e isto requeria um *design* consciente e execução perfeita – por um designer inteligente.[6]

---

[5]   Behe, *Darwin's Black Box*, 39.
[6]   Ibid., 70.

O argumento empírico de Behe logo recebeu suporte teórico do filósofo-matemático William A. Dembski (n. 1960). "O passo chave na formulação do Design Inteligente como teoria científica", ponderou Dembski, foi "delinear um método para detectar o *design*". De acordo com seu "Filtro Explicativo em três estágios", três noções fundamentam o conceito de *design*: contingência, complexidade e especificação. O *design* precisa ser contingente. Coisas que seguem uma lei cega não dão evidência de *design*. A bola cai e quica. Não tem *design* ali. Em segundo lugar, o *design* precisa ser complexo. O número 2 seguido de 3 não atrai sua atenção. Mas a sucessão de números primos até 101 te faz pensar que algo interessante está acontecendo. Finalmente, o *design* demanda certa independência ou especificação – não se pode conferir o critério de *design* após o fato. Desenhar o alvo em volta de uma flecha que já atingiu a superfície não é *design*. Mas uma flecha que acerta o centro do alvo que foi especificado anteriormente te faz pensar que a posição da flecha não é aleatória.[7]

Independentemente de como é qualificado, o ponto do movimento do DI é promover a respeitabilidade intelectual de intervenções fora da ordem natural das coisas ao inclui-las sob a rubrica "ciência". Certamente podemos ver com certa descrença as alegações de que não existem ligações ou motivações teológicas. Quando perguntado sobre como ele acha que a complexidade originalmente ocorre, Michael Behe respondeu: "Em uma nuvem de fumaça!" Quando pressionado com a pergunta "Você quer dizer que o Designer Inteligente suspende as leis da física através de um milagre?" ele respondeu, "Sim". Dembski já declarou abertamente que "um cientista tentando entender algum aspecto do mundo está primeiramente preocupado com este aspecto em sua relação com Cristo – e isto é verdade independentemente de o cientista reconhecer ou não a Cristo". Ele

---

[7] William A. Dembski, "The Explanatory Filter: A Three-Part Filter for Understanding How To Separate and Identify Cause from Intelligent Design", trecho de um trabalho apresentado na conferência de 1996 "Mere Creation", originalmente intitulada "Redesigning Science", disponível no http://www.arn.org/docs/dembski/wd_explfilter.htm. Consultar também William A. Dembski, *The Design Inference: Eliminating Chance through Small Probabilities* (Cambridge: Cambridge University Press, 1998); e William A. Dembski, *Mere Creation: Science, Faith and Intelligent Design* (Downers Grove, Ill.: InterVarsity Press, 1998).

posteriormente adicionou: "O design inteligente é a teologia do Logos do evangelho de João recolocada no idioma da teoria da informação". Na linguagem do Bom Livro: "No princípio era aquele que é a Palavra. Ele estava com Deus, e era Deus" (João 1:1).[8]

Apesar dos vestígios de falas sobre Deus, seria um erro simplesmente categorizar sem qualificação o movimento do DI como criacionista. Diferentemente dos criacionistas da Terra jovem, os teóricos do DI não apelam a Gênesis, e parecem ser completamente despreocupados com relação à idade da vida na Terra. A maioria, se não todos os líderes, concordam ou ao menos estão abertos a alguma forma de evolução. Behe: "sou 'evolucionista' no sentido em que acho que a seleção natural explica algumas coisas... Mas pelo que vejo, a evidência mostra apenas a seleção natural explicando mudanças relativamente pequenas, e vejo profunda dificuldade em achar que ela explica mais que mudanças triviais. Eu não tenho problema se a ancestralidade comum for de fato verdade, e houver algum tipo de programa projetado para prover mudanças com o tempo (ou seja, evolução). E acredito que coisas como pseudo-genes são fortes argumentos para a ancestralidade comum. Então, mais uma vez, sou um 'evolucionista' neste sentido". Dembski: "Neste momento eu tendo na direção de uma forma de evolução pré-programada, na qual a vida evolui teleologicamente (a humanidade estando no fim do processo evolutivo)". Mesmo Johnson não é inteiramente imóvel em sua oposição à evolução: "Eu concordo... que grupos intercruzantes que se tornaram isolados em uma ilha muitas vezes variam das espécies do continente como resultado de reprodução cruzada, mutação e seleção. Esta é uma mudança dentro dos limites de um tipo preexistente, e não necessariamente o meio pelo qual os tipos vieram a existir originalmente. De forma mais geral, o padrão de relacionamento entre as plantas

---

[8] William A. Dembski, *Intelligent Design: The Bridge between Science and Theology* (Downers Grove, Ill.: InterVarsity Press, 1999), 206; William A. Dembski, "Signs of Intelligence: A Primer on the Discernment of Intelligent Design", em *Signs of Intelligence: Understanding Intelligent Design,* ed. William A. Dembski e James M. Kusiner (Grand Rapids, Mich.: Brazos, 2001), 192. O comentário de Behe aparece no *blog* de Larry Arnhart, "Darwinian Conservatism", em 7 de setembro de 2006, no http://darwinianconservatism.blogspot.com/2006/09/has-anyone-seenevolution.html (acessado em 1 de julho de 2008).

TERRA PLANA, GALILEU NA PRISÃO E OUTROS MITOS SOBRE CIÊNCIA E RELIGIÃO   283

e animais sugere que podem ter sido produzidos por algum processo de desenvolvimento advindo de uma fonte comum".[9]

Começando com o aparecimento do livro de Johnson, *Darwin on Trial* [Darwin no banco dos réus], o DI movimentou um debate acalorado, que centrou-se na pergunta: é ciência ou, de forma grosseira, "a mesma bobagem criacionista vestida com outro traje"?[10] Nos Estados Unidos, pelo menos, questões deste tipo são muitas vezes resolvidas por tribunais e legislações, não por cientistas e filósofos. Assim, em 1981 eu estava em Little Rock, Arkansas, depondo em um tribunal como testemunha especializada em um caso para decidir a constitucionalidade de uma lei estadual recente demandando "tratamento equilibrado" para o que estávamos denominando ciência da criação (ou criacionismo científico) e ciência da evolução. Aceitando meu conselho, o juiz decidiu que "características essenciais de ciência" incluíam naturalidade, provisoriedade, testabilidade e falseabilidade – e julgou que a ciência da criação falhava em cumprir com esses critérios.[11] Em 1987 o Supremo Tribunal dos Estados Unidos adotou este mesmo raciocínio ao invalidar uma lei similar na Louisiana. A ciência, de acordo com esta definição, é uma tentativa de entender o mundo de acordo com uma lei inquebrável – por lei neste contexto, quero dizer, a lei da natureza, e por lei da natureza quero dizer algo que vale universalmente e que se espera que valha universalmente. Usando esta definição, placas tectônicas se qualificam como ciência porque é algo que acontece de acordo com uma lei universal que não é quebrada. *Paraíso Perdido* não é uma ciência porque envolve todo tipo de acontecimentos milagrosos que acontecem fora do âmbito da natureza.

A insistência de que a ciência se restrinja à natureza vai até pelo menos o início do século 19. Em 1837, quando o filósofo-historiador de Cambridge

---

[9] Michael Behe para o autor, junho de 2003, citado em Ruse, *Evolution-Creation Struggle*, 256; William Dembski, "Signs of Intelligence: A Primer on the Discernment of Intelligent Design" *Touchstone* 12 (julho/agosto 1999): 76-84, em 84; Johnson, *Darwin on Trial*, 157-58.

[10] David K. Webb, Carta ao Editor, *Origins & Design* 17 (Spring 1996):5.

[11] Michael Ruse, "Creation-Science Is Not Science", em *Creationism, Science, and the Law: The Arkansas Case*, ed. Marcel Chotkowski La Follette (Cambridge, Mass.: MIT Press, 1983), 150-60.

William Whewell (1794-1866) publicou seu livro *History of the Inductive Sciences* [História das ciências indutivas], ele sentiu a necessidade de incluir Deus para explicar a origem dos organismos, mas ele cuidadosamente notou que isto não era ciência: "Quando perguntamos quando eles [os organismos] vieram ao nosso mundo, a geologia se cala. O mistério da criação não está no âmbito de seu território legítimo; ela não diz nada, mas aponta para o alto". Quando deparado com o "mistério dos mistérios", as origens dos organismos, Charles Darwin não optou pelo "pular fora" de Whewell. Ele trabalhou e trabalhou até encontrar a seleção natural. Quando seu correspondente norte-americano Asa Gray quis colocar Deus de volta através de mutações direcionadas, Darwin não foi nada simpático à ideia.[12]

Uma das tentativas mais intrigantes de fornecer cobertura filosófica para a tentativa do DI de reconhecer o sobrenaturalismo como ciência vem do respeitado filósofo da religião Alvin Plantinga (n. 1932), que há muito guarda antipatia contra a evolução.[13] Enquanto concorda que recorrer a milagres pode ser um "impedimento à ciência", ele não vê motivo para limitar a ciência ao natural. "Obviamente não temos garantia de que Deus fez tudo mediante o emprego de causas secundárias, ou de forma a encorajar futuras investigações científicas, ou para nossa conveniência como cientistas, ou para o benefício da National Science Foundation [Fundação Nacional de Ciência]", ele escreve. "Claramente, não podemos insistir sensatamente de antemão que qualquer coisa que nos aparece seja explicada em termos de algo a *mais* que Deus fez; ele deve ter feito *algumas* coisas diretamente. Seria válido saber, se possível, que coisas ele *fez* diretamente;

---

[12] William Whewell, *History of the Inductive Sciences: From the Earliest to the Present Time*, 3a ed., 2 vols. (1837; Nova York: D. Appleton, 1858), 2:573; Charles Darwin, *The Variation of Animais and Plants Under Domestication*, 2 vols. (Londres: John Murray, 1868), 2:516. Para a história do naturalismo metodológico, consultar Ronald L. Numbers, "Science without God: Natural Laws and Christian Beliefs", em *When Science and Christianity Meet*, ed. David C. Lindberg e Ronald L. Numbers (Chicago: University of Chicago Press, 2003), 265-85.

[13] Plantinga, um importante filósofo cristão, mudou consideravelmente sua posição em relação à teoria da evolução nos últimos 20 anos. Ele não considera que exista um conflito intrínseco entre a teoria evolutiva a o cristianismo – e até mesmo alega que é o naturalismo (e não a religião cristã) que conflita com a evolução. Ver seu livro *Ciência, Religião e Naturalismo: Onde está o conflito?*, editora Vida Nova. [N. E.]

saber isto seria uma parte importante de um conhecimento sério e profundo do universo". Plantinga sugeriu usar o termo *Ciência agostiniana* para "ciência comum" mais os milagres.[14]

Apesar de a comunidade científica simplesmente ignorar a proposta idiossincrática de Plantinga e de outros como ele, o antievolucionista Conselho de Educação do Estado do Kansas votou em 2005 por não mais limitar a ciência ao natural. Abandonando a antiga definição de ciência como "a atividade humana de buscar explicações naturais para o que observamos no mundo ao nosso redor", o conselho substituiu a definição de ciência como "um método sistemático de investigação continuada que usa observação, teste de hipóteses, medição, experimentação, argumentação lógica e teorização para levar a uma explicação mais adequada dos fenômenos naturais". Isso levou o colunista e psiquiatra conservador Charles Krauthammer (n. 1950) a explodir: "Para justificar a mentira de que design inteligente é ciência, Kansas teve de corromper a própria definição de ciência, tirando a frase 'explicações *naturais* para o que observamos ao nosso redor', inequivocamente sugerindo assim – literalmente por decreto – que o sobrenatural é parte integrante da ciência".[15]

Neste mesmo ano um grupo de pais preocupados no Distrito Escolar de Dover (Pensilvânia) abriu um processo contra a decisão do conselho de recomendar *Of Pandas and People* [Sobre pessoas e pandas] como forma de tornar os alunos "cientes das lacunas/problemas da teoria de Darwin e de outras teorias de evolução incluindo, mas não limitado a, o design inteligente".[16] Uma das testemunhas da defesa, Steve William Fuller (n. 1959),

---

[14] Alvin Plantinga, "Methodological Naturalism?" *Perspectives on Science and Christian Faith* 49 (setembro 1997): 143-54, em 152-53. Consultar também Alvin Plantinga, "An Evolutionary Argument against Naturalism", *Logos* 12 (1991): 27-49.

[15] Dennis Overbye, "Philosophers Notwithstanding, Kansas School Board Redefines Science", *New York Times,* 15 de novembro de 2005, D3; Charles Krauthammer, "Phony Theory, False Conflict: 'Intelligent Design' Foolishly Pits Evolution against Faith", *Washington Post,* 18 de novembro de 2005, A23.

[16] Reclamação feita pelos requerentes em *Tammy Kitzmiller, et al. v. Dover Area School District et al.* Consultar também Nicholas J. Matzke, "Design on Trial in Dover, Pennsylvania", *NCSE Reports* 24 (setembro/outubro 2004): 4-9; Neela Banerjee, "School Board Sued on Mandate for Alternative to Evolution", *New York Times,* 15 de dezembro de 2004, A25; Laurie Goodstein, "A Web of Faith, Law

um "epistemólogo social" pós-moderno da Inglaterra, insistiu que "não há nada especialmente não científico em tentar mudar as normas básicas da ciência". Ele argumentou que o DI, apesar de seu apelo à "causação sobrenatural", constitui uma "ciência" legítima, e que ele fazia objeção ao compromisso "dogmático" da comunidade científica com o naturalismo metodológico, que ele negou ser "regra básica da ciência".[17] No fim do processo, o juiz rejeitou tal raciocínio perverso, julgando que o DI "não é ciência" porque invoca uma "causa sobrenatural" e falha em "cumprir as normas básicas essenciais que limitam a ciência a explicações naturais que podem ser testadas".[18] Os esforços para impor o DI sobre as crianças de Dover, ele declarou de forma memorável, foi uma "futilidade de tirar o fôlego".

---

and Science in Evolution Suit, " ibid., 26 de setembro de 2005, Al, A14; Laurie Goodstein, "Evolution Lawsuit Opens with Broadside against Intelligent Design", ibid., 27 de setembro de 2005, Al 7; e Constance Holden, "ID Goes on Trial This Month in Pennsylvania School Case", *Science* 309 (2005): 1796.

[17] Steve William Fuller, "Rebuttal of Dover Expert Reports", 13 de maio de 2005; testemunho de Steve Fuller, *Tammy Kitzmiller, et al. v. Dover Area School District*, et al. 24 de Outubro de 2005. Fuller havia expresso anteriormente seu apoio ao *design* inteligente em uma carta ao editor, *Chronicle of Higher Education*, 1 de fevereiro de 2002, B4, Bl7.

[18] John E. Jones III, "Memorandum Opinion", 20 de dezembro de 2005, encontrado no *website* do NCSE. Consultar também Jeffrey Mervis, "Judge Jones Defines Science-and Why Intelligent Design Isn't", *Science* 311 (2006): 34.

MITO 24

Que o criacionismo é um fenômeno unicamente norte-americano

Ronald L. Numbers

Por mais insidioso que [o criacionismo] pareça ser, pelo menos não é um movimento mundial... espero que todos percebam até que ponto ele é uma bizarrice local, norte-americana.

– Stephen Jay Gould, comentando em uma entrevista para a Associated Press (2000)

O criacionismo é uma instituição norte-americana, e não apenas norte-americana, mas especificamente do Sul e Sudoeste.

– Richard C. Lewontin, Introdução em *Scientists Confront Creationism* [Cientistas confrontam o criacionismo] (1983)

Desde o início do chamado criacionismo científico na década de 1960, que espremeu a história da vida na Terra a pouco mais de 6 mil anos, críticos se consolam com a ideia de que o movimento poderia ser contido geograficamente. Como o paleontologista e anticriacionista Stephen Jay Gould assegurou aos neozelandeses em 1986, eles não tinham de se preocupar com o criacionismo científico porque o movimento era muito "peculiarmente norte-americano". Em sua opinião, ele tinha pouca chance de "pegar no exterior". Porém, já estava se espalhando para além dos limites dos Estados Unidos. Apesar de sua etiqueta *"Made in* Estado Unidos", o criacionismo começou a aparecer entre protestantes conservadores em diversas partes do mundo. De início os líderes propagadores eram homens como Henry M. Morris e Duane Gish do Institute for Creation Research (ICR) [Instituto de pesquisa da criação], que publicou folhetos criacionistas em cerca de vinte e quatro idiomas. Após meados da década de 1990, a liderança crescentemente passou para Kenneth A. Ham do Answers in Genesis (AiG) [Respostas em Gênesis], uma operação baseada no Kentucky localizada logo ao sul de Cincinnati. Em menos de uma década ele e seus colegas do AiG criaram uma rede de filiais internacionais, distribuindo livros em idiomas desde africâner e língua albanesa até romeno e russo. Durante este tempo, o criacionismo científico e seu primo mais jovem, o "design inteligente", também se espalharam de suas bases protestantes para o catolicismo, ortodoxia oriental, islã, judaísmo e além.[1]

Durante o século que seguiu à publicação de *A Origem das Espécies* (1859) de Charles Darwin, a maioria dos cristãos conservadores antievolucionistas, pelo menos os que se expressavam sobre o assunto, aceitavam a evidência da antiguidade da Terra enquanto rejeitavam a transmutação das espécies e qualquer relacionamento entre símios e seres humanos. Apenas uma pequena minoria, principalmente entre os adventistas do Sétimo Dia seguidores da profetisa Ellen G. White, insistiam na criação especial de todas as formas de vida entre 6 e 10 mil anos atrás, e em um dilúvio universal no tempo de Noé, que teria enterrado a maioria dos fósseis. Seguindo a publicação de *The Genesis Flood* [O dilúvio de Gênesis] (1961) pelos fundamentalistas John C. Whitcomb Jr. e Henry M. Morris, esta alternativa radical se descolou de sua origem adventista e se espalhou pelo protestantismo conservador. Por volta de 1970, seus defensores, esperando tornar suas visões bíblicas palatáveis para a utilização em escolas públicas, eufemisticamente começaram a chamá-la de "criacionismo científico" ou "ciência da criação". Por causa de sua rejeição às idades geológicas, esta visão logo ficou conhecida como criacionismo da Terra jovem.[2]

Poucos países além dos Estados Unidos deram uma recepção tão calorosa à ciência da criação como a Austrália. Uma visita de Morris em 1973 deu a largada para o interesse na ciência da criação. Em cinco anos, criacionistas da Terra jovem, liderados por Ham – um professor escolar, e Carl Wieland, um médico, organizaram a Creation Science Foundation (CSF) [Fundação de ciência da criação], que da sua sede em Brisbane rapidamente se tornou o centro do antievolucionismo no Pacífico Sul. Apesar de seu nome, a CSF enfatizava argumentos bíblicos para o criacionismo. "Livre de restrições constitucionais" sobre o ensino de religião em escolas

---

[1] "Creationism in NZ 'Unlikely,'" *NZ Herald*, 3 de julho de 1986, 14. Sobre o espalhar inicial do criacionismo, no qual este parágrafo se baseia, consultar Ronald L. Numbers, *The Creationists: From Scientific Creationism to Intelligent Design*, exp. ed. (Cambridge, Mass.: Harvard University Press, 2006), 355-68.

[2] Numbers, *The Creationists*, passim. Muito da discussão seguinte vem desta fonte, especialmente o capítulo 18, "Creationism Goes Global".

públicas, como menciona um crítico, criacionistas australianos "não eram tão tímidos quanto seus colegas norte-americanos na declaração de seus propósitos evangélicos". Antievolucionistas na Austrália celebraram em agosto de 2005 quando o ministro da educação, um médico cristão chamado Brendan Nelson, se posicionou a favor da exposição aos alunos de ambas, evolução e *design* inteligente. "A meu ver", explicou, "alunos podem e precisam ser ensinados na ciência básica em termos da evolução do homem, mas se escolas também querem apresentar o design inteligente, não tenho dificuldade com isso. É uma questão de escolha, escolha razoável".[3]

Desenvolvimentos similares aconteceram na Nova Zelândia, apenas mais lentamente e com menos fanfarra. Uma mudança política e religiosa em direção à direita havia criado, na década de 1980, um campo fértil onde o criacionismo poderia crescer. Em 1992 os criacionistas da Nova Zelândia organizaram um "braço neozelandês" da CSF, chamada Creation Science (NZ). Três anos depois o *New Zealand Listener* surpreendeu seus leitores ao anunciar que "Deus e Darwin ainda estão batalhando em escolas na Nova Zelândia". Em contraste com a imagem comum de um sistema educacional totalmente secular, a revista popular revelou que "especialistas com diplomas em ciência" estavam promulgando o criacionismo nas salas de aula do país, onde muitas vezes descobriam uma audiência simpática, especialmente entre moradores de Maori e das Ilhas do Pacífico, que tendiam a ver a evolução com suspeita. Como um líder Maori observou, "a alienação máxima seria ser um Maori e um EVOLUCIONISTA". Contra as probabilidades – e as certezas de Gould – o criacionismo científico havia estabelecido uma base nas antípodas.[4]

---

[3] Ronald L. Numbers, "Creationists and Their Critics in Australia: An Autonomous Culture or 'the USA with Kangaroos'?" *Historical Records of Australian Science* 14 de junho de 2002): 1-12; reimpresso em *The Cultures of Creationism: Anti-Evolutionism in English-Speaking Countries*, ed. Simon Coleman e Leslie Carlin (Aldershot: Ashgate, 2004), 109-23. Com relação ao ministro de educação, consultar David Wroe, "'Intelligent Design' an Option: Nelson", *The Age*, 11 de agosto de 2005; e Linda Doherty e Deborah Smith, "Science Friction: God's Defenders Target 3000 Schools", *Sydney Morning Herald*, 14 de novembro de 2005.

[4] Ronald L. Numbers e John Stenhouse, "Antievolutionism in the Antipodes: From Protesting Evolution to Promoting Creationism in New Zealand", *British Journal for the History of Science* 33 (2000): 335-50; reimpresso em *Cultures of Creationism*, ed. Coleman e Carlin, 125-44.

Escrevendo em 2000, um observador alegou que "é possível que existam mais criacionistas *per capita* no Canadá do que em qualquer outro país ocidental (sem contar os Estados Unidos)". Apesar de contraintuitivo, a alegação pode ter sido verdade. Em 1993 a *Maclean's*, "Canada's Weekly Newsmagazine" [A revista de notícias semanal do Canadá] chocou muitos leitores quando apresentou uma pesquisa de opinião pública mostrando que "apesar de menos de um terço de canadenses participar de um encontro religioso regularmente... 53% de todos os adultos rejeitam a teoria científica da evolução". Em 2000, uma época quando as escolas públicas canadenses estavam diminuindo a importância da evolução, um pregador pentecostal leigo, Stockwell Day, concorreu sem sucesso para a posição de primeiro-ministro enquanto alegava que "a Terra tem apenas 6 mil anos, humanos e dinossauros habitavam o planeta ao mesmo tempo, e Adão e Eva foram pessoas reais".[5]

Antes de 2002 poucas pessoas na Grã-Bretanha, exceto evangélicos, davam alguma atenção ao criacionismo. Naquele ano, porém, a imprensa britânica chamou atenção ao "escândalo" criacionista em Gateshead, onde, conforme dito por um repórter, "cristãos fundamentalistas que não acreditam na evolução tomaram controle de uma escola secular financiada pelo estado na Inglaterra". Avisando sobre a difusão do "criacionismo estilo EUA", uma grande variedade de cidadãos preocupados expressou indignação pelo criacionismo da Terra jovem ter se infiltrado nas escolas britânicas. O vocal evolucionista de Oxford, Richard Dawkins, condenou o ensino do criacionismo como um ato de "depravação educacional". Ao mesmo tempo, um grupo de proeminentes cristãos culpavam o próprio Dawkins de exacerbar o problema por "caracterizar a ciência como uma atividade irreligiosa". Ham e seus associados no AiG se regozijavam com

---

5   Debora MacKenzie, "Unnatural Selection," *New Scientist,* 22 de abril de 2000, 35-39, citação na pg. 38 (more creationists); "God Is Alive," *Maclean's,* 12 de abril de 1993, 32-37, citação na pg. 35 (53%); Dennis Feucht, "Canadian Political Leader Advocates Young-Earth", *Research News and Opportunities in Science and Theology* 1 (julho-agosto de 2001): 13, 20 (discurso); Tom Spears, "Evolution Nearly Extinct in Classroom", *Ottawa Citizen,* 29 de outubro de 2000. Consultar também John Barker, "Creationism in Canada", em *Cultures of Creationism,* ed. Coleman e Carlin, 89-92.

292 COLEÇÃO FÉ, CIÊNCIA & CULTURA

a publicidade inesperada. "É empolgante", disseram, "ver como os *inimigos* de Deus estão trazendo atenção nacional – sem custo – para os esforços do AiG em defender a autoridade da Palavra de Deus e chamar a definhada igreja britânica de volta às suas raízes em Gênesis!"[6]

Ao final de 2005, o antievolucionismo no Reino Unido havia crescido a uma proporção tal que o presidente da Sociedade Real, a academia nacional de ciência britânica, devotou seu discurso de despedida a advertência de que "os valores nucleares da ciência moderna estão sob séria ameaça pelo fundamentalismo". Em poucos meses a BBC chocou a nação ao anunciar os resultados de uma pesquisa mostrando que "quatro em cada 10 pessoas no Reino Unido acreditam que as alternativas religiosas à teoria da evolução de Darwin devem ser ensinadas como ciência nas escolas". A pesquisa, conduzida em ligação com o programa ameaçadoramente chamado de *A War on Science* [Uma guerra contra a ciência], revelou que apenas 48% dos britânicos acreditava que a teoria da evolução "mais bem descrevia sua visão sobre a origem e desenvolvimento da vida". 22% disseram que o "criacionismo" mais bem descrevia sua visão, 17% favoreceram o "design inteligente", e 13% permaneceram indecisos. Professores relataram grande sentimento criacionista entre seus alunos. Uma professora de biologia do sexto ano em Londres reclamou que "a maioria" de seus alunos mais brilhantes, incluindo muitos no caminho de uma carreira como profissionais da saúde, rejeitava a evolução. Muitas vezes eles vinham de uma criação pentecostal, batista ou muçulmana. "É um pouco como os estados do Sul nos Estados Unidos", notou.[7]

---

[6] Tania Branigan, "Top School's Creationists Preach Value of Biblical Story over Evolution", *The Guardian*, 9 de março de 2002; "Ken Ham Creates Uproar in England!" *Answers Update* 9 (maio de 2002): 15; Richard Dawkins, "Young Earth Creationists Teach Bad Science and Worse Religion", *Daily Telegraph*, 18 de março de 2002; editorial, "Outcry at Creationism in UK Schools", *The Guardian*, 12 de maio de 2003 (depravação); Michael Gross, "US-Style Creationism Spreads to Europe", *Current Biology* 12 (2002): R265-66. Consultar também Simon Coleman e Leslie Carlin, "The Cultures of Creationism: Shifting Boundaries of Belief, Knowledge and Nationhood", em *Cultures of Creationism*, ed. Coleman e Carlin, 1-28, esp. 15-17.

[7] "Core Values of Science under Threat from Fundamentalism, Warns Lord May", 30 de novembro de 2005, disponível em: www.royalsoc.ac.uk; "Britons Unconvinced on Evolution", *BBC News*, 26 de janeiro de 2006, disponível em: http://newsvote.bbc.co.uk.

Em outros lugares na Europa ocidental os criacionistas faziam incursões similares. Uma pesquisa entre adultos europeus revelou que apenas 40% acreditavam na evolução naturalística, 21% na evolução teísta, e 20% em uma criação especial recente, enquanto 19% permaneciam indecisos ou não sabiam. As maiores concentrações de criacionistas da Terra jovem foram encontradas na Suíça (21,8%), Áustria (20,4%) e Alemanha (18,1%). Fora dos países de língua germânica o apoio mais forte para o criacionismo na Europa ocidental veio da Holanda, onde os criacionistas estavam ativos desde a década de 1970 e onde mais da metade da população professava acreditar em Deus e 8% subscrevia a inerrância da Bíblia. Na primavera de 2005, o ministro de ciência e educação holandês iniciou um forte debate no parlamento ao sugerir que o ensino do design inteligente poderia ajudar a sarar rixas religiosas. "O que une muçulmanos, judeus e cristãos é a noção de que há uma criação", ele disse com otimismo. "Se tivermos sucesso em conectar cientistas de diferentes religiões, isto pode até mesmo ser aplicado nas escolas e nas aulas". A ameaça do antievolucionismo apoiado pelo estado levou um escritor de ciência em Amsterdã a perguntar: "A Holanda está se tornando o Kansas da Europa?"[8]

Antievolucionistas italianos formaram uma sociedade no início da década de 1990 dedicada à introdução "da mensagem bíblica da criação e estudos científicos que a confirmam em escolas públicas e privadas", mas a maioria dos acadêmicos italianos ignorou a ameaça até o início de 2004, quando o partido político de direita Alleanza Nazionale começou a dispensar a evolução como "conto de fadas" e ligar o darwinismo ao marxismo. Por volta da mesma época, o ministro italiano de educação, universidades e pesquisa chocou a nação com o plano de eliminar o ensino da evolução para os alunos entre 11 e 14 anos. Estima-se que entre 46 e 50 mil italianos irados, incluindo centenas de proeminentes cientistas, levantaram-se em protesto ao que viam como "parte de uma crescente tendência

---

[8] Ulrich Kutschera, "Darwinism and Intelligent Design: The New Anti-Evolutionism Spreads in Europe", 23 (setembro-dezembro de 2003): 17-18 (poli). Martin Enserink, "Is Holland Becoming the Kansas of Europe?" *Science* 308 (2005): 1394. Consultar também Ulrich Kutschera, "Low-Price 'Intelligent Design' Schoolbooks in Germany", *NCSE Reports* 24 (setembro-outubro 2004):11-12.

anticientífica em nosso país", forçando o ministro a desistir. Para defender o darwinismo contra o criacionismo e restaurar a "sanidade" da educação científica, cientistas preocupados em 2005 formaram a Society for Evolutionary Biology [Sociedade pela biologia evolutiva].[9]

Quase imediatamente após a queda do Muro de Berlim em 1989 e a dissolução da União Soviética dois anos depois, conservadores cristãos começaram a inundar os países anteriormente comunistas da Europa oriental. Em alguns anos, missionários criacionistas haviam tido sucesso na plantação de novas sociedades na Polônia, Hungria, Romênia, Sérvia, Rússia e Ucrânia. Em 2004 o ministro da educação da Sérvia, que favorecia o ensino do criacionismo, informou professores de escola primária que eles não mais deveriam fazer os alunos lerem um capítulo "dogmático" sobre Darwinismo em um livro-texto comumente usado na oitava série. No ano seguinte, o ministro da educação romeno deu permissão para professores tanto em escolas públicas como em escolas cristãs a optar pelo uso de uma alternativa criacionista ao livro-texto de biologia padrão. Em 2006 o ministro da educação da Polônia repudiou a evolução, enquanto seu representante a dispensou como "uma mentira... um erro legalizado como verdade".[10]

O criacionismo na Rússia floresceu no início da década de 1990 sob a liderança energética de Dmitri A. Kouznetsov, que alegava ter três doutorados em ciência. (Ele foi posteriormente exposto como fraude e brevemente preso nos Estados Unidos por emitir cheques sem fundo.) Em 1994

---

[9] "Creationism in Italy", *Acts & Facts* 21 (março de 1992): 5; "Italian Website Now Online!" *Answers Update* 9 (abril de 2002): 19; Silvano Fuso, "Antidarwinism in Italy", www.cicap.org/en_artic/at101152.htm (acessado em 19 de setembro de 2008), o *website* do Italian Committee for the Investigation of Claims on the Paranormal; Massimo Polidoro, "Down with Darwin! How Things Can Suddenly Change for the Worse When You Least Expect It", *Skeptical Inquirer* 28 (julho-agosto 2004): 18-19; Frederica Saylor, "Italian Scientists Rally Behind Evolution", *Science & Theology News* (julho-agosto 2004): 1, 5; "Italians Defend Dar win", *Science* 309 (2005): 2160.

[10] "Report from Romania!" *Answers Update* 9 (fevereiro de 2002): 15; Gabriel Curcubet, Romania Home Schooling Association, para o autor, 1 de junho de 2005; Misha Savic, "Serbian Schools Put Darwin Back in the Books", *Science & Theology News* (outubro de 2004): 6; Almut Graebsch, "Polish Scientists Fight Creationism", *Nature* 443 (2006): 890-91. Consultar também Maciej Giertych, "Creationism, Evolution: Nothing Has Been Proved", *Nature* 444 (2006): 265. O ministro sérvio subsequentemente foi forçado a pedir demissão.

TERRA PLANA, GALILEU NA PRISÃO E OUTROS MITOS SOBRE CIÊNCIA E RELIGIÃO   **295**

o departamento de educação alternativa e extracurricular do ministério da educação russo copatrocinou uma conferência criacionista, onde um vice-ministro da educação estimulou que o criacionismo fosse ensinado para ajudar a restaurar a liberdade acadêmica na Rússia após anos de ortodoxia científica aplicada pelo Estado. "Nenhuma teoria", declarou um acadêmico, "deve ser descontada após a longa censura comunista". O ministro recrutou Duane Gish do ICR pra desenvolver materiais curriculares no assunto das origens. No final da década de 1990, relatórios chegavam à América do Norte "que cientistas russos desesperadamente precisavam de recursos para deter o aumento incessante do criacionismo em seu país". Um observador descreveu São Petersburgo como sendo "inundado por traduções em russo de livros e panfletos sobre a 'ciência da criação'".[11]

Após um começo lento na América Latina, criacionistas viram "uma explosão" de interesse no final da década de 1990, paralelo ao cristianismo evangélico de forma geral. Em nenhum lugar na América do Sul os antievolucionistas fizeram mais incursões do que no Brasil, onde, de acordo com uma pesquisa em 2004, 31% da população acreditava que "os primeiros humanos foram criados a não mais que 10 mil anos atrás", e a maioria esmagadora favorecia o ensino do criacionismo. Em 2004 a governadora evangélica no estado do Rio de Janeiro anunciou que as escolas públicas ensinariam o criacionismo. "Não acredito na evolução das espécies", declarou. "É apenas uma teoria". Evolucionistas tentaram montar um protesto, mas, diferente de seus colegas na Itália, não conseguiram gerar muito interesse. A maioria católica do país, explicou um cientista desencorajado, havia ficado confusa e dominada pelos protestantes agressivos que "importaram o criacionismo dos EUA".[12]

---

[11] "Second Moscow International Symposium on Creation Science", *Acts & Facts* 23 (julho de 1994): 2-3; "Creation Science Conference in Moscow", *Acts & Facts* 24 (dezembro de 1995): 1-2; "Creationist Curriculum in Russia", *Acts & Facts* 24 (abril de 1996): 2; John e Svetlana Doughty, "Creationism in Russia", *Impact* No. *288,* suplemento ao *Acts & Facts* 25 (junho de 1997): i-iv; "Creation International", *Acts & Facts* 31 (2002): 1-2; Massimo Polidoro, "The Case of the Holy Fraudster", *Skeptical Inquirer* 28 (março/abril 2004): 22-24; Molleen Matsumura, "Help Counter Creationism in Russia", *NCSE Reports* 19 (No. 3, 1999): 5.
[12] "ICR Spanish Ministry Exploding Across the World!" *Acts & Facts* 31 (novembro de 2002): 2;

Na Ásia, os coreanos surgiram como *o* centro de poder criacionista, propagando a mensagem tanto em seu país como no exterior. Desde sua fundação no inverno de 1980-1981, a grande Christian Korea Association of Creation Research (KACR) [Associação cristã coreana de pesquisa da criação] floresceu. Em quinze anos de sua fundação a associação gerou dezesseis filiais, recrutou diversas centenas de membros com doutorado de algum tipo, e publicou dezenas de livros criacionistas e uma revista bimestral, *Creation* [Criação], com uma circulação de 4 mil exemplares. Em 2000 os membros estavam em 1.365, proclamando a Coreia do Sul como a capital criacionista do mundo, não por influência, mas por densidade. Na década de 1980 a associação começou o proselitismo entre coreanos na costa oeste da América do Norte, o que levou à formação de diversos grupos locais. Em 2000 a KACR despachou seu primeiro missionário da ciência da criação para a Indonésia muçulmana, para onde há algum tempo a associação enviava palestrantes.[13]

Por décadas o criacionismo se manteve largamente confinado aos enclaves cristãos. Mas em meados de 1980 o ICR recebeu uma ligação de um ministro da educação muçulmano na Turquia dizendo que "ele queria eliminar o ensino dominante secular baseado apenas em evolução em suas escolas e substituí-lo com um currículo que ensinasse os dois modelos, evolução e criação, de forma justa". Visto que seguiam o Corão na crença de que Alá havia criado o mundo em seis dias (em um período não especificado

---

Eliane Brum, "E no princípio era o que mesmo?" *Época,* Edição 346, 3 de janeiro de 2005 (http://revistaepoca.globo.com/Revista/Epoca/0,,EMI48177-15228,00-E+NO+PRINCIPIO+ERA+O+-QUE+MESMO.html), se referindo à pesquisa de 2004; Jaime Larry Benchimol, "Editor's Note", *História, Ciências, Saúde-Manguinhos* 11 (2004): 237-38; Frederica Saylor, "Science, Religion Clash in Schools around the Globe", *Science & Theology News* 5 (setembro de 2004): 16; Nick Matzke, "Teaching Creationism in Public School Authorized in Rio de Janeiro, Brazil", 14 de julho de 2004 (www.ncseweb.org); Daniel Sottomaior ao autor, 29 de maio de 2005.

[13] Young-Gil Kim, "Creation Science in Korea", *Impact* No. *152,* suplemento ao *Acts & Facts* 15 (fevereiro de 1986): i-iv; Chon-Ho Hyon, "The Creation Science Movement in Korea", *Impact* No. *280,* suplemento ao *Acts & Facts* 25 (outubro de 1996): i-iv; "Can Creation Science Be Found Outside America?" *Acts & Facts* 30 (março de 2001): 4 (maior); "Korea Association of Creation Research Begins West Coast Ministry", *Acts & Facts* 28 (março de 1999): 3; Paul Seung-HunYang ao autor, 24, 28 de julho e 1 de agosto de 2000; Kyung Kim ao autor, 1 de agosto de 2000 (afiliação, Indonésia).

no passado), muitos muçulmanos acharam os argumentos dos criacionistas cristãos sedutores. Como resultado do contato entre o ministro de educação e o ICR, diversos livros de criacionismo norte-americanos foram traduzidos para turco, e cópias gratuitas do *Scientific Creationism* [Criacionismo científico] foram enviadas para todos professores de ciências em escolas públicas na Turquia.[14]

Em 1990 um pequeno grupo de abastados jovens turcos em Istambul formou a Science Research Foundation (BAV) [Fundação de pesquisa da criação], dedicada à promoção de uma cosmologia imaterial e a se opor à evolução. No centro da organização estava o carismático Harun Yahya, pseudônimo Adnan Oktar, aluno de *design* de interiores e de filosofia que havia se tornado imame. Apoiado por seus seguidores, ele produziu quase 200 livros, incluindo *The Evolution Deceit: The Collapse of Darwinism and Its Ideological Background* [O engano da evolução: O colapso do darwinismo e seu pano de fundo ideológico] (1997). A evolução, explicou ele, negava a existência de Alá, abolia valores morais, e promovia o comunismo e o materialismo. Na década seguinte a BAV doou milhares de cópias de seu livro, em idiomas variando do árabe ao urdu.[15]

Até o final do século 20 até mesmo os judeus mais ortodoxos, que tipicamente não aceitavam a evolução, raramente prestavam atenção aos criacionistas cristãos – ou a qualquer tipo de argumento científico contra

---

[14] "ICR Book Used in Turkey", *Acts & Facts* 16 (julho de 1987): 2; Ümit Sayin and Aykut Kence, "Islamic Scientific Creationism: A New Challenge in Turkey", *NCSE Reports* 19 (novembro/dezembro 1999): 18-20, 25-29; Robert Koenig, "Creationism Takes Root Where Eu rope, Asia Meet", *Science* 292 (2001): 1286-87.

[15] Harun Yahya, *The Evolution Deceit: The Collapse of Darwinism and Its Ideological Background*, trans. Mustapha Ahmad (Londres: Ta-Ha Publishers, 1999; inicialmente publicado na Turquia em 1997), 1-2; detalhes biográficos vêm de entrevistas pessoais com Adnan Oktar Mustafa Akyol, em 18 de dezembro de 2000, e de uma breve biografia que aparece em www. arunyahya.net: "The Author Biography: The Story of Adnan Oktar's Life & Ministry". Para um relato mais completo de Harun Yahya e BAV, consultar Numbers, *The Creationists*, 421-27. Sobre o criacionismo muçulmano, consultar também Seng Piew Loo, "Scientific Understanding, Control of the Environment and Science Education", *Science & Education* 8 (1999): 79-87; e Martin Riexinger, "The Reaction of South Asian Muslims to the Theory of Evolution; or, How Modem Are the Islamists?" Eighteenth European Conference on Modem South Asian Studies, Lund, 5-9 de julho de 2004, em www.sasnet.iu.se/panelabstracts/44.html.

298 COLEÇÃO FÉ, CIÊNCIA & CULTURA

a evolução. Em 2000, porém, um grupo de antievolucionistas judeus em Israel e nos Estados Unidos formou a Torah Science Foundation (TSF) [Fundação de ciência da Torá]. Por trás desta iniciativa estava a influência do falecido Lubavitcher rebbe Menachem Mendel Schneerson, que insistia que a evolução "não tem um pingo de *evidência* para apoiá-la". O chefe do TSF, Eliezer (Eduardo) Zeiger, professor de ecologia e biologia evolutiva na Universidade da Califórnia, em Los Angeles, advogou o que ele chamava de "Evolução *Kosher*". Como os cristãos criacionistas da Terra jovem, ele aceitava a microevolução e rejeitava a macroevolução. Para distinguir suas visões das deles, ele enfatizava seu "acesso à sabedoria interior da Torá, que inclui Cabala e filosofia chassídica.[16]

Inicialmente, poucos observadores notaram o alastramento do criacionismo fora dos Estados Unidos. Em 2000, porém, a revista britânica *New Scientist* [Novo cientista] dedicou a matéria de capa estimulando os leitores a "começarem a se preocupar agora" porque "do Kansas à Coreia, o criacionismo está inundando a Terra". Apesar deste desenvolvimento parecer quase "inacreditável", a revista descreveu o criacionismo como "sofrendo mutação e se espalhando" pelo mundo, "até mesmo se unindo com pessoas de pensamento similar no mundo muçulmano". Apenas cinco anos depois, representantes das academias nacionais de ciência ao redor do mundo se uniram na assinatura de uma declaração apoiando a evolução e condenando o alastramento global de "teorias não testáveis pela ciência".[17] Contrário a quase todas as expectativas, barreiras geográficas,

---

[16] Alexander Nussbaum, "Creationism and Geocentrism among Orthodox Jewish Scientists", *NCSE Reports* 22 (janeiro-abril 2002): 38-43, citações na p. 39; M. M. Schneersohn, "A Letter on Science and Judaism, " em *Challenge: Torah Views on Science and Its Problems,* ed. Aryeh Carmell and Cyril Domb (Jerusalém: Feldheim Publishers, 1976), 142-49. Consultar também o texto de Schneerson, "The Weakness of the Theories of Creation" (1962) em www.daat.ac.il/daat/english/weakness.htm. Sobre a influência de Schneerson sobre a ciência da Torá, consultar a declaração de Tsvi Victor Saks em www.torahscience.org/community/saks.html. Para as visões de Zeiger, consultar o *TSF Newsletter* 3 (dezembro de 2003) em www.torahscience.org/newsletterl.html.

[17] MacKenzie, "Unnatural Selection", 35-39, além da capa de 22 de abril de 2000, edição e editorial na p. 3; Interacademy Panel on International Issues, "IAP Statement on the Teaching of Evolution", dezembro de 2005, cópia pessoal. Consultar também Gross, "US-Style Creationism Spreads to Europe", R265-66; e Kutschera, "Darwinism and Intelligent Design", 17-18.

teológicas e políticas falharam por completo em conter o que havia começado como um movimento distintivamente norte-americano para criar uma alternativa à evolução baseada na Bíblia.

MITO 25

Que a ciência moderna secularizou a cultura Ocidental

John Hedley Brooke

Devo sugerir que a existência de Deus é uma hipótese científica como qualquer outra.

– Richard Dawkins, *Deus, um Delírio* [The God Delusion] (2006)

A crença em poderes sobrenaturais está fadada a morrer, por todo o mundo, como resultado da crescente adequação e difusão do conhecimento científico.

– Anthony F. C. Wallace, *Religion: An Anthropological View* [Religião: uma visão antropológica] (1966)

E m novembro de 2006 um novo "Centro para Investigação" teve sua coletiva de imprensa inaugural em Washington, D.C. Sua meta? "Promover e defender a razão, a ciência e a liberdade de investigação em todas as áreas do empreendimento humano". Isto foi visto como necessário por causa do "ressurgimento de religiões fundamentalistas em toda a nação, e sua aliança com movimentos político-ideológicos para bloquear a ciência". Proeminentes cientistas assinaram uma declaração lamentando a "persistência de crenças paranormais e ocultas" e um "recuo ao misticismo". Sua crítica era que políticas públicas deveriam ser moldadas por valores seculares e que a ciência e o secularismo são "inseparavelmente unidos".[1] Se assim o são, e se Richard Dawkins (n. 1941) está correto em ver a existência de Deus como uma hipótese "científica" vulnerável, parece razoável afirmar que o progresso científico tem sido a principal causa da secularização. Esta alegação, porém, pertence a uma categoria de propostas "obviamente verdadeiras" que, ao se examinar de perto, são enormemente falsas.[2]

---

[1] Center for Inquiry, "Declaration in Defense of Science and Secularism", em www.cfidc.org/declaration.html (acessado em 9 de maio de 2007).

[2] David Martin, "Does the Advance of Science Mean Secularisation?" *Science and Christian Belief* 19 (2007): 3-14.

Assim como com muitos mitos, a proposta de que a "ciência causa a secularização" contém elementos de verdade. Definições de secularização geralmente se referem ao deslocamento da autoridade e controle religioso por poderes cívicos, e a perda de crenças características das tradições religiosas. Se o conhecimento científico teve um efeito corrosivo, dando suporte às visões de mundo menos dominadas pelo sobrenatural, é possível ver por que são feitas correlações entre o progresso científico e a secularização. Se, como Thomas Hobbes (1588-1679) argumentou, as origens da crença religiosa estão no medo e incompreensão das forças da natureza, então à medida que o conhecimento substitui a ignorância, a superstição certamente iria regredir. Onde a explicação científica permanecesse incompleta, pensadores religiosos poderiam tapar os espaços com seus deuses, mas futuro avanço científico iria novamente reduzir sua influência, e assim por diante. Além disso, o conteúdo das teorias científicas às vezes entrou em choque com leituras convencionais dos textos sagrados. Isto foi verdade para explicações sobre o movimento da Terra no tempo de Galileu, e sobre relatos evolutivos das origens humanas com Darwin. Estas não são instâncias da ciência promovendo a secularização? A introdução da educação, filosofia e tecnologia ocidentais no século 19 na Índia teve consequências descritas como "uma secularização profunda em massa".[3] Se mais evidência for necessária em outras tradições culturais, como o judaísmo, muitos cientistas de destaque no século 20 eram "judeus não-judaicos".[4]

A questão é se estes elementos de verdade constituem toda a verdade, ou se o "mito" discutido neste capítulo escapou da crítica ao menos parcialmente por seu uso evidente na promoção da ciência e supressão da religião. A fórmula "ciência causa secularização" certamente é enganosa. Seriam esses dois processos realmente "inseparavelmente" ligados? A evidência histórica sugere que não. Uma associação da racionalidade

---

[3] David L. Gosling, *Science and the Indian Tradition* (Londres: Routledge, 2007), 67.
[4] Noah Efron, *Judaism and Science: A Historical Introduction* (Westport, Conn.: Greenwood Press, 2007), 205.

científica com uma mentalidade secular é comumente assumida por cientistas naturais, muitos dos quais se alegram no que veem como o efeito corrosivo dos métodos empíricos rigorosos sobre a religião. Em contraste, muitos cientistas sociais agora rejeitam o que era conhecido como a tese da secularização – que o inexorável esgotamento da autoridade e função religiosa é irreversível em sociedades permeadas pela ciência e tecnologia.[5] Paradoxalmente, a urgência do apelo do Centro de Investigação suporta a visão encontrada pelos cientistas sociais – que as crenças e práticas religiosas podem florescer e até mesmo ganhar nova lealdade em sociedades significativamente avançadas tecnologicamente.

As tecnologias baseadas em ciência certamente ultrapassaram largamente os resultados da contemplação ou súplica no controle das forças naturais. Seus efeitos sobre a prática religiosa, porém, são estranhamente diversos. Indiretamente, ao facilitar novos modos de transporte e recreação, elas contribuíram para o crescimento de alternativas sedutoras à vida religiosa. Mas as novas tecnologias também facilitam a prática religiosa; por exemplo, em algumas comunidades judaicas elevadores e fornos pré--programados têm sido usados para que se cumpram as ordens do Shabat. No nível da teoria científica existe a complicação de que a forma e até o conteúdo das teorias científicas pode *refletir* os valores consagrados em determinada sociedade da mesma forma como podem *produzi-los*.[6]

Há uma importante diferença entre a secularização *da* ciência e a secularização *pela* ciência. A linguagem religiosa praticamente desapareceu da literatura científica técnica ao final do século 19; mas isto não significa que crenças religiosas não eram mais encontradas entre cientistas. Crucialmente, o significado cultural dado a descobertas e teorias científicas tem dependido das pressuposições de cada época. Cientistas com convicções

---

[5] Peter L. Berger, ed., *The Desecularization of the World: Resurgent Religion and World Politics* (Grand Rapids, Mich.: Eerdmans, 1999); Ronald L. Numbers, "Epilogue: Science, Secularization, and Privatization", em *Eminent Lives in Twentieth-Century Science and Religion*, ed. Nicolaas A. Rupke (Frankfurt: Peter Lang, 2007), 235-48.

[6] John Hedley Brooke, Margaret Osler e Jitse Van Der Meer, eds., *Science in Theistic Contexts: Cognitive Dimensions, Osiris* 16 (2001).

TERRA PLANA, GALILEU NA PRISÃO E OUTROS MITOS SOBRE CIÊNCIA E RELIGIÃO **305**

religiosas geralmente acham confirmação de sua fé pela beleza e elegância dos mecanismos que sua pesquisa descobre.[7] Para o astrônomo do século 17, Johannes Kepler (1571-1630), a elegância matemática das leis descrevendo o movimento planetário motivaram sua confissão que ele havia sido levado por um "entusiasmo indizível pelo espetáculo divino de harmonia celeste".[8] Um exemplo contemporâneo seria o antigo diretor do Projeto Genoma Humano, Francis Collins (n. 1950), que vê seu trabalho como o desvendar de um código dado por Deus.[9]

Ao invés de ver a ciência como o principal agente da secularização, é mais correto dizer que teorias científicas geralmente são suscetíveis tanto a leituras teístas quanto naturalistas. Historicamente elas têm fornecido recursos para ambas.[10] Às vezes o mesmo conceito é manipulado para gerar um senso de sagrado ou de profano. Isto é verdade para a possivelmente mais corrosiva de todas as teorias científicas: a teoria da evolução por seleção natural, de Charles Darwin (1809-1882). Para Richard Dawkins, Darwin fez com que fosse possível ser um ateu intelectualmente realizado. Mas é fácil esquecer que entre os primeiros simpatizantes de Darwin estavam ministros religiosos cristãos como Charles Kingsley (1819-1875) e Frederick Temple (1821-1902). Kingsley encantava Darwin com a sugestão de que um Deus que podia "criar coisas que se criam sozinhas" era mais admirável que um que simplesmente criava coisas.[11] Temple, que abraçou a extensão da lei natural porque ela dava suporte analógico para a crença em uma lei moral, posteriormente se tornou Arcebispo de Cantuária, primado da igreja inglesa.[12] Apesar de agnóstico no fim da vida, Darwin negava ter

---

[7] John Brooke e Geoffrey Cantor, *Reconstructing Nature: The Engagement of Science and Religion* (Edinburgh: T & T Clark, 1998), 207-43.

[8] Max Caspar, *Kepler* (Londres: Abelard-Schuman, 1959), 267.

[9] Francis Collins, *The Language of God: A Scientist Presents Evidence for Belief* (Londres: Free Press, 2006).

[10] John Hedley Brooke, "Science and Secularization", em *Reinventing Christianity*, ed. Linda Woodhead (Aldershot: Ashgate, 2001), 229-38.

[11] Frederick Burkhardt, ed., *The Correspondence of Charles Darwin*, vol. 7 (Cambridge: Cambridge University Press, 1991), 380, 407, 409.

[12] John Durant, ed., *Darwinism and Divinity* (Oxford: Blackwell, 1985), 19-20, 28.

306 COLEÇÃO FÉ, CIÊNCIA & CULTURA

sido ateu, e frequentemente se referia a desfechos evolutivos como o resultado de leis impressas ao mundo por um criador.[13]

Ao invés de ver a ciência como intrinsicamente e inextricavelmente secular, seria mais correto vê-la como neutra com relação a questões sobre a existência de Deus. De forma interessante, esta *era* a visão do mais vigoroso popularizador de Darwin, Thomas Henry Huxley (1825-1895), de quem Dawkins precisa, portanto, se afastar.[14] Para Huxley, a ciência não era nem cristã nem anticristã, mas extracristã, significando que tinha um escopo e uma autonomia independentes de interesses religiosos; por isso sua insistência de que a teoria de Darwin não tinha mais relação com o teísmo do que tinha o primeiro livro de Euclides, significando que não tinha nada a dizer sobre a questão mais profunda, de se os processos evolutivos em si poderiam ter sido plantados em um *design* original.[15] A questão urgente não é se a teoria de Darwin tem sido usada para justificar a descrença – como muitas vezes é usada – mas se seu uso como justificativa esconde outros motivos, mais importantes, para a descrença. Conforme James R. Moore deixa claro no Mito 16, os principais motivos da descrença de Darwin não derivavam do papel que ele dava às causas naturais para explicar a origem das espécies. Como outros pensadores vitorianos, Darwin reagia fortemente contra a pregação evangélica cristã sobre céu e inferno. Membros de sua família haviam sido livre-pensadores não religiosos: seu avô Erasmus havia sido um defensor precoce da evolução orgânica, seu pai provavelmente era ateu, seu irmão Erasmus certamente era. A doutrina de que após a morte eles sofreriam condenação eterna era, para Charles, uma "doutrina maldita".[16] Ele também era sensível à extensão da dor e sofrimento no mundo, que ele descreveu como um dos mais fortes argumentos

---

[13] John Hedley Brooke, "'Laws Impressed on Matter by the Deity'? The *Origin* and the Question of Religion", no *The Cambridge Companion to the* Origin of Species (Cambridge: Cambridge University Press, 2008).

[14] Dawkins, *God Delusion*, 50.

[15] T. H. Huxley, "On the Reception of the 'Origin of Species,'" em *The Life and Letters of Charles Darwin*, ed. Francis Darwin, 3 vols. (Londres: Murray, 1887), 2:179-204.

[16] Charles Darwin, *The Autobiography of Charles Darwin, 1809-1882, with Original Omissions Restored*, ed. Nora Barlow (Londres: Collins, 1958), 87.

TERRA PLANA, GALILEU NA PRISÃO E OUTROS MITOS SOBRE CIÊNCIA E RELIGIÃO **307**

contra a crença em uma deidade benevolente. Cada preocupação destas foi cristalizada por mortes em sua família – a de seu pai no final da década de 1840 e a de sua filha de dez anos, Annie, no início de 1851. Darwin acreditava que, à medida que a ciência avança, apelos ao milagroso se tornam mais inacreditáveis; mas sua perda de fé tinha raízes existenciais mais profundas.[17] O mito consiste na visão de que a ciência, *mais que qualquer outro fator*, é o agente da secularização.

Os fatores realmente podem ser pesados? Tentativas impressionantes de fazer isso parecem confirmar que dar a primazia à ciência é um erro. Anos atrás uma socióloga investigou as razões dadas por secularistas, no período de 1850 a 1960, para sua conversão do cristianismo à incredulidade.[18] Lendo o testemunho direto de cento e cinquenta incrédulos e relatando evidências de duzentas biografias adicionais, ela concluiu que a ciência mal era mencionada. Conversões à incredulidade eram geralmente associadas à mudança de uma posição política conservadora para uma mais radical, com a religião sendo rejeitada como parte da sociedade estabelecida e privilegiada. A leitura de textos radicais, como *The Age of Reason* [A era da razão] (1794-1795) de Thomas Paine (1737-1809), foi outra influência proeminente.[19] Ironicamente, um dos livros frequentemente mencionados era a própria Bíblia, cujo estudo cuidadoso revelava o que percebia-se como inconsistências, absurdos ou (particularmente no Antigo Testamento) relatos de uma divindade vingativa e antropomórfica. Em 1912 o presidente da National Secular Society [Sociedade nacional secular] na Inglaterra insistiu que histórias bíblicas de "lascívia, adultério, incesto e vício antinatural" eram "suficientes para envergonhar um bordel".[20] O fato de que todos setores cristãos, e na realidade todas as religiões, alegam sua própria linha direta de conexão com a verdade, foi um fator fundamental,

---

[17] Consultar James Moore, Mito 16 neste livro.

[18] Susan Budd, *Varieties of Unbelief: Atheists and Agnostics in English Society, 1850-1960* (Londres: Heinemann, 1977).

[19] Ibid., 107-9.

[20] Ibid., 109.

e que não tinha relação nenhuma com a ciência. A percebida imoralidade em certas doutrinas religiosas, principalmente com relação à vida após a morte, e o percebido comportamento imoral de alguns ministros religiosos alimentou a rejeição da autoridade religiosa. O argumento que ateus poderiam ser tão morais quanto os fiéis também teve seu impacto. Pesquisas históricas, mais do que científicas, provavam ser subversivas à medida que os escritores bíblicos passaram a ser vistos não como autoridades atemporais, mas como produtos de sua própria cultura.

Mary Douglas, uma importante antropóloga, observou que aqueles que imaginam que a ciência é a principal causa da secularização esquecem que a atividade religiosa é baseada em relações sociais, e não primariamente em conceitos da natureza.[21] Consequentemente, é mais sábio olhar para mudanças de longo prazo na estrutura social e mudanças na própria religião para entender o impulso da secularização. Em meados do século 19, quando a ideia do conflito entre a ciência e a religião primeiramente chegou ao público, as mudanças que mais precipitaram a reação secular vieram de *dentro* do cristianismo protestante e católico. Defesas da inerrância das Escrituras podiam levar a uma pouco atraente bibliolatria. Similarmente, alegações da infalibilidade papal em questões de fé e doutrina (1870) e as restrições do Sílabo dos Erros publicado pela Igreja Católica em 1864 contrariou a muitos, incluindo John William Draper, cujo *History of the Conflict Between Religion and Science* [A história do conflito entre religião e ciência] (1874) promulgou uma resiliente, mesmo que exagerada, tese de que a ciência e o cristianismo católico eram inimigos mortais.[22] Em períodos anteriores, a intolerância demonstrada por denominações religiosas aos dissidentes trouxe atitudes críticas durante o Iluminismo, especialmente na França, onde a briga de Voltaire

---

[21] Mary Douglas, "The Effects of Modernization on Religious Change", *Daedalus,* impresso como *Proceedings of the American Academy of Arts and Sciences* 111 (1982): 1-19.

[22] James R. Moore, *The Post-Darwinian Controversies: A Study of the Protestant Struggle to Come to Terms with Darwin in Great Britain and America, 1870-1900* (Cambridge: Cambridge University Press, 1979), 24-29.

TERRA PLANA, GALILEU NA PRISÃO E OUTROS MITOS SOBRE CIÊNCIA E RELIGIÃO   **309**

com a Igreja Católica era primariamente por motivos morais e políticos. Como Voltaire (1694-1778) percebeu, a ciência de Newton na verdade apoiava o teísmo e não o ateísmo – e continuou a fazê-lo.[23]

Em tempos modernos, a expansão do secularismo pode ser correlacionada com transformações sociais, políticas e econômicas que tem pouca ligação direta com a ciência. Historiadores apontam para a crescente mobilidade social e geográfica que tem fraturado comunidades anteriormente unidas por valores religiosos comuns. O crescimento do capitalismo, comércio e consumo tem alimentado um hedonismo perverso que ameaça o compromisso com instituições religiosas e seus objetivos de longo prazo. Atrações concorrentes encorajam a marginalização da devoção religiosa. Valores seculares são fortemente promovidos na educação e pela mídia. Em alguns países a solidariedade religiosa é substituída pela solidariedade nacional ou pela ideologia de partidos políticos. O fato destas transformações acontecerem em diferentes ritmos em diferentes culturas significa que "não há relação consistente com o nível de avanço científico e um perfil reduzido de influência, crença e prática religiosas".[24]

Como diferentes países e culturas experimentam a tensão entre valores seculares e religiosos de diferentes formas, não há um único processo universal de secularização que possa ser colocado sobre a ciência ou qualquer outro fator. A liberdade nos Estados Unidos de se crer em mais ou menos qualquer coisa a partir de uma variedade de ideias, ideais e terapias faz forte contraste às restrições repressivas que operam em sociedades como a antiga Alemanha Oriental, onde, sob o regime comunista, tal liberdade de expressão era negada. De forma interessante, onde nações com uma forte tradição religiosa foram oprimidas por um poder estrangeiro, a religião muitas vezes reforça um sentimento de identidade nacional que se liberta de suas cadeias com uma nova vitalidade quando a liberdade é conquistada. A força do catolicismo na Polônia é um exemplo moderno. O colapso

---

[23]   Bernard Lightman, "Science and Unbelief", in *Science and Religion around the World*, ed. John Hedley Brooke e Ronald L. Numbers (Nova York: Oxford University Press, 2009).

[24]   Martin, "Advance of Science", 9.

da ideologia comunista na própria Rússia permitiu que a união antiga de fé e nação fosse despertada. A história da secularização na França foi muito diferente da história nos Estados Unidos, onde tendências centralizadoras de todo tipo foram resistidas. Em outra reviravolta na história, comentários antirreligiosos agressivos feitos por cientistas veementes frequentemente suscitam reações fortes dos que encontram em sua prática religiosa um sentido e orientação que o conhecimento científico sozinho não parece ser capaz de fornecer.

Sem dúvidas a ciência pode ser, por definição, ligada à secularização. O *Shorter Oxford English Dictionary* [Breve dicionário de língua inglesa de Oxford] define *secular* como significando "do mundo", especialmente em contraste com a igreja. A ligação com a ciência se torna quase necessária por definição, porque cientistas se devotam ao estudo do mundo, sua história e seus mecanismos. Mas esta é uma grande simplificação de uma questão complexa. Muitos cientistas acham possível harmonizar sua fé e a ciência. Previsões feitas há muito tempo de que o progresso científico futuro iria banir a religião agora parecem ingênuos. Logo antes da Primeira Guerra Mundial, o psicólogo James Leuba (1867-1946) conduziu uma pesquisa em que mil cientistas norte-americanos foram perguntados se acreditavam em um Deus pessoal "a quem podemos orar com expectativa de receber uma resposta". A porcentagem que concordava com esta crença foi 41,8. Leuba previu que com o avanço da ciência esta porcentagem diminuiria.[25] Quando os resultados de uma pesquisa idêntica foram publicados em *Nature* em 1998, a porcentagem era quase idêntica: 39,3.[26] Há evidências de um grau mais alto de ceticismo religioso entre os cientistas ilustres, e há a percepção de que há poucos teístas entre biólogos.[27] Mas os

---

[25] Numbers, *Science and Christianity*, 135.

[26] Edward J. Larson e Larry Witham, "Scientists Are Still Keeping the Faith", *Nature* 386 (1997): 435-36.

[27] Edward J. Larson e Larry Witham, "Leading Scientists Still Reject God", *Nature* 394 (1998): 313. Para uma pesquisa recente de 1.646 cientistas, consultar Elaine Howard Ecklund, "Religion and Spirituality among Scientists", *Contexts* 7, no. 1 (2008): 12-15. [Dados desta pesquisa foram recentemente publicados no livro: Elaine Howard Ecklund, *Science vs. Religion: What Scientists Really Think*. Oxford: Oxford University Press, 2012.]

dados relatados na *Nature* pelo menos problematizam a alegação de que a ciência leva à secularização. Esta alegação é um mito. Esta notícia pode não ser bem-vinda por cientistas que desejam investir excessivo significado cultural em sua ciência. Como um grande especialista em secularização notou recentemente, é uma peculiaridade interessante que cientistas não acreditam nos dados sobre o que eles acreditam.[28]

---

[28] Martin, "Advance of Science", 5.

CONTRIBUINTES

JOHN HEDLEY BROOKE é professor emérito Andreas Idreos de Ciência e Religião na Universidade de Oxford. Suas muitas publicações incluem *Science and Religion: Some Historical Perspectives* [Ciência e religião: perspectivas históricas], ganhador do Prêmio Watson Davis da History of Science Society em 1992, e (com Geoffrey Cantor) *Reconstructing Nature: The Engagement of Science and Religion* [Reconstruindo a natureza: a união da ciência e da religião], originalmente dado como Gifford Lectures.

LESLEY B. CORMACK é deã de Artes e Ciências Sociais na Universidade Simon Fraser. Ela é autora de *Charting an Empire: Geography at the English Universities, 1580-1620* [Mapeando um império: geografia nas universidades britânicas, 1580-1620], e coautora (com Andrew Ede) do *A History of Science in Society: From Philosophy to Utility* [História da ciência na sociedade: da filosofia à utilidade].

DENNIS R. DANIELSON é professor de Inglês na Universidade de British Columbia. Ele é editor do *The Book of the Cosmos: Imagining the Universe from Heraclitus to Hawking* [O livro do cosmos: imaginando o universo de Heráclito a Hawking], e autor do *The First Copernican: Georg Joachim Rheticus and the Rise of the Copernican Revolution* [O primeiro copernicano: Georg Joachim Rheticus e a ascensão da revolução copernicana].

EDWARD B. DAVIS é professor de História da Ciência na Messiah College. Ele é editor (com Michael Hunter) da edição completa de *The Works of Robert Boyle* [Os trabalhos de Robert Boyle] e autor de um livro sobre as crenças religiosas de cientistas norte-americanos proeminentes na década de 1920.

314   COLEÇÃO FÉ, CIÊNCIA & CULTURA

NOAH J. EFRON é presidente do programa de Ciência, Tecnologia e Sociedade na Universidade Bar-Ilan em Israel e serve como presidente do Israeli Society for History and Philosophy of Science. Ele é autor do *Real Jews: Secular versus Ultra-Orthodox and the Struggle for Jewish Identity in Israel* [Judeus reais: secular *versus* ultra-ortodoxo e a luta pela identidade judaica em Israel] e *Judaism and Science: A Historical Introduction* [Judaísmo e ciência: Uma introdução histórica].

MAURICE A. FINOCCHIARO é professor ilustre emérito na Universidade de Nevada, Las Vegas. Entre seus muitos livros está *The Galileo Affair: A Documentary History* [O caso de Galileu: uma história documentária] e *Retrying Galileo, 1633- 1992* [O novo julgamento de Galileu, 1633-1992].

SYEO NOMANUL HAQ é professor na escola de Humanidades e Ciências Sociais na Universidade Lahore de Management Sciences, Paquistão, e professor convidado de Idiomas e Civilizações do Oriente Próximo na Universidade da Pennsylvania. Ele publica extensivamente no campo da história intelectual do Islã, incluindo o livro *Names, Natures and Things: The Alchemist Jabir ibn Hayyan and his Kitab al-Ahjar (Book of Stories)* [Nomes, natureza e coisas: o alquimista Jabir ibn Hayyan e seu Kitab al-Ahjajr (Livro de histórias)].

PETER HARRISON é Professor Andreas Idreos de Ciência e Religião na Universidade de Oxford, onde é também *fellow* do Harris Manchester College e Diretor do Ian Ramsey Centre. Seus diversos livros incluem *The Bible, Protestantism and the Rise of Natural Science* [A Bíblia, o protestantismo e a ascensão da ciência natural] e *The Fall of Man and the Foundations of Science* [A queda do homem e as fundações da ciência].

EDWARD J. LARSON é professor universitário de História na Universidade de Pepperdine, onde ocupa a cátedra Darling em Direito. Ele recebeu o Prêmio Pulitzer em história em 1998 por seu livro *Summer for the Gods: The Scopes Trial and America's Continuing Debate Over Science and Religion*

TERRA PLANA, GALILEU NA PRISÃO E OUTROS MITOS SOBRE CIÊNCIA E RELIGIÃO **315**

[Verão para os deuses: o julgamento de Scopes e o debate continuado na América do Norte sobre ciência e religião], o mais recente de seus muitos outros livrões é *A Magnificent Catastrophe: The Tumultuous Election of 1800, America's First Presidential Campaign* [Uma catástrofe magnífica: a tumultuosa eleição de 1800, a primeira campanha presidencial da América do Norte].

DAVID C. LINDBERG é professor emérito Hilldale de História da Ciência na Universidade de Wisconsin-Madison. Prévio presidente do History of Science Society e vencedor da Medalha Sarton, ele escreveu ou editou mais de uma dúzia de livros, incluindo o amplamente traduzido *The Beginnings of Western Science* [O início da ciência ocidental], que ganhou o Prêmio Watson Davis da History of Science Society em 1994.

DAVID N. LIVINGSTON é professor de Geografia e História Intelectual na Queen's University of Belfast. Membro da British Academy, ele é autor de diversos livros, incluindo *Putting Science in its Place* [Colocando a ciência em seu lugar], e *Adam's Ancestors: Race, Religion and the Politics of Human Origins* [Os ancestrais de Adão: raça, religião e a política das origens humanas].

JAMES MOORE é professor de História da Ciência na Open University na Inglaterra. Seus livros incluem *The Post-Darwinian Controversies: A Study of the Protestant Struggle to Come to Terms with Darwin in Great Britain and America, 1870-1900* [As controvérsias pós-darwinianas: um estudo sobre a luta protestante para aceitar Darwin na Grã-Bretanha e América do Norte, 1870-1900], e (com Adrian Desmond) a biografia *best-seller Darwin*, agora em oito idiomas.

RONALD L. NUMBERS é professor Hilldale de História da Ciência e Medicina, e Estudos Religiosos na Universidade de WisconsinMadison e presidente da International Union of the History and Philosophy of Science. Ele escreveu e editou mais de duas dúzias de livros, incluindo *The Creationists: From Scientific Creationism to Intelligent Design* [Os criacionistas: Do criacionismo científico ao design inteligente], e *Science and Christianity in Pulpit and Pew* [Ciência e cristianismo no púlpito e no banco].

MARGARET J. OSLER é professora de História e professora adjunta de Filosofia na Universidade de Calgary. Seus livros incluem *Divine Will and the Mechanical Philosophy: Gassendi and Descartes on Contingency and Necessity in the Created World* [Vontade divina e a filosofia mecanicista: Gassendi e Descartes sobre a contingência e necessidade no mundo criado], e o livro por vir, *Reconfiguring the World: Nature, God, and Human Understanding in Early Modern Europe* [Reconfigurando o mundo: natureza, Deus e o entendimento humano no início da Europa moderna].

KATHARINE PARK é professora Zemurray Stone Radcliffe de História da Ciência na Universidade Harvard. Suas muitas publicações incluem *Secrets of Women: Gender, Generation, and the Origins of Human Dissection* [Segredos das mulheres: gênero, geração e as origens da dissecação humana], e (com Lorraine Daston) *Wonders and the Order of Nature, 1150-1750*, [Maravilhas e a ordem da natureza, 1150-1750], que ganhou o Prêmio Pfizer da History of Science Society em 1999.

LAWRENCE M. PRINCIPE é professor Drew de Humanas na Johns Hopkins University, onde ele tem cadeiras no departamento de História da Ciência e Tecnologia e no departamento de Química. Ele é autor do *The Aspiring Adept: Robert Boyle and His Alchemical Quest* [O aspirante adepto: Robert Boyle e sua busca em alquimia], e (com William R. Newman) do *Alchemy Tried in the Fire: Starkey, Boyle, and the Fate of Helmontian Chymistry* [Alquimia testada a fogo: Starkey, Boyle e o destino da química Helmotiana], ganhador do Prêmio Pfizer dado pela History of Science Society em 2005.

ROBERT J. RICHARDS é professor Morris Fishbein de História da Ciência e Medicina na Universidade de Chicago, onde também leciona nos departamentos de história, filosofia e psicologia. Seus livros incluem *Darwin and the Emergence of Evolutionary Theories of Mind and Behavior* [Darwin e o surgimento das teorias evolucionárias da mente e comportamento], que ganhou o Prêmio Pfizer da History of Science Society em 1988; *The Romantic Conception of Life: Science and Philosophy in the Age of Goethe* [A concepção romântica da vida: ciência e filosofia na era de Goethe]; e *The Tragic Sense of Life: Ernst Haeckel and the Struggle over Evolutionary Thought* [O trágico sentido da vida: Ernst Haeckel e a luta sobre o pensamento evolutivo].

JON H. ROBERTS é o professor Tomorrow Foundation de História Intelectual Americana na Universidade de Boston. Ele é autor do *Darwinism and the Divine in America: Protestant Intellectuals and Organic Evolution, 1859-1900* [Darwinismo e o divino nos Estados Unidos, protestantes intelectuais e a evolução orgânica, 1859-1900], que ganhou o prêmio Frank S. and Elizabeth D. Brewer da American Society of Church History, e (com James Turner) *The Sacred and the Secular University* [A universidade sagrada e a secular].

NICOLAAS A. RUPKE é professor de História da Ciência e diretor do Institute for the History of Science na Universidade de Göttingen. Entre seus livros estão *The Great Chain of History: William Buckland and the English School of Geology, 1814-1849* [A grande cadeia da história: William Buckland e a escola de geologia britânica, 1814-1849], *Richard Owen: Victorian Naturalist* [Ricard Owen: naturalista vitoriano] e *Alexander von Humboldt: A Metabiography* [Alexander von Humboldt: Uma metabiografia].

MICHAEL RUSE é o professor Lucyle T. Werkmeister de Filosofia na Florida State University, onde dirige o programa na História e Filosofia da Ciência. Ele escreveu ou editou cerca de três dúzias de livros, incluindo *Darwin and Design: Does Evolution Have a Purpose?* [Darwin e *design*: a evolução tem um propósito?], *The Evolution-Creation Struggle* [A luta evolução-criação] e *Darwinism and Its Discontents* [Darwinismo e seus descontentes].

RENNIE B. SCHOEPFLIN é professor de História e reitor associado em exercício do College of Natural and Social Sciences na California State University, Los Angeles. Ele é autor do *Christian Science on Trial: Religious Healing in America* [A ciência cristã no banco dos réus: cura religiosa nos Estados Unidos] e uma monografia por vir que examina a mudança no entendimento norte-americano sobre terremotos e outros desastres naturais.

JOLE SHACKELFORD ensina no programa de História da Medicina e Ciências Biológicas na Universidade de Minnesota. Perito nas respostas sociais e intelectuais às ideias químicas, médicas e religiosas do Paracelsianismo, ele é autor do *A Philosophical Path for Paracelsian Medicine: The Ideas, Intellectual Context, and Influence of Petrus Severinus (1540/2-1602)* [Um caminho filosófico para a medicina paracelsiana: as ideias, o contexto intelectual e influência de Petrus Severinus (1540/2-1602)], que recebeu o Urdang Award em 2007 da American Institute for the History of Pharmacy.

MICHAEL H. SHANK ensina a história da ciência do período anterior a Newton na Universidade de Wisconsin-Madison. Ele é autor do *"Unless You Believe, You Shall Not Understand": Logic, University, and Society in Late Medieval Vienna* ["Exceto se crer, não entenderás": lógica, universidade e sociedade em Viena no período medieval tardio] e um estudo por vir sobre o astrônomo alemão do século 15, Regiomontanus.

MATTHEW STANLEY é professor associado na Gallatin School of Individualized Study da New York University. Tendo recentemente publicado *Practical Mystic: Religion, Science, and A. S. Eddington* [Místico prático: religião, ciência e A. S. Eddington], que examina como cientistas conciliam suas crenças religiosas e vidas profissionais, ele virou sua atenção para como a ciência mudou de suas fundações teístas históricas para suas atuais naturalistas.

DANIEL PATRICK THURS ensina estudos sociais no John William Draper Interdisciplinary Master's Program in Humanities and Social Thought, New York University. É autor do recentemente publicado *Science Talk: Changing Notions of Science in American Popular Culture* [Conversa científica: mudando noções de ciência na cultura popular americana].

Notas

Introdução

Epígrafes: Andrew Dickson White, "The Battle-Fields of Science", *New-York Daily Tribune*, 18 de dezembro de 18, 1869, p. 4. John William Draper, *History of the Conflict between Religion and Science* (Nova York: D. Appleton, 1874), vi.

Mito 1. Que a ascensão do cristianismo foi responsável pelo fim da ciência antiga

Este capítulo empresta de dois capítulos anteriores meus: "Early Christian Attitudes toward Nature" [Atitudes cristãs iniciais com relação à natureza], em *Science and Religion: A Historical Introduction* [Ciência e religião: uma introdução histórica], ed. Gary B. Ferngren (Baltimore: Johns Hopkins University Press, 2002), 47-56; e "The Medieval Church Encounters the Classical Tradition: Saint Augustine, Roger Bacon, and the Handmaiden Metaphor" [A igreja medieval encontra a tradição clássica: Santo Agostinho, Roger Bacon e a metáfora da serva], em *When Science and Christianity Meet* [Quando a ciência e o cristianismo se encontram], ed. David C. Lindberg e Ronald L. Numbers (Chicago: University of Chicago Press, 2003), 7-32.

Epígrafe: Charles Freeman, *The Closing of the Western Mind: The Rise of Faith and the Fali of Reason* (Knopf, 2003), xviii-xix.

Mito 2. Que a igreja cristã medieval impediu o avanço da ciência

Epígrafe: John William Draper, *History of the Conflict between Religion and Science* (Nova York: D. Appleton, 1874), 52.

Mito 3. Que os cristãos medievais ensinavam que a Terra era plana

Epígrafes: John William Draper, *History of the Conflict between Religion and Science* (New York: D. Appleton, 1874), 157-59. Boise Penrose, *Travel and Discovery in the Renaissance* (Cambridge, Mass.: Harvard University Press, 1955), 7. Daniel J. Boorstin,

320 COLEÇÃO FÉ, CIÊNCIA & CULTURA

The Discoverers: A History of Man's Search to Know Himself and His World (New York: Random House, 1983), x.

Mito 4. Que a cultura medieval islâmica era hostil à ciência

Epígrafes: Ignaz Goldziher, "Stellung der alten islamischen Orthodoxie zu den antiken Wissenschaften", *Abhandlungen der Koniglich Preussischen Akademie der Wissenschaft* 8 (1916): 3-46. Rodney Stark, *For the Glory of God: How Monotheism Led to Reformation, Science, Witch-Hunts, and the End of Slavery* (Princeton, N.J.: Princeton University Press, 2003), 155. Stark recicla esta observação em *The Victory of Reason: How Christianity Led to Freedom, Capitalism, and Western Success* (Nova York: Random House, 2005), 20-23. Steven Weinberg, "A Deadly Certitude", *Times Literary Supplement,* 17 de abril de 2007. Quando fez esta declaração, Weinberg, vencedor do Prêmio Nobel de Física, era professor de física e astronomia na Universidade do Texas.

Mito 5. Que a igreja medieval proibia a dissecação humana

Epígrafes: Andrew Dickson White, *A History of the Warfare of Science with Theology in Christendom,* 2 vols. (Nova York: D. Appleton, 1896), 2:50. *Site* oficial do Senador Specter, http://specter.senate.gov/public/index.cfm?FuseAction=NewsRoom. ArlenSpecterSpeaks&ContentRecord_id=de37ab3f-a443-472b-adb7-7218fbd-27df8&Region_id=&Issue_id= (acessado em 28 de junho de 2008). Specter claramente pretendia se referir ao Papa Bonifácio VIII.

Mito 6. Que as ideias de Copérnico removeram os seres humanos do centro do cosmos

Epígrafes: Martin Rees, *Before the Beginning* (Reading, Mass.: Addison-Wesley, 1998), 100. Rees é Astrônomo Real da Inglaterra. "Copernican system", Encyclopedia Britannica Online, disponível em: http://concise.britannica.corn/ebc/article-9361576/ Copernican-system (acessado em 11 de junho de 2008).

Mito 7. Que Giordano Bruno foi o primeiro mártir da ciência moderna

Epígrafes: Michael White, *The Pape and the Heretic: The True Story of Giordano Bruno, the Man Who Dared to Defy the Roman Inquisition* (Nova York: HarperCollins, 2002), 3.

Giordano Bruno, *The Ash Wednesday Supper: La Cena dele ceneri,* ed. e trad. Edward A. Gosselin e Lawrence S. Lerner (Hamden, Conn.: Shoestring Press, 1977), 11-12.

Mito 8. Que Galileu foi preso e torturado por defender o copernicanismo

Epígrafes: Voltaire, "Descartes and Newton", em *Essays on Literature, Philosophy, Art, History,* in *The Works of Voltaire,* trad. William F. Fleming, ed. Tobis Smollett et al., 42 vols. (Paris: Du Mont, 1901), 37:167. Giuseppe Baretti, *The Italian Library* (London, 1757), Italo Mereu, *Storia dell'intolleranza in Europa* (Milan: Mondadori, 1979), 385. Uma versão do mito da prisão também pode ser encontrada no contexto de cultura popular recente. Ele ocorre no programa de duas horas da PBS intitulado *Galileo's Battle for the Heavens,* primeiramente exibido em 29 de outubro de 2002. Próximo ao fim do programa, há uma cena onde Galileu chega em sua casa em Arcetri após a condenação, e a porta da casa é mostrada sendo fechada e trancada com uma chave pelo lado de fora. Isto sugere que ele não era livre para entrar e sair de sua casa, quando de fato ele era: ele era livre para andar nos jardins da vila e viajar alguns quarteirões para o convento próximo onde sua filha era freira.

Mito 9. Que o cristianismo deu à luz a ciência moderna

Epígrafes: Alfred North Whitehead, *Science and the Modem World* (Nova York: Macmillan, 1925), 19. Stanley L. Jaki, *The Road of Science and the Ways to God* (Chicago: University of Chicago Press, 1978), 243. Rodney Stark, *For the Glory of God: How Monotheism Led to Reformations, Science, Witch-hunts and the End of Slavery* (Princeton, N.J.: Princeton University Press, 2003), 3, 123 (itálico no original). Outras versões desta visão incluem Reijer Hooykaas, *Religion and the Rise of Modem Science* (Grand Rapids, Mich.: Eerdmans, 1972), e Jaki, *The Road of Science.*

Mito 10. Que a revolução científica libertou a ciência da religião

Epígrafes: Richard S. Westfall, "The Scientific Revolution Reasserted", em *Rethinking the Scientific Revolution,* ed. Margaret J. Osler (Cambridge: Cambridge University Press, 2000), 41-55, páginas 49-50. Jonathan I. Israel, *Radical Enlightenment: Philosophy and the Making of Modernity, 1650-1750* (Oxford: Oxford University Press, 2001), 14. Sou grato a John H. Brooke, Peter Harrison, Ronald L. Numbers e Michael Shank por comentários úteis sobre as versões iniciais deste capítulo.

COLEÇÃO FÉ, CIÊNCIA & CULTURA

Mito 11. Que os católicos não contribuíram com a revolução científica

Epígrafes: John William Draper, *A History of the Conflict between Religion and Science* (Nova York: D. Appleton, 1874), 363-64. Charles C. Gillispie, *The Edge of Objectivity: An Essay in the History of Scientific Ideas* (Princeton, N.J.: Princeton University Press, 1960), 114.

Mito 12. Que René Descartes foi o criador da distinção entre mente e corpo

Epígrafe: Antonio Damasio, *Descartes' Error: Emotion, Reason and the Human Brain* (Nova York: Quill, 1994), 249-50.

Mito 13. Que a cosmologia mecanicista de Isaac Newton eliminou a necessidade de Deus

Sou grato a Lawrence Príncipe, Margaret Osler e Stephen Snobelen por comentários que foram de grande ajuda.

Epígrafes: disponível em: http://en.wikipedia.org/wiki/Clockwork_universe_theory (acessado em 11 de junho de 2007). Sylvan S. Schweber, "John Herschel and Charles Darwin: A Study in Parallel Lives", *Journal of the History of Biology* 22 (1989): 1-71, em 1. Thomas H. Greer, *A Brief History of the Western World,* 4th ed. (Nova York: Harcourt Brace Jovanovich, 1982), 364.

Mito 14. Que a Igreja condenou a anestesia no parto usando a Bíblia

Epígrafes: Andrew Dickson White, *A History of the Warfare of Science with Theology in Christendom,* 2 vols. (Nova York: D. Appleton, 1896), 2:63. Deborah Blum, "A Pox on Stem Cell Research", Op-Ed, *New York Times,* 1 de agosto de 2006, A16. Blum é escritora de ciência ganhadora do Prêmio Pulitzer, trabalha na Universidade de Wisconsin-Madison.

Mito 15. Que a teoria da evolução orgânica é baseada em um raciocínio circular

Epígrafes: Henry M. Morris, "Circular Reasoning in Evolutionary Biology", *Impact* N. 48, supplement to *Acts & Facts* 7 (junho 1977). Jonathan Wells, *Icons of Evolution: Science or Myth?* (Washington, D.C.: Regnery Publishing, 2000), 61-62.

TERRA PLANA, GALILEU NA PRISÃO E OUTROS MITOS SOBRE CIÊNCIA E RELIGIÃO · **323**

Mito 16. Que a evolução destruiu a fé de Darwin – até que ele se converteu novamente em seu leito de morte

Epígrafes: John D. Morris, "Did Darwin Renounce Evolution on His Deathbed?" *Back to Genesis*, n. 212 (agosto 2006): 1. L. R. Croft, *The Life and Death of Charles Darwin* (Chorley, Lancs.: Elmwood Books, 1989), 113-14. Malcolm Bowden, *True Science Agrees with the Bible* (Bromley, Kent: Sovereign Publications, 1998), 276.

Mito 17. Que Huxley derrotou Wilberforce no debate sobre evolução e religião

Epígrafe: John H. Lienhard, "Soapy Sam and Huxley", Episódio No. 1371, 1998, "Engines of Our Ingenuity", transmissão disponível no *site* http://www.uh.edu/engines/epi1371.htm (acessado em 19 de junho de 2008).

Mito 18. Que Darwin destruiu a teologia natural

Eu seria remisso se não expressasse meu agradecimento aos membros da conferência de "destruidores de mitos" dedicada à discussão dos artigos nesta coleção por seus comentários de grande valia. Tenho uma especial dívida de gratidão a Ron Numbers por seu usual conselho excelente e assistência editorial, e à minha esposa Sharon (ILYS) por seu contínuo amor e suporte a mim e a meu trabalho.

Epígrafes: Ernst Mayr, *The Growth of Biological Thought* (Cambridge, Mass.: Harvard University Press, 1982), 515. T. M. Heyck, *The Transformation of Intellectual Life in Victorian England* (Chicago: Lyceum Books, 1982), 85. Richard Dawkins, *The Blind Watchmaker: Why the Evidence of Evolution Reveals a Universe without Design* (Nova York: W. W. Norton, 1986), 6.

Mito 19. Que Darwin e Haeckel foram cúmplices da biologia nazista

Epígrafes: Stephen Jay Gould, *Ontogeny and Phylogeny* (Cambridge, Mass.: Harvard University Press, 1977), 77. Richard Weikart, *From Darwin to Hitler: Evolutionary Ethics, Eugenics, and Racism in Germany* (Nova York: Palgrave Macmillan, 2004), 6.

Mito 20. O julgamento de Scopes terminou em derrota para o antievolucionismo

Epígrafe: William E. Leuchtenburg, *The Perils of Prosperity, 1914 - 1932* (Chicago: University of Chicago Press, 1958), 223.

Mito 21. Que Einstein acreditava em um Deus pessoal

Epígrafes: Charles Krauthammer, "Phony Theory, False Conflict", *Washington Post*, 18 de novembro de 2005, A23; este artigo op-ed também pode ser acessado via http://www.washingtonpost.com. Stephen Caesar, "Investigating Origins: Einstein and Intelligent Design", disponível em: http://familyactionorganization.wordpress.com/2007/08/17/investigatingoriginseinsteinand-intelligent-design/ (acessado em 8 de setembro de 2008).

Mito 22. Que a física quântica provou a doutrina do livre-arbítrio

Epígrafes: Waldemar Kaempffert, "St. Louis Conference Considers Some Basic Problems in the Thinking of Modem Men", *New York Times*, 31 de outubro de 1954, E9. Denyse O'Leary, "The ID Report", 23 de setembro de 2006, disponível em: http://www.arn.org/blogs/index.php/2/2006/09/23/lstrong glemgquantum_mechanics_l_emg_does (acessado em 3 de março de 2007).

Mito 23. Que o "design inteligente" representa um desafio científico à evolução

Epígrafes: Michael J. Behe, *Darwin's Black Box: The Biochemical Challenge to Evolution* (Nova York: Free Press, 1996), 232-33. Peter Baker e Peter Slevin, "Bush Remarks on 'Intelligent Design' Theory Fuel Debate", *Washington Post*, 3 de Agosto de 2005, Al. William Dembski, "Why Presidem Bush Got It Right about Intelligent Design", 4 de outubro de 2005, disponível em: http://www/designinference.com/documents/2005.08. Commending_Presi dent_Bush.pdf (acessado em 23 de junho de 2008).

Mito 24. Que o criacionismo é um fenômeno unicamente norte-americano

Epígrafes: Julie Goodman, "Educators Discuss Evolution, with a Wary Eye to Creationism", 6 de maio de 2000, Associated Press Archive disponível em: http://nl.newsbank.com. Richard C. Lewontin, Introduction to *Scientists Confront Creationism*, ed. Laurie R. Godfrey (Nova York: W. W. Norton, 1983), xxv.

Mito 25. Que a ciência moderna secularizou a cultura Ocidental

Epígrafes: Richard Dawkins, *The God Delusion* (Londres: Bantam Press, 2006), 50. Anthony F. C. Wallace, *Religion: An Anthropological View* (Nova York: Random House, 1966), 264-65. Citado em Ronald L. Numbers, *Science and Christianity in Pulpit and Pew* (Nova York: Oxford University Press, 2007), 129.

ÍNDICE

Aaron, Daniel, 242
Academia Real de Ciências em Paris, 144
Accademia dei Lincei, 144
Accademia del Cimento, 144
Adventista do sétimo dia, 181
Agnosticismo, 125, 147, 244, 246
     e Darwin, 195, 201, 204, 305
Agostinho de Hipona, 29, 32–34, 36, 38, 51, 72, 118
Alberto Magno, 52
Alemanha, criacionismo na, 293
     comunismo na, 309
Álgebra, 61
Alhazen. *Consultar* Ibn al-Haytham
Allen, Frederick Lewis, 241
Alquimia, 161, 164
Ambrósio, 51
América Latina, criacionismo na, 295
Analogia, 62
Anestesia, 169–178
Anglicanos, 171, 185, 186, 189, 198, 204, 213, 227, 305
Aquino, Tomás de, 38, 42, 45, 52, 83, 132, 153
Arianismo, 163, 164
Aristóteles, 29, 31, 42, 119, 131
     autoridade de, 82–83
     condenado, 44
     e a relação corpo-mente, 153
     e a terra redonda, 51, 52
     traduzido em árabe, 62
Aristotelismo, 29, 44–46, 62, 84, 86, 120, 132–133, 155
Ashworth, William B., 96
Associação Britânica para o Avanço da Ciência, 189
     e o debate de Huxley-Wilberforce, 205–216
     e Tyndall, 23
Astrologia, 126, 270
Atanásio, Bispo de Alexandria, 163
Atanásio de Alexandria, 163
Ateísmo, 125, 134, 151, 252, 259, 305

     e Darwin, 195, 305–306
     e Dawkins, 218, 305
Austrália, criacionismo na, 289–290
Áustria, criacionismo na, 293
Avicenna. *Consultar* Ibn Sina

Bacon, Francis, 135
     método de indução, 212
Bacon, Roger, 34, 40, 44, 51
Bagdá, 59
     destruição de, 66
     observatório em, 62
Bahr, Hermann, 234
Bailey, Thomas A., 242
Barberini, Maffeo. *Consultar* Urbano VIII
Baretti, Giuseppe, 101
Barth, Karl, 226
Basílio de Cesaréia, 31, 35
BBC, 292
Beale, Lionel, 211
Behe, Michael J., 275, 279–280, 281, 282
Belarmino, Roberto, 97, 104, 105
Bernal, Martin, 27
Bernoulli, Johann, 125
Biologia nazista, 229–238
Blum, Deborah, 169
Blumenback, Johann Friedrich, 233
Bohm, David, 266
Bohr, Neils, 263, 266, 271–273
Bonifácio VIII (Papa), 69, 70, 74
Boodle, Thomas, 171
Boorstin, Daniel J., 48
Bowden, Malcolm, 194
Boyle, Robert, 133, 135, 135, 164
Brasil, criacionismo no, 295
Brooke, John Hedley, 213
Browne, Janet, 214
Brownson, Orestes, 20
Brucher, Heinz, 236
Bruno, Giordano, 18, 24, 89–100, 142
Bryan, William Jennings, 240–249
Bryan College, 248

326

COLEÇÃO FÉ, CIÊNCIA & CULTURA

Buckland, William, 185, 190
Budistas, 125, 127, 269, 274
Buffon, Georges-Lois Leclerc, 188
Buridan, Jean, 46
Bush, George W., 275
Bynum, William, 94

Cabala, 99, 298
Cabeo, Niccolo, 146
Caesar, Stephen, 251
Canadá, criacionismo no, 291
Capra, Fritjof, 268, 269
Casa da Sabedoria (Bagdá), 59
Cassini, Gian Domenico, 144
Castelli, Benedetto, 103, 145
Católicos, 65, 117, 123, 151, 308
 como patrocinadores científicos, 137
 e a dissecação, 69, 73, 74
 e a infalibilidade papal, 308
 e a Revolução Científica, 140–147
 e a terra plana, 50–51, 54
 e anestesia, 178
 e Bruno, 89–100
 e Draper, 19, 308
 e Galileu, 38, 82, 102–114, 137
 e o criacionismo, 289, 295
 na Polônia, 309
 no Brasil, 295
Causalidade, 134, 155
Centro para Investigação, 302, 304
Cesariana, 71
Chambers, Robert, 181, 185
Channing, Walter, 173, 175
Chaucer, Geoffrey, 53
Chauliac, Guy de, 74
Chesterton, G. K, 180
China, 121, 126
Chopra, Deepak, 269
Christina (grã-duquesa), 103
Ciência, sentido da, 29–30, 131–133
Ciência agostiniana, 285
"Ciência e religião", 20
 durante a Revolução Científica,
130–137
Clarke, Samuel, 137, 163, 166
Clavius, Christoph, 146
Clorofórmio. *Consultar* Anestesia
Collins, Francis, 305
Colombo, Cristovão, 50, 51, 55–56
Coluna geológica, 181–183, 186–189
Comércio, e a ascensão da ciência, 123
Commager, Henry Steele, 242
Complementariedade, 271

Complexidade irredutível, 277, 279–280
Compton, Arthur H., 267
Conselho de Educação do Estado do Kansas,
285
Conybeare, William Daniel, 186
Cooper, Thomas, 21
Copernicanismo, 79–88, 89, 120, 133, 245
 e Galileu, 102–114
Copérnico, Nicolas, 63, 79–88, 92, 122, 143
Córdoba, 59, 66
Coréia, criacionismo na, 296, 298
Cosme Indicopleustes, 54
Cottingham, John, 154
Creation Science (NZ), 290
Creation Science Foundation, 289–290
Criacionismo, 270
 a biologia nazista, 229–238
 científico, 249, 277, 283
 Darwin e, 23, 195–196, 197
 e o julgamento de Scopes, 239–249
 espalhar global do, 287–299
 o raciocínio circular, 179–192
Criacionismo científico. *Consultar* criacionismo
Crise ecológica, 127
Cristianismo: e o fim da ciência antiga, 25–36
 e a ciência medieval, 37–46
 e o nascimento da ciência, 116–128
Croft, L. R., 193
Cuvier, Georges, 185, 186, 188, 190

D'Ailly, Pierre, 52
Dalai Lama, 269, 274
Damasco, 63
Damasio, Antonio, 149, 152, 153, 154, 157
Dante Alighieri, 53, 83
Darrow, Clarence, 240–249
Darwin, Annie, 199, 307
Darwin, Charles G., 267
Darwin, Charles Robert, 167, 275, 284
 alegada conversão antes da morte,
195, 196–197, 201–204
 e a biologia nazista, 229–238
 e a coluna geológica, 181
 e a remoção dos humanos, 79
 e a teologia natural, 217–228
 e cristianismo, 195–204
 e homologias, 190–192
 e *Origem das Espécies*, 23, 289
 enterro na Abadia de Westminster,
201, 203, 204
 perda da fé, 195, 200–201, 306–307
Darwin, Emma Wedgwood, 199, 200
Darwin, Erasmus (avô de Charles), 306

Darwin, Erasmus (irmão de Charles), 306
Darwin, Robert, 199, 200
Davies, Paul, 270
Davis, Percival, 277
Dawkins, Richard, 218, 291, 301, 305
Day, Stockwel, 291
Dayton, Tennessee, 241, 248, 249
Deísmo, 134, 161, 163
Dembski, William A, 276, 281–282
Demócrito, 254
Dennett, Daniel, 152, 153, 157
Descartes, René, 92, 119, 133, 135, 136, 144, 165
  e a distinção corpo-mente, 150–158
Design, argumento do, 131, 134, 135, 137, 188, 190, 199, 217–228
  e o movimento do design inteligente, 231, 275–286, 290, 293
Design inteligente, 183, 231, 275–286, 290, 293
Desmond, Adrian, 212
Dick, Thomas, 20
Dietrich von Freiberg, 45
Digby, Kenelm, 145
Dilúvio de Noé, 21, 182
Dirac, Paul, 271
Dissecação, humana, 69–77
Distinção mente-corpo, 150–158
Distrito escolar de Dover, 285–286
Donne, John, 87
Dormandy, Thomas, 177
Douglas, Mary, 308
Draper, Elizabeth, 19
Draper, John William, 17–18, 24, 178
  e a terra plana, 49, 50
  e anestesia, 177
  e Bruno, 92
  e o catolicismo, 19, 139, 140, 308
  e o cristianismo medieval, 38
  e o debate Huxley-Wilberforce, 216
Duhem, Pierre, 45, 61
Dzielska, Maria, 27

Eddington, Arthur, 263, 266
Egito, 26, 72, 121, 123
Einstein, Albert, 167, 237, 251–261, 268, 275
Eliot, George (Mary Ann Evans), 204
Erasístrato, 72
Erastóstenes, 51
Espiritualidade, 131, 264, 267
Essays and Reviews, 213
Estoicismo, 29
Éter. *Consultar* Anestesia.
Eucaristia. *Consultar* Transubstanciação
Europa, criacionismo na, 293–295

Everett, Hugh, 266

Farr, A. D., 172
Farrar, Frederic William, 214
Fegan, James, 204
Filosofia mecanicista, 133–134, 155
Filosofia natural, 30, 131–133
Física quântica, 263–274
  e Einstein, 256
Fócio de Constantinopla, 54
Fontenelle, Bernard le Bouvier, 87
Fosdick, Harry Emerson, 226
França, secularização na, 310
Francisco de Assis, 254
Freeman, Charles, 25, 27
Freud, Sigmund, 80
Fuller, Steve William, 285
Fundamentalistas, 196, 231, 241–242, 248, 249, 290, 291, 302

Galeno, 73
Galilei, Galileu, 38, 82, 85, 95, 120
  aprisionado e torturado, 102–114
  e a metáfora de dois livros, 135
  e Bruno, 97
  e o catolicismo, 137, 141–142, 143
Gamow, George, 268
Gasman, Daniel, 230, 231, 234
Gassendi, Pierre, 133, 134, 136, 144
Gaye, Robert, 172
Geertz, Clifford, 123
Geologia diluviana, 182
Geological Society of London, 186
Ghazali, Abu Hamid al-, 60, 64–67
Gibbon, Edward, 27
Gillispie, Charles C., 139
Gish, Duane, 288, 295
Gnosticismo, 158
Goethe, Johann Wolfgang, 88
Goldziher, Ignaz, 57, 65
Goodwin, Daniel R., 221
Gosselin, Edward A., 90
Goswami, Amit, 264, 269
Gould, Stephen Jay, 229, 231, 287, 290
Grã-Bretanha, criacionismo na, 291–293
Grant, Robert, 197
Grassi, Orazio, 146
Gray, Asa, 222, 284
Greer, Thomas H., 160
Gregório XIII (Papa), 145
Grimaldi, Francesco Maria, 146
Grosseteste, Robert, 42
Guilherme de Ockham, 43

Gutas, Dimitri, 60, 61, 65
Gyatso, Tenzin. *Consultar* Dalai Lama

Haeckel, Ernst, 230–238
Halsted, Beverly, 207
Ham, Kenneth A., 289
Harries, Richard, 207
Hecht, Gunther, 236
Heilbron, John, 40
Heisenberg, Werner, 263, 266, 266, 272–274
Henslow, John Stevens, 197, 206
Herófilo, 72
Heyck, T. M., 217
Hicks, Lewis E., 224
Hindus, 125, 127, 269
Hipátia, 26–27
Hipótese nebular, 21
Hirschfeld, Magnus, 235
Hitler, Adolf, 229, 236, 237
Hobbes, Thomas, 303
Hodge, Charles, 21
Hoffert, Sylvia D., 174
Hofstadter, Richard, 242
Holanda, criacionismo na, 293
Holmes, George Frederick, 22
Homberg, Wilhelm, 144
Homologias, 181, 183–185, 189–192
Hooker, Joseph, 207, 210, 216
Hooker, William, 209
Hope, Elizabeth Cotton, 193, 201–202, 204
Hsieh, C. H., 268
Humboldt, Alexander von, 187, 236
Hume, David, 155
Hungria, criacionismo na, 294
Huxley, Thomas Henry: debate com Wilberforce, 205–216
  e cristianismo, 306
  e teologia, 221
Huygens, Christian, 95

I Ching, 271
Ibn al-Haytham (Alhazen), 64
Ibn al-Nafis, 63
Ibn al-Shatir, 63, 122
Ibn Sina (Avicenna), 63
Idade Média, conceito de, 38
Igreja Ortodoxa Oriental, 19
Índia, 121, 123, 126, 126, 303
Indonésia, criacionismo na, 296
Innes, John, 204
Inquisição (Italiana): e Bruno, 24, 89–97
  e Galileu, 38, 102–111
  e Vesálio, 75

Institute for Creation Research, 182,
Interpretação de física quântica por Copenhagen, 266, 272
Irvine, William, 206
Irving, Washington, 50
Isabel, Rainha da Espanha, 55
Isidoro de Sevilha, 52
Islã, e a ciência medieval, 57–67
  e evolução, 290, 296, 298
  e o nascimento da ciência moderna, 121–123, 126
Israel, Jonathan I., 129
Itália, criacionismo na, 293
Iverach, James, 223

Jaki, Stanley L., 115
James, Frank, 209
Jammer, Max, 256
Jeans, James, 225, 267
Jerônimo, 51
Jesuítas, 137, 146
Johnson, Phillip E., 278, 282
Jowett, Benjamin, 213
Judeus, 54, 82, 83, 121, 122, 125, 303, 304
  e a biologia Nazista, 232, 234–235, 236
  e darwinismo, 232, 234–238
  e Einstein, 257, 260–261
  e evolução, 293, 298
  ortodoxos, 235
Jung, Carl, 273
Justino Mártir, 29

Kaempffert, Waldemar, 263
Kearney, Hugh, 93
Kenyon, Deah H., 278
Kepler, Johannes, 86, 97, 120, 133, 305
Khan, Genghis, 66
Khwarizmi, Muhammad ibn Musa al-, 61
Kildebrandt, Kurt, 237
Kingsley, Charles, 207, 211, 305
Kircher, Athanasius, 146
Knight, Judy Zebra (Ramtha), 269
Kouznetsov, Dmitri A., 294
Krauthammer, Charles, 251, 285

Lactâncio, 51, 54
Lady Hope. *Consultar* Hope, Elizabeth Cotton
Laplace, Pierre-Simon, 92
Las Casas, Bartolomeu de, 55
Lavoisier, Antoine, 275
Le Conte, Joseph, 224
Leibniz, Gottfried, 95, 137, 166

Leonardo da Vinci, 71, 76
Lerner, Lawrence S., 90
Leuba, James, 310
Leuchtenburg, William E., 239, 242
Lewontin, Richard C., 287
Lienhard, John H., 205
Lightman, Bernard, 225
Lindberg, David C., 64
Linnaeus, Carolus, 233
Livre arbítrio, 263–274
Locke, John, 132, 164
Longfellow, Frances Appleton, 173
Lubbock, John, 214
Luteranos, 133, 185
Lyell, Charles, 198, 214

MacIlwaine, William, 215
Macróbio, 51
Maimônides, Moisés, 83
Malpighi, Marcello, 144
Malthus, Thomas, 199
Mandeville, Jean de, 53
Mann, Heinrich, 237
Maomé, Profeta, 59
Maori, 290
Mariotte, Edme, 145
Matemática mista, 131
Materialismo, 133, 134, 156, 166, 225, 232, 279
    e a física quântica, 263, 267, 272
Mather, Cotton, 87
Mayr, Ernst, 217
McCosh, James, 223
Meigs, Charles D., 175
Mela, Pompônio, 51
Mencken, H. L., 241, 248
Mercati, Angelo, 94, 97, 100
Mereu, Italo, 101
Mersenne, Marin, 144
Merton, Robert, 117, 142
Metáfora do relógio, 159, 161
Metófora dos dois livros, 135
Miller, William, 242
Misticismo oriental, 268, 269, 271, 273, 274
Mito, 24, 114
Mondino de' Liuzzi, 73, 74
Montaigne, Michael de, 83
Moody, D. L., 201
Moore, James R., 306
Morison, Samuel Eliot, 242
Morris, Henry M., 179, 182, 289
Morris, John D., 193
Muçulmanos. Consultar Islã
Murphy, Nancey, 227

Museu Hunterian, 189

National Secular Society, 307
Naturalismo metodológico/científico, 279, 284
Nelson, Brendan, 290
Newton, Isaac, 87, 92, 95, 119, 135, 136, 275
    e a cosmologia mecanicista, 159–167
Newtonianismo, 125, 166, 309
Niccolini, Francesco, 107
Nova Zelândia, criacionismo na, 288, 290
Noyes, George Rapall, 173

O Vento Será Tua Herança (Inherit the Wind), 243, 248
O'Leary, Denyse, 263
Observatórios, 62
Ocasionalismo, 155
Oktar, Adnan, 297
Oresme, Nicole, 46
Orestes, Chefe de Departamento de Alexandre, 27
Osborn, Henry Fairfield, 96
OVNIs, 273
Owen, Richard, 189, 211, 214

Paine, Thomas, 307
Pais, Abraham, 271
Paixões, 151, 154
Panteísmo, 221, 257. Consultar também Spinoza, Baruch
Parto, e anestesia, 169–178
Pascal, Blaise, 87
Pasteur, Louis, 275
Pattison, Mark, 213
Pauli, Wolfgang, 271, 271, 273
Paulo (Apóstolo), 28
Paulo III (Papa), 143
Peacocke, Arthur, 227
Penrose, Boise, 48
Pentecostais, 249, 291, 293
Pernick, Martin S., 176
Pérsia, 59, 63, 123
Picard, Jean, 144
Pico, Giovanni, 83
Pietro Martire, 55
Pio XII (Papa), 178
Pitagórico(a), 29, 31, 100, 120
Plantinga, Alvin, 284–285
Platão, 28, 30, 153, 272
Platonismo, 29, 120, 158
Plínio, o Velho, 51
Plotino, 153
Pluralidade dos mundos, 87, 94, 98, 99

Polkinghorne, John, 227
Polônia: criacionismo na, 293
    catolicismo na, 309
Postel, Guillaume, 122
Powell, Baden, 213
Presbiterianos, 171, 223
Price, George McCready, 182
Princípio da incerteza, 266, 272
Protestantes, 19, 91, 117, 124, 144, 308
    e a ciência moderna, 147
    e a evolução, 248, 288, 290, 295
    e a teologia natural, 226
    e católicos, 73, 74, 139, 141, 145, 147
Ptolomeu, 51, 52, 63, 81, 86
Puritanismo, 117, 142

Quackers, 266
Qusta ibn Luqa, 61

Raças, humana, 233–234
Raciocínio circular dos evolucionistas, 179–192
Ramtha. *Consultar* Knight, Judy Zebra
Ray, John, 136
Rees, Martin, 79
Reino Unido. *Consultar* Grã-Bretanha
Religião, 132
Remmert, Volker, 96
Rheticus, 84
Riccioli, Giambattista, 146
Ritschl, Albrecht, 226
Romênia, criacionismo na, 293
Rosenberg, Alfred, 236
Roubo de túmulos, 75
Ruse, Michael, 283
Russell, Bertrand, 177
Russell, Robert J., 270
Rússia: criacionismo na, 294
    comunismo na, 309
Ryle, Gilbert, 152, 157, 157

Sabra, A. I., 61, 62
Sacrobosco, Jean de, 52
Sagan, Carl, 39
Saliba, George, 66
Satânica/satanista, 22, 169, 171
Savage-Smith, Emily, 65
Sayery, William, 267
Scheiner, Christoph, 146
Schleiermacher, Friedrich, 226
Schneerson, Menachem Mendel, 298
Schroedinger, Erwin, 275
Schweber, Sylvan S., 159
Science Research Foundation (BAV), 297

Scientia, 131, 132
Scopes, John Thomas, 239–249
Scot, Michael, 52
Secularização, 302–311
Sedgwick, Adam, 197, 212
Seleção natural, 199, 200, 222, 223, 232, 235, 277, 280
Servet, Miguel, 69, 71, 75
Sérvia, criacionismo na, 293
Severina, Cardinal (Giulio Antonio Santorio), 89
Sidgwick, Isabel, 209
Simpson, James Young (o mais novo), 214
Simpson, James Young (o mais velho), 170, 171–172, 175
Smith, William, 186
Sociedade de Jesus. *Consultar* Jesuítas
Sociedade Real de Londres, 124, 132, 145, 292
Specter, Arlen, 69, 71
Spencer, Herbert, 204
Spinoza, Baruch, 24
    e Einstein, 254, 257
Sprat, Thomas, 124
Spring, Gardiner, 21
Stanton, Elizabeth Cady, 19
Stark, Rodney, 57, 115, 117
Stebbing, L. Susan, 267
Stenger, Victor, 270
Steno, Nicolaus. *Consultar* Stensen, Niels
Stensen, Niels (Nicolaus Steno), 144
Sumner, John Bird, 213

Taciano, 28, 31, 35
Tales de Mileto, 30
Taoístas, 125, 127, 268, 269
Telescópio, 103
Temple, Frederick, 211, 213
Teologia, 41–42, 131–132, 132, 162, 164
Teologia natural, 136, 188, 199, 217–228, 267
Terra, idade da vida na, 21
    plana, 49–56,
Tertuliano, 28, 30, 31, 35, 38–39
Tese da guerra, 18–24
Toland, John, 26
Torah Science Foundation, 298
Tradição hermética, 93
Transmigração de almas, 100
Transubstanciação, 132
Trindade, 163, 164
Tristram, Henry Baker, 211
Turquia, criacionismo na, 297
Tusi, Nasir al-Din al-, 62
Tyndall, John, 23, 96, 215

Ucrânia, criacionismo na, 293
Unification Church, 183
Unitarianos, 197, 224
Universidade de Bolonha, 40, 73, 75
Universidade de Montpellier, 73
Universidade de Oxford, 40, 44, 45
Universidade de Paris, 40, 43–45
Universidade de Salamanca, 54
Universidade de Wittenberg, 133
Universidades, nascimento das, 40
Urbano VIII (Papa), 104, 106, 109

Van der Waerden, B. L., 27
Van Helmont, Joan Baptista, 143
Vesalius, Andreas, 71, 143
Vestiges of the Natural History of Creation, 181
Vitória (Rainha), 172
Voltaire, 101, 309

Wallace, Anthony F. C., 301
Weikart, Richard, 229, 231, 232, 237
Weinberg, Steven, 58, 64
Weizacker, Carl von, 274
Wells, Jonathan, 179, 183–184
Werner, Abraham Gottlob, 185
Westfall, Richard S., 129, 163
Whewell, William, 50, 96, 284
Whiston, William, 163
Whitcomb, John C., 182, 289
White, Andrew Dickson, 17–19, 23, 69–70, 73–75, 178
        e anestesia, 169, 177
        e Bruno, 92
        e o debate Huxley-Wilberforce, 207–208
White, Ellen G., 289
White, Lynn, Jr., 127
White, Michael, 89, 95
White, Paul, 214
Whitehead, Alfred North, 115
Wieland, Carl, 289
Wigner, Eugene, 273
Wilberforce, Samuel, 206–216
Wilkins, John, 86
William of Saint-Cloud, 45
Williams, Henry Smith, 39
Williams, Rowland, 213
Wilson, Henry Bristow, 213
Wilson, Robert, 38
Woolfson, M. M., 208

Yahya, Harun. *Consultar* Oktar, Adnan
Yates, Frances, 93

Zeiger, Eliezer (Eduardo), 298
Zukav, Gary, 268